2018 版安徽省建设工程计价依据

安徽省安装工程计价定额

（第二册）

热力设备安装工程

主编部门：安徽省建设工程造价管理总站

批准部门：安徽省住房和城乡建设厅

施行日期：2 0 1 8 年 1 月 1 日

U0283626

中国建材工业出版社

图书在版编目（CIP）数据

安徽省安装工程计价定额．第二册，热力设备安装工程/安徽省建设工程造价管理总站编．—北京：中国建材工业出版社，2018.1(2018.1重印)
（2018版安徽省建设工程计价依据）
ISBN 978－7－5160－2067－8

Ⅰ.①安…　Ⅱ.①安…　Ⅲ.①建筑安装—工程造价—安徽②电力工程—热力系统—设备安装—工程造价—安徽

　Ⅳ.①TU723.34

中国版本图书馆 CIP 数据核字（2017）第 264870 号

安徽省安装工程计价定额（第二册）热力设备安装工程
安徽省建设工程造价管理总站　编

出版发行：中国建材工业出版社
地　　址：北京市海淀区三里河路 1 号
邮　　编：100044
经　　销：全国各地新华书店
印　　刷：北京鑫正大印刷有限公司
开　　本：787mm×1092mm　　1/16
印　　张：31
字　　数：760 千字
版　　次：2018 年 1 月第 1 版
印　　次：2018 年 1 月第 2 次
定　　价：128.00 元

本社网址：www.jccbs.com　　微信公众号：zgjcgycbs
本书如出现印装质量问题，由我社市场营销部负责调换。联系电话：(010)88386906

安徽省住房和城乡建设厅发布

建标〔2017〕191 号

安徽省住房和城乡建设厅关于发布 2018 版安徽省建设工程计价依据的通知

各市住房城乡建设委（城乡建设委、城乡规划建设委），广德、宿松县住房城乡建设委（局），省直有关单位：

为适应安徽省建筑市场发展需要，规范建设工程造价计价行为，合理确定工程造价，根据国家有关规范、标准，结合我省实际，我厅组织编制了 2018 版安徽省建设工程计价依据（以下简称 2018 版计价依据），现予以发布，并将有关事项通知如下：

一、2018 版计价依据包括：《安徽省建设工程工程量清单计价办法》《安徽省建设工程费用定额》《安徽省建设工程施工机械台班费用编制规则》《安徽省建设工程计价定额（共用册）》《安徽省建筑工程计价定额》《安徽省装饰装修工程计价定额》《安徽省安装工程计价定额》《安徽省市政工程计价定额》《安徽省园林绿化工程计价定额》《安徽省仿古建筑工程计价定额》。

二、2018 版计价依据自 2018 年 1 月 1 日起施行。凡 2018 年 1 月 1 日前已签订施工合同的工程，其计价依据仍按原合同执行。

三、原省建设厅建定〔2005〕101 号、建定〔2005〕102 号、建定〔2008〕259 号文件发布的计价依据，自 2018 年 1 月 1 日起同时废止。

四、2018 版计价依据由安徽省建设工程造价管理总站负责管理与解释。在执行过程中，如有问题和意见，请及时向安徽省建设工程造价管理总站反馈。

安徽省住房和城乡建设厅

2017 年 9 月 26 日

编制委员会

主　　任　宋直刚

成　　员　王晓魁　王胜波　王成球　杨　博
　　　　　江　冰　李　萍　史劲松

主　　审　王成球

主　　编　姜　峰

副主编　陈昭言

参　　编（排名不分先后）

王宪莉　刘安俊　许道合　秦合川
李海洋　郑圣军　康永军　王金林
袁玉海　陆　戎　何　钢　荣豫宁
管必武　洪云生　赵兰利　苏鸿志
张国栋　石秋霞　王　林　卢　冲
严　艳

参　　审　朱　军　陆厚龙　宫　华　李志群

总　说　明

一、《安徽省安装工程计价定额》以下简称"本安装定额"，是依据国家现行有关工程建设标准、规范及相关定额，并结合近几年我省出现的新工艺、新技术、新材料的应用情况，及安装工程设计与施工特点编制的。

二、本安装定额共分为十一册，包括：

第一册　机械设备安装工程

第二册　热力设备安装工程

第三册　静置设备与工艺金属结构制作安装工程（上、下）

第四册　电气设备安装工程

第五册　建筑智能化工程

第六册　自动化控制仪表安装工程

第七册　通风空调工程

第八册　工业管道工程

第九册　消防工程

第十册　给排水、采暖、燃气工程

第十一册　刷油、防腐蚀、绝热工程

三、本安装定额适用于我省境内工业与民用建筑的新建、扩建、改建工程中的给排水、采暖、燃气、通风空调、消防、电气照明、通信、智能化系统等设备、管线的安装工程和一般机械设备工程。

四、本安装定额的作用

1. 是编审设计概算、最高投标限价、施工图预算的依据；

2. 是调解处理工程造价纠纷的依据；

3. 是工程成本评审，工程造价鉴定的依据；

4. 是施工企业编制企业定额、投标报价、拨付工程价款、竣工结算的参考依据。

五、本安装定额是按照正常的施工条件，大多数施工企业采用的施工方法、机械化装备程度、合理的施工工期、施工工艺、劳动组织编制的，反映当前社会平均消耗量水平。

六、本安装定额中人工工日以"综合工日"表示，不分工种、技术等级。内容包括：基本用工、辅助用工、超运距用工及人工幅度差。

七、本安装定额中的材料：

1. 本安装定额中的材料包括主要材料、辅助材料和其他材料。

2. 本安装定额中的材料消耗量包括净用量和损耗量。损耗量包括：从工地仓库、现场集中堆放地点或现场加工地点至操作或安装地点的现场运输损耗、施工操作损耗、施工现场堆放损耗。凡能计量的材料、成品、半成品均逐一列出消耗量，难以计量的材料以"其他材料费占材料费"百分比形式表示。

3．本安装定额中消耗量用括号"（ ）"表示的为该子目的未计价材料用量，基价中不包括其价格。

八、本安装定额中的机械及仪器仪表：

1．本安装定额的机械台班及仪器仪表消耗量是按正常合理的配备、施工工效测算确定的，已包括幅度差。

2．本安装定额中仅列主要施工机械及仪器仪表消耗量。凡单位价值2000元以内，使用年限在一年以内，不构成固定资产的施工机械及仪器仪表，定额中未列消耗量，企业管理费中考虑其使用费，其燃料动力消耗在材料费中计取。难以计量的机械台班是以"其他机械费占机械费"百分比形式表示。

九、本安装定额关于水平和垂直运输：

1．设备：包括自安装现场指定堆放地点运至安装地点的水平和垂直运输。

2．材料、成品、半成品：包括自施工单位现场仓库或现场指定堆放地点运至安装地点的水平和垂直运输。

3．垂直运输基准面：室内以室内地平面为基准面，室外以安装现场地平面为基准面。

十、本安装定额未考虑施工与生产同时进行、有害身体健康的环境中施工时降效增加费，实际发生时另行计算。

十一、本安装定额中凡注有"××以内"或"××以下"者，均包括"××"本身；凡注有"××以外"或"××以上"者，则不包括"××"本身。

十二、本安装定额授权安徽省建设工程造价总站负责解释和管理。

十三、著作权所有，未经授权，严禁使用本书内容及数据制作各类出版物和软件，违者必究。

册说明

一、第二册《热力设备安装工程》以下简称"本册定额"，适用于单台锅炉额定蒸发量小于220t/h火力发电、供热工程中热力设备安装及调试工程。包括：锅炉、锅炉附属设备、锅炉辅助设备、汽轮发电机、汽轮发电机附属设备、汽轮发电机辅助设备、燃煤供应设备、燃油供应设备、除渣与除灰设备、发电厂水处理专用设备、脱硫与脱硝设备、炉墙保温与砌筑、发电厂耐磨衬砌、工业与民用锅炉等安装与热力设备调试内容。

二、本册定额编制的主要技术依据有：

1.《锅炉安全技术监察规程》TSG G0001-2012；

2.《锅炉节能技术监督管理规程》TSG G0002-2010；

3.《固定式压力容器安全技术监察规程》TSG 21-2016；

4.《现场设备、工业管道焊接工程施工质量验收规范》GB 50683-2011；

5.《机械设备安装工程施工及验收通用规范》GB 50231-2009；

6.《锅炉安装工程施工及验收规范》GB 50273-2009；

7.《电业安全工作规程 第1部分：热力和机械》GB 26164.1-2010；

8.《小型火力发电厂设计规范》GB 50049-2011；

9.《秸秆发电厂设计规范》GB 50762-2012；

10.《生活垃圾焚烧处理工程技术规范》CJJ 90-2009；

11.《全国统一安装工程预算定额》GYD 203-2000。

三、本册定额除各章另有说明外，均包括下列工作内容：

施工准备、设备与器材及工器具的场内运输、开箱检查、安装、设备单体调整试验、结尾清理、配合质量检验、不同工种间交叉配合、临时移动水源与电源等工作内容。

四、本册定额中热力设备主机是指锅炉、汽轮发电机，附属设备是指随主设备配套的设备，辅助设备是指为主设备运行服务的设备。

1. 锅炉附属设备包括：磨煤机、风机等设备；汽轮发电机附属设备包括：电动给水泵、凝结水泵等设备。

2. 锅炉辅助设备包括：排污扩容器、暖风机等设备；汽轮发电机辅助设备包括：除氧器、水箱、加热器等设备。

五、本册定额不包括下列内容：

1. 单台额定蒸发量≥220t/h及以上锅炉及其配套辅机、单机容量≥50MW汽轮发电机及其配套辅机设备安装，执行电力行业相应定额。

2. 发电与供热工程通用设备安装，如空气压缩机、小型风机、水泵、油泵、桥吊、电动葫芦等，执行第一册《机械设备安装工程》相应项目。

3. 发电与供热工程各种管道与阀门及其附件安装执行第八册《工业管道工程》相应项目；油漆、防腐、绝热执行第十二册《刷油、防腐蚀、绝热工程》相应项目。

4. 随热力设备供货且需要独立安装的电气设备、电缆、滑触线、电缆支架与桥架及槽盒的安装，执行第四册《电气设备安装工程》相应项目。

六、发电与供热设备分系统调试、整套启动调试、特殊项目测试与性能验收试验单独执行本册定额第十二章"热力设备调试工程"相关定额。

1. 单体调试是指设备或装置安装完成后未与系统连接时，根据设备安装施工验收规范，为确认其是否符合产品出厂标准和满足实际使用条件而进行的单机试运或单体调试工作。单体调试项目的界限是设备没有与系统连接，设备和系统断开时的单独调试。

2. 分系统调试是指工程的各系统在设备单机试运或单体调试合格后，为使系统达到整套启动所必须具备的条件而进行的调试工作。分系统调试项目的界限是设备已经与系统连接，设备和系统连接在一起进行的调试。

3. 整套启动调试是指工程各系统调试合格后，根据启动试运规程、规范，在工程投料试运前以及试运期间，对工程整套工艺运行生产以及全部安装结果的验证、检验所进行的调试。整套启动调试项目的界限是工程各系统间连接，系统和系统连接在一起进行的调试。

七、下列费用可按系数分别计取：

1. 脚手架搭拆费按定额人工费（不包括第十二章"热力设备调试工程"中人工费）比例计算，其费用中人工费占 35%。

（1）发电与供热热力设备安装工程脚手架搭拆费按人工费 10% 计算。

（2）工业与民用锅炉安装工程脚手架搭拆费按人工费 7.5% 计算。

（3）炉墙保温与砌筑工程脚手架搭拆费按脚手架定额计算费用。炉墙保温与砌筑工程中的人工费亦不作为计算脚手架搭拆费计算基数。

2. 在地下室内进行安装的工程，定额人工乘以系数 1.12。

八、本册定额中安装所用螺栓是按照厂家配套供应考虑，定额不包括安装所用螺栓费用。如果工程实际由安装单位采购配置安装所用螺栓时，根据实际安装所用螺栓用量加 3% 损耗率计算螺栓费用。

目　录

第一章　锅炉安装工程

第二章　锅炉附属、辅助设备安装工程

第三章 汽轮发电机安装工程

第四章 汽轮发电机附属、辅助设备安装工程

第五章 燃煤供应设备安装工程

第六章 燃油供应设备安装工程

第七章 除渣、除灰设备安装工程

第八章 发电厂水处理专用设备安装工程

第九章 脱硫、脱硝设备安装工程

第十章 炉墙保温与砌筑、耐磨衬砌工程

第十一章 工业与民用锅炉安装工程

第十二章 热力设备调试工程

第一章 锅炉安装工程

说　　明

一、本章内容包括锅炉钢结构（炉架、平台、扶梯、栏杆、金属结构、不锈钢结构）、汽包、水冷系统、过热系统、省煤器系统、空气预热器系统、本体管道系统、吹灰器、炉排、燃烧装置、炉内除灰渣装置安装及锅炉水压试验、锅炉风压试验、烘炉、煮炉、酸洗、蒸汽严密性试验、安全门调整等安装工程。不包括露天锅炉的特殊防护措施，炉墙砌筑与保温工作内容。

二、关于下列各项费用的规定：

1. 汽包安装包括汽包及其内部装置、汽包底座、膨胀指示器安装以及膨胀指示器支架配制，不包括膨胀指示器制作（按照设备供货考虑）。锅炉采用双汽包配置时，执行相应定额乘以系数 1.40。

2. 临时管道需要进行保温时，执行第十二册《刷油、防腐蚀、绝热工程》相应定额乘以系数 1.3（该系数综合考虑了永久保温与临时保温差异及保温材料拆除费用；临时保温保护层主材用量按照其永久保温保护层材料量 25%计算，临时保温绝热主材用量按照其永久保温绝热材料量 50%计算）。

3. 本章定额是按照锅炉设计压力 P＜9.8MPa 编制，当工程锅炉设计 P≥9.8MPa 时，水冷系统、过热系统、省煤器系统安装及锅炉水压试验定额乘以系数 1.12（该系数综合考虑了焊材、检测等费用调整）。

三、有关说明：

1. 定额综合考虑了焊接或螺栓连接、合金管件焊前的预热及焊后热处理、不同形式的无损检验、受热面焊缝质量抽查和补焊、检验与抽查过程中配合用工。执行定额时，不得因方法、技术条件不同而调整。

2. 定额中包括校管平台、组合支架或平台、临时梯子与平台、硬支撑的搭拆；包括临时加固铁构件的制作、安装、拆除；包括设备、平台、扶梯等安装后补漆。

3. 锅炉平台、扶梯安装是指锅炉本体所属平台、扶梯、栏杆及栏板的安装，包括随锅炉供货的平台扶梯和根据安装设计配制的平台扶梯。不包括由建筑结构设计的相邻锅炉之间及锅炉与主厂房之间的连接平台扶梯的安装。

4. 锅炉钢结构安装包括钢架拉结件、护板、框架、桁架、金属内外墙板、密封条、联箱罩壳、炉顶罩壳、灰斗、旋风筒、连接烟（风）道、省煤器支撑梁、各类门孔（含引出管）、由锅炉厂家供应的炉顶雨水系统（檐沟、水斗、水口、虹吸装置、水落管）及锅炉零星构件安装。不包括下列工作内容，工程实际发生时，执行相应定额。

省煤器支撑梁的通风管安装；

支撑梁耐火塑料浇灌;

炉墙砌筑用的小型铁件（炉墙支撑件、拉钩、耐火塑料挂钩）安装;

金属结构制作;

除锈、刷油漆。

5. 锅炉不锈钢结构定额主要适用于循环流化床锅炉中的不锈钢钢结构安装,亦适用于其他炉型中的不锈钢钢结构构件及配件安装。

6. 水冷壁安装包括普通水冷壁组件及联箱、降水管、汽水引出管、管系支吊架、联箱支座或吊杆、水冷壁固定装置安装。

7. 过热器安装综合考虑了低温和高温过热器或前部和后部过热器安装。包括蛇形管排及组件、联箱、减温器、蒸汽联络管、联箱支座或吊杆、管排定位或支架铁件、防磨装置、管系支吊架安装。

8. 省煤器安装包括蛇形管排及管段、联箱、水联络管、联箱支座或吊杆、管排支吊铁件、防磨装置、管系支吊架安装。

9. 水冷壁、过热器、省煤器安装定额中包括管道通球试验、组件水压试验、安装后整体外形尺寸的检查调整、蛇形管排地面单排水压试验、表面式减温器抽芯检查与水压试验。混合式减温器内部清理、炉膛四周与顶棚管及穿墙管处的铁件及密封铁板密封焊接、膨胀指示器安装及其支架配制等工作内容。不包括膨胀指示器制作（按照设备供货考虑）。

10. 空气预热器安装包括管式预热器本体（管箱）、框架、护板、伸缩节、连通管及连接法兰、本体烟道挡板及其操作装置、防磨套管及密封结构安装。包括管箱本体渗油试验及一般性缺陷处理。不包括管箱上防磨套管间的塑料浇灌,工程发生时,执行本册定额第十章"炉墙砌筑"相关定额。

11. 本体管路系统安装是指由制造厂定型设计并随锅炉供货的省煤器至汽包的给水管、事故放水管、再循环管、定期排污、连续排污、汽水取样、加药、联箱疏水、放水及冲洗管、放空气管、加温水管、启动加热管、安全门、水位计、汽水阀门及传动装置、法兰孔板、过滤器、取样冷却器、压力表等及其管路支吊架的安装。

12. 本体管路系统安装定额中包括下列工作内容:

管道坡口加工、对口焊接;

随锅炉本体供货的阀门、安全门、水位计、取样冷却器的检查及水压试验;

脉冲安全门支架、取样冷却器水槽及支架的配制与安装。

不包括下列工作内容,工程实际发生时,执行相应定额。

重油或轻油点火管路与阀门及油枪的安装;

安全门排汽管与点火排汽管及消音器的安装;

给水操作平台阀门及管件安装。

13. 吹灰器安装定额包括吹灰器安装与调整，含吹灰器管路、阀门、支吊架及吹灰管路的蒸汽吹洗系统安装。

14. 炉排安装适用于燃煤链条炉炉排安装，燃其他介质的锅炉炉排可参照执行。锅炉炉排安装包括炉排、传动机（包括轨道、风室、煤闸门及挡灰装置等）安装、试转及调整。

15. 燃烧装置安装包括燃烧器及其支架、托架、平衡装置安装。助燃油装置安装包括重油或轻油点火管路与阀门及油枪的安装，不包括燃油锅炉燃烧器安装。

16. 炉底除灰渣装置安装包括水冷或风冷灰渣室、灰渣斗内装置安装，含护板框架结构、除渣槽、排渣门、浇渣喷嘴、水封槽等安装。

17. 锅炉水压试验是指锅炉本体汽、水系统的水压试验，包括水压试验用临时管路安装与拆除、临时固定件安装与割除、汽水管道临时封堵及支吊架加固与拆除、水压前进行一次 0.2～0.3MPa 气压试验、水压试验后对一般缺陷处理。

18. 锅炉风压试验是指锅炉本体燃烧室及尾部烟道（包括空气预热器）的风压试验。包括试验前对炉膛内部清理检查、孔门封闭、风压试验后对缺陷处理。

19. 烘炉、煮炉、锅炉酸洗包括临时加药箱与管路及临时炉箅的制作、安装、拆除；包括烘炉、煮炉、锅炉酸洗换水冲洗；包括停炉检修及缺陷消除。不包括给水管路的冲洗、附属机械静态与动态联动试验、配合锅炉汽水管路冲洗。

20. 蒸汽严密性试验及安全门调整包括炉膛与烟风道内部清理、蒸汽严密性试验，安全门锁定与恢复、安全门调整、缺陷消除；包括临时管路的安装与拆除、临时固定件的安装与割除、汽水管道临时封堵与拆除。

工程量计算规则

一、锅炉本体设备钢结构安装根据设计图示尺寸，按照成品重量以"t"为计量单位。计算组装、拼装、安装连接螺栓的重量，不计算焊条重量、下料及加工制作损耗量、设备包装材料、临时加固铁构件等重量。

1. 钢结构炉架安装重量包括燃烧室本体及尾部对流井的立柱、横梁、柱梁间连接铁件、斜撑、垂直拉结件（小柱）、框架结构等重量。随锅炉厂供应的电梯井架计算重量，并入钢结构炉架安装重量中。

2. 锅炉平台、扶梯安装重量包括：锅炉本体所属平台、扶梯、栏杆及栏板、按照设计配制的平台扶梯重量。不包括山建筑结构设计的相邻锅炉之间及锅炉与主厂房之间的连接平台扶梯的重量。

3. 金属结构安装重量包括：钢结构拉结件、护板、框架、桁架、金属内外墙板、密封条、联箱罩壳、炉顶罩壳、灰斗、连接烟（风）道、省煤器支撑梁、各类孔门、锅炉露天布置时炉顶雨水系统及锅炉零星构件重量，不包括省煤器支撑梁的通风管重量，不计算炉墙、保温中的支撑件、拉钩、挂钩、保温钉等重量。锅炉露天布置时，随锅炉厂家供应的铝合金、塑料等非黑色金属结构炉顶雨水系统（檐沟、水斗、水口、虹吸装置、水落管）按照其重量3倍计算安装重量。

（1）钢结构拉结件（俗称"钢结构拉条"）系指非主体结构系统内部使用，承受构件间拉力的系杆、水平支撑、斜十字形杆、对拉螺栓、U型螺栓等构件。

（2）护板系指Ⅱ型布置锅炉冷灰斗护板、斜烟道护板、炉膛及对流井连续的转折罩等。

（3）框架系指浇制耐热混凝土墙的框架、斜炉顶框架、框架之间的密封铁板。

（4）金属内外墙板：内墙板系指密封炉顶耐热混凝土与保温层之间的埋置金属板；外墙板系指炉顶四周的金属板或波形板、与外墙板连接的铁构件、各部位埋置铁件与支撑等。

（5）联箱罩壳系指各个联箱罩壳和构架及铁件。

（6）炉顶罩壳系指炉顶盖板和构件及铁件。

（7）灰斗系指型Ⅱ型布置锅炉斜烟道（对流过热器下部）灰斗、对流井出口灰斗、内部平台和落灰管。

（8）各种孔门系指人孔、窥视孔、防爆门、防护短管、打焦孔、点火孔等门及引出管。

（9）黑色金属结构炉顶雨水系统系指铁制或钢制的檐沟、水斗、水口、虹吸装置、水落管等。

（10）锅炉零星构件系指上述项目以外且需要计算重量的锅炉组成构件。

4. 同一构件或配件出现不同材质时，应分别计算工程量。

二、汽包安装根据锅炉结构形式，按照锅炉台数以"套"为计量单位。锅炉采用双汽包配置时，按照一套计算工程量。

三、水冷系统、过热器系统、省煤器系统、空气预热器系统安装根据设计图示尺寸，按照成品重量以"t"为计量单位。不计算焊条、下料及加工制作损耗量、设备包装材料、临时加固铁构件重量。

1. 水冷系统安装重量包括：

水冷壁管、上下联箱、拉钩装置及组件的重量；

侧水冷壁上联箱支座或吊架组件的重量；

前后水冷壁中段和下联箱部位冷拉装置的重量；

降水管及支吊装置的重量；

升汽管（水冷壁上联箱至汽包导汽管）及支吊装置的重量。

2. 过热器系统安装重量包括：蛇形管排、进出口联箱、蒸汽连通管、表面式减温器或喷水减温器及减温器进出口管路和各个部位的支吊装置、梳形定位板、连接铁件等重量。

3. 省煤器系统安装重量包括：蛇形管排、管夹、防磨铁、支吊架、进出口联箱及支座、出口联箱至汽包的给水管和吊架等重量。区分低温和高温省煤器时，应计算低温段出口联箱至高温段进出口联箱连通管的重量，并入省煤器系统安装重量中。

4. 空气预热器安装重量包括管箱及支座、护板、连通管、伸缩节及槽钢框架、密封装置、管箱防磨套管等重量。

四、本体管路系统安装根据设计图示尺寸，按照成品重量以"t"为计量单位。不计算焊条、下料及加工制作损耗量、管道包装材料、临时加固铁构件重量。计算随本体设备供货的本体管路重量，超出部分属于扩大供货，其重量按照第八册《管道安装工程》定额规定计算，并执行管道定额计算安装费。本体管路包括：

1. 事故放水管：由汽包接出至两只串联阀门止。

2. 定期排污管：由水冷壁下联箱接出至两只串联阀门止。

3. 连续排污管：由汽包接出至两只串联阀门止。

4. 省煤器再循环管：由汽包至省煤器进口联箱止。包括电动阀门和支吊架。

5. 疏、放水及冲洗管：从有关联箱接出至两只串联阀门止。

6. 放空气管：由各放空气管接出至两只串联阀门止。

7. 取样管：由各取样点接出至两只串联阀门止。包括冷却器及中间管路、取样槽和支架。

8. 水位计、安全门、点火排汽电动门。

9. 加药管路：由汽包接出至两只串联阀门止。

10. 就地表计和阀门。

五、吹灰器安装根据设备工作原理，按照设计图示数量以"台"或"套"为计量单位。

六、炉排安装根据设计图示尺寸，按照成品重量以"t"为计量单位。不计算焊条、下料及加工制作损耗量、设备包装材料、临时加固铁构件重量。计算炉排重量范围包括：炉排、传动机、轨道、风室、煤闸门、挡灰装置、进煤斗、落煤管、炉排前侧封板、后部拉紧装置、前后拱金属结构、检修孔门等。

七、燃烧装置安装根据单台装置重量，按照锅炉数量以"个"或"台"为计量单位。

八、炉底除灰渣装置安装根据锅炉类型，按照成品重量以"t"为计量单位。不计算焊条、下料及加工制作损耗量、设备包装材料、临时加固铁构件重量。计算炉底除灰渣重量范围包括：双向或单向水力（气力）排渣槽、护板框架结构、斜出灰槽、出灰门及操作机构、浇渣喷嘴系统、排渣槽水封、打渣孔门、灰渣斗及格栅、灰斗上部水封等。流化床锅炉炉底除灰渣装置中不锈钢耐磨件计算重量，并入炉底除灰渣装置重量中。

九、锅炉水压试验、锅炉风压试验根据锅炉试运大纲的技术要求，按照锅炉数量以"台"为计量单位。

十、烘炉、煮炉、锅炉酸洗、蒸汽严密性试验根据锅炉安装的技术要求，按照锅炉数量以"台"为计量单位。

一、锅炉本体设备安装

1. 钢结构安装

工作内容：检查、组合、吊装、找正、固定。 计量单位：t

定 额 编 号			A2-1-1	A2-1-2	A2-1-3	A2-1-4
项 目 名 称			钢结构炉架			
			锅炉蒸发量(t/h)			
			≤50	≤75	≤150	<220
基 价 （元）			1665.56	1462.14	1212.90	985.78
其中	人 工 费 （元）		610.40	530.32	497.42	404.46
	材 料 费 （元）		389.47	350.41	268.05	218.00
	机 械 费 （元）		665.69	581.41	447.43	363.32
名 称	单位	单价（元）	消 耗 量			
人工 综合工日	工日	140.00	4.360	3.788	3.553	2.889
材料 扒钉	kg	3.85	1.046	0.720	0.400	0.325
低碳钢焊条	kg	6.84	10.549	6.480	5.610	4.561
镀锌铁丝 φ2.5～4.0	kg	3.57	1.870	1.350	0.700	0.569
钢板	kg	3.17	20.230	15.300	18.000	14.634
尼龙砂轮片 φ100×16×3	片	2.56	1.386	0.792	0.890	0.724
索具螺旋扣 M16×250	套	10.55	0.128	0.162	0.070	0.060
型钢	kg	3.70	33.150	42.300	19.000	15.447
氧气	m³	3.63	8.415	7.020	6.200	5.041
乙炔气	kg	10.45	2.780	2.313	2.050	1.667
圆钢(综合)	kg	3.40	5.355	4.680	8.650	7.032
枕木 2500×250×200	根	128.21	0.230	0.135	0.130	0.106
其他材料费占材料费	%	—	2.000	2.000	2.000	2.000
机械 电动单筒慢速卷扬机 50kN	台班	215.57	0.025	0.043	0.019	0.015
电焊条烘干箱 60×50×75cm³	台班	26.46	0.219	0.129	0.143	0.116
交流弧焊机 32kV·A	台班	83.14	1.312	0.737	0.924	0.751
履带式起重机 15t	台班	757.48	0.397	0.351	0.257	0.209
门座吊 30t	台班	544.48	—	—	0.133	0.108
汽车式起重机 8t	台班	763.67	0.211	0.240	0.029	0.023
载重汽车 8t	台班	501.85	0.041	0.043	0.076	0.062
直流弧焊机 20kV·A	台班	71.43	0.882	0.514	0.495	0.403

工作内容：编号、组合、安装、找正、固定。 计量单位：t

定 额 编 号				A2-1-5	A2-1-6	A2-1-7	A2-1-8
项 目 名 称				锅炉平台、扶梯			
				锅炉蒸发量(t/h)			
				≤50	≤75	≤150	<220
基 价 （元）				1760.77	1795.26	1875.05	1814.00
其中	人 工 费 （元）			781.62	742.70	678.30	611.24
	材 料 费 （元）			353.66	352.19	362.97	410.96
	机 械 费 （元）			625.49	700.37	833.78	791.80
名 称		单位	单价(元)	消 耗 量			
人工	综合工日	工日	140.00	5.583	5.305	4.845	4.366
材料	低碳钢焊条	kg	6.84	12.900	12.810	14.320	16.213
	镀锌钢管 DN25	m	11.00	3.880	4.000	4.290	4.857
	镀锌铁丝 φ2.5~4.0	kg	3.57	0.350	0.420	0.450	0.509
	钢板	kg	3.17	10.110	10.270	10.000	11.322
	麻绳	kg	9.40	0.200	0.200	0.200	0.226
	尼龙砂轮片 φ100×16×3	片	2.56	2.560	2.450	3.070	3.476
	碳钢气焊条	kg	9.06	0.240	0.200	0.350	0.396
	型钢	kg	3.70	7.760	7.700	9.260	10.484
	氧气	m³	3.63	17.510	17.080	15.410	17.447
	乙炔气	kg	10.45	6.650	6.490	5.860	6.635
	圆钢(综合)	kg	3.40	0.720	1.070	1.580	1.789
	枕木 2500×250×200	根	128.21	0.060	0.060	0.060	0.068
	其他材料费占材料费	%	—	2.000	2.000	2.000	2.000
机械	电焊条烘干箱 60×50×75cm³	台班	26.46	0.410	0.390	0.486	0.467
	交流弧焊机 32kV·A	台班	83.14	4.067	3.895	4.867	4.683
	履带式起重机 15t	台班	757.48	0.307	0.382	0.316	0.285
	门座吊 30t	台班	544.48	—	—	0.207	0.206
	汽车式起重机 8t	台班	763.67	0.038	0.076	0.038	0.037
	摇臂钻床 25mm	台班	8.58	0.286	0.286	0.286	0.275
	载重汽车 5t	台班	430.70	0.029	0.038	0.076	0.073

工作内容：组合、起吊、安装、找正、固定。 计量单位：t

定 额 编 号				A2-1-9	A2-1-10	A2-1-11	A2-1-12
项 目 名 称				锅炉金属结构			
				锅炉蒸发量(t/h)			
				≤50	≤75	≤150	<220
基 价（元）				1789.99	1729.92	1719.10	1725.48
其中	人 工 费（元）			940.24	847.84	758.80	659.82
	材 料 费（元）			254.10	286.24	315.66	352.11
	机 械 费（元）			595.65	595.84	644.64	713.55
名 称		单位	单价(元)	消 耗 量			
人工	综合工日	工日	140.00	6.716	6.056	5.420	4.713
材料	低碳钢焊条	kg	6.84	14.000	11.610	10.960	12.226
	镀锌铁丝 φ2.5～4.0	kg	3.57	1.960	1.800	1.500	1.673
	钢板	kg	3.17	4.500	13.100	5.500	6.135
	铅油(厚漆)	kg	6.45	1.470	0.430	0.720	0.803
	石棉绳	kg	3.50	1.470	0.430	0.760	0.848
	索具螺旋扣 M16×250	套	10.55	0.490	0.180	0.460	0.514
	型钢	kg	3.70	7.330	19.410	27.290	30.443
	氧气	m³	3.63	10.170	10.090	11.390	12.706
	乙炔气	kg	10.45	3.360	3.330	3.760	4.194
	圆钢(综合)	kg	3.40	0.850	—	—	—
	枕木 2500×250×200	根	128.21	0.080	0.030	0.140	0.156
	其他材料费占材料费	%	—	2.000	2.000	2.000	2.000
机械	单速电动葫芦 2t	台班	30.65	0.381	0.286	0.476	0.532
	电动单筒慢速卷扬机 50kN	台班	215.57	0.181	0.552	0.190	0.212
	电焊条烘干箱 60×50×75cm³	台班	26.46	0.333	0.352	0.267	0.298
	交流弧焊机 32kV·A	台班	83.14	3.371	3.486	2.695	3.007
	履带式起重机 15t	台班	757.48	0.257	0.114	0.333	0.372
	门座吊 30t	台班	544.48	—	—	0.104	0.105
	汽车式起重机 8t	台班	763.67	0.048	0.076	—	—
	载重汽车 5t	台班	430.70	0.057	0.057	0.114	0.127

定 额 编 号				A2-1-13	
项 目 名 称				锅炉不锈钢结构	
基 价 （元）				5897.44	
其中	人 工 费（元）			1503.32	
	材 料 费（元）			2965.73	
	机 械 费（元）			1428.39	
名 称	单位	单价(元)	消 耗 量		
人工	综合工日	工日	140.00	10.738	
材料	不锈钢氩弧焊丝 1Cr18Ni9Ti	kg	51.28	13.250	
	镀锌铁丝 φ2.5～4.0	kg	3.57	1.500	
	钢板	kg	3.17	5.500	
	铬不锈钢电焊条	kg	39.88	34.280	
	铅油(厚漆)	kg	6.45	0.720	
	石棉绳	kg	3.50	0.760	
	铈钨棒	g	0.38	47.530	
	索具螺旋扣 M16×250	套	10.55	0.460	
	型钢	kg	3.70	27.290	
	氩气	m³	19.59	31.060	
	氧气	m³	3.63	11.390	
	乙炔气	kg	10.45	3.760	
	枕木 2500×250×200	根	128.21	0.140	
	其他材料费占材料费	%	—	2.000	
机械	单速电动葫芦 2t	台班	30.65	0.476	
	电动单筒慢速卷扬机 50kN	台班	215.57	0.190	
	电焊条烘干箱 60×50×75cm³	台班	26.46	0.267	
	交流弧焊机 32kV·A	台班	83.14	1.060	
	履带式起重机 15t	台班	757.48	0.333	
	门座吊 30t	台班	544.48	0.106	
	载重汽车 5t	台班	430.70	0.114	
	直流弧焊机 20kV·A	台班	71.43	12.860	

2.汽包安装

工作内容：检查、起吊、安装、找正、固定；内部装置安装。 计量单位：套

定 额 编 号			A2-1-14	A2-1-15	A2-1-16	A2-1-17
项 目 名 称			锅炉蒸发量（t/h）			
			≤50	≤75	≤150	<220
基 价（元）			6480.51	9007.12	9676.08	11272.76
其中	人 工 费（元）		3437.56	4735.22	5185.46	6041.00
	材 料 费（元）		601.68	741.38	740.43	862.68
	机 械 费（元）		2441.27	3530.52	3750.19	4369.08
名 称	单位	单价（元）	消 耗 量			
人工 综合工日	工日	140.00	24.554	33.823	37.039	43.150
材料 白布	kg	6.67	1.730	1.740	1.830	2.132
低碳钢焊条	kg	6.84	7.010	6.940	6.910	8.050
镀锌铁丝 φ2.5～4.0	kg	3.57	2.400	5.800	5.900	6.874
酚醛调和漆	kg	7.90	0.650	0.650	1.000	1.165
钢板	kg	3.17	3.600	4.100	4.100	4.777
钢丝刷	把	2.56	2.000	2.000	2.000	2.330
黑铅粉	kg	5.13	1.500	1.500	1.500	1.748
石棉橡胶板	kg	9.40	4.200	5.020	5.100	5.942
索具螺旋扣 M16×250	套	10.55	2.000	3.000	2.000	2.330
铁砂布	张	0.85	13.000	12.000	12.000	13.980
橡胶板	kg	2.91	6.800	7.650	7.650	8.912
型钢	kg	3.70	28.660	48.110	48.980	57.062
氧气	m³	3.63	14.500	19.000	19.300	22.485
乙炔气	kg	10.45	4.790	6.270	6.370	7.421
枕木 2500×250×200	根	128.21	1.500	1.500	1.500	1.748
其他材料费占材料费	%	—	2.000	2.000	2.000	2.000
机械 电动单筒慢速卷扬机 30kN	台班	210.22	0.952	2.000	—	—
电动单筒慢速卷扬机 50kN	台班	215.57	1.190	2.476	2.857	3.329
电动空气压缩机 6m³/min	台班	206.73	0.590	0.581	0.619	0.721
电焊条烘干箱 60×50×75cm³	台班	26.46	0.467	0.448	0.486	0.566
交流弧焊机 32kV·A	台班	83.14	4.629	4.505	4.857	5.659
履带式起重机 15t	台班	757.48	1.286	0.952	1.038	1.209
履带式起重机 25t	台班	818.95	—	0.905	—	—
门座吊 30t	台班	544.48	—	—	2.143	2.496
汽车式起重机 16t	台班	958.70	0.238	0.295	0.295	0.344
载重汽车 5t	台班	430.70	0.286	0.429	0.476	0.555
轴流通风机 7.5kW	台班	40.15	3.486	3.486	3.705	4.316

3. 水冷系统安装

工作内容：检查、通球、组合、起吊、固定、安装、无损检验、热处理等。　　　　　计量单位：t

定　额　编　号			A2-1-18	A2-1-19	A2-1-20	A2-1-21
项　目　名　称			锅炉蒸发量(t/h)			
			≤50	≤75	≤150	<220
基　　　　价　（元）			3186.45	2958.55	2756.93	2440.87
其中	人　工　费（元）		1150.80	1104.04	1043.14	881.44
	材　料　费（元）		1148.46	1057.92	920.69	842.53
	机　械　费（元）		887.19	796.59	793.10	716.90
名　　称	单位	单价（元）	消　　耗　　量			
人工	综合工日	工日	140.00	8.220	7.886	7.451	6.296
材料	白布	kg	6.67	0.199	0.207	0.077	0.069
	白油漆	kg	11.21	0.138	0.124	0.115	0.104
	冰醋酸 98%	mL	0.09	24.899	22.250	20.377	18.420
	低碳钢焊条	kg	6.84	5.730	4.891	8.392	7.690
	镀锌铁丝 φ2.5～4.0	kg	3.57	3.499	4.866	2.280	2.061
	对苯二酚	g	10.11	5.845	5.223	4.780	4.321
	钢板	kg	3.17	8.098	10.653	15.098	17.830
	钢锯条	条	0.34	3.820	3.316	3.832	3.464
	号码铅字	套	20.51	0.435	0.390	0.364	0.329
	甲氨基酚硫酸盐	g	0.43	0.703	0.481	0.240	0.130
	硫代硫酸钠	g	0.06	239.071	213.650	195.662	176.872
	硫酸铝钾	g	0.03	14.944	13.355	12.234	11.059
	麻绳	kg	9.40	0.435	0.390	0.249	0.225
	尼龙砂轮片 φ100×16×3	片	2.56	2.750	2.868	3.899	3.525
	硼酸	g	60.00	7.472	6.682	6.112	5.525
	铅板 80×300×3	kg	31.12	0.359	0.323	0.297	0.268
	软胶片 80×300	张	5.45	13.859	12.385	11.343	10.253
	铈钨棒	g	0.38	29.796	27.357	11.496	10.392
	双头螺栓带螺母 M16×100～125	10套	36.84	0.229	0.249	0.096	0.087
	水	m³	7.96	0.351	0.539	0.383	0.346
	塑料暗袋 80×300	副	7.01	0.672	0.597	0.546	0.494
	索具螺旋扣 M16×250	套	10.55	0.405	0.207	0.163	0.150
	碳钢气焊条	kg	9.06	0.053	0.050	0.038	0.035
	贴片磁铁	副	1.56	0.267	0.240	0.220	0.199
	铁砂布	张	0.85	3.568	3.183	0.968	0.875
	无缝钢管	kg	4.44	1.688	2.769	2.146	1.940
	无水碳酸钠	g	0.10	31.874	28.484	26.086	23.581
	无水亚硫酸钠	g	0.10	64.283	56.082	51.368	46.435
	像质计	个	26.50	0.672	0.597	0.546	0.494

续表

定　额　编　号			A2-1-18	A2-1-19	A2-1-20	A2-1-21
项　目　名　称			锅炉蒸发量(t/h)			
			≤50	≤75	≤150	<220
名　　称	单位	单价(元)	消　　耗　　量			
型钢	kg	3.70	43.930	42.942	24.621	20.300
溴化钾	g	0.04	2.659	2.371	2.175	1.966
压敏胶粘带	m	1.15	7.969	7.121	6.524	5.897
氩弧焊丝	kg	7.44	0.298	0.274	0.115	0.104
氩气	m³	19.59	1.329	1.244	0.517	0.468
氧气	m³	3.63	9.749	9.028	8.325	7.860
乙炔气	kg	10.45	3.912	3.374	2.989	2.910
英文字母铅码	套	34.19	0.435	0.390	0.364	0.329
增感屏 80×300	副	29.91	0.695	0.622	0.565	0.511
枕木 2500×250×200	根	128.21	0.153	0.108	0.077	0.069
紫铜管 φ4～13	kg	52.99	0.206	0.099	0.115	0.104
其他材料费占材料费	%	—	2.000	2.000	2.000	2.000
X射线胶片脱水烘干机 ZTH-340	台班	71.58	0.074	0.066	0.060	0.054
X射线探伤机	台班	91.29	1.074	0.957	0.876	0.792
电动单筒慢速卷扬机 30kN	台班	210.22	0.244	0.080	0.028	0.025
电动空气压缩机 6m³/min	台班	206.73	0.192	0.227	0.214	0.193
电焊条烘干箱 60×50×75cm³	台班	26.46	0.262	0.274	0.373	0.337
交流弧焊机 32kV·A	台班	83.14	0.873	1.307	1.292	1.168
空气锤 150kg	台班	267.89	0.031	—	—	—
空气锤 400kg	台班	360.69	—	0.028	0.006	0.005
履带式起重机 15t	台班	757.48	0.297	0.270	0.268	0.242
门座吊 30t	台班	544.48	—	—	0.125	0.114
普通车床 400×1000mm	台班	210.71	0.087	0.080	0.022	0.020
汽车式起重机 8t	台班	763.67	0.240	0.194	—	—
试压泵 60MPa	台班	24.08	0.031	0.028	0.033	0.030
摇臂钻床 25mm	台班	8.58	0.044	0.047	—	—
载重汽车 5t	台班	430.70	0.122	0.099	0.131	0.119
载重汽车 8t	台班	501.85	—	—	0.066	0.059
直流弧焊机 20kV·A	台班	71.43	1.747	1.421	2.425	2.192

材料

机械

4.过热器系统安装

工作内容：检查、通球、组合、起吊、固定、安装、无损检验、热处理等。　　　　　　　计量单位：t

定　额　编　号				A2-1-22	A2-1-23	A2-1-24	A2-1-25
项　目　名　称				锅炉蒸发量(t/h)			
				≤50	≤75	≤150	＜220
基　　　价（元）				3161.50	2846.28	2595.34	2446.99
其中	人　工　费（元）			1256.08	1184.26	1131.06	1038.52
	材　料　费（元）			1066.05	840.94	795.72	764.93
	机　械　费（元）			839.37	821.08	668.56	643.54
名　　称		单位	单价（元）	消　　耗　　量			
人工	综合工日	工日	140.00	8.972	8.459	8.079	7.418
材料	扒钉	kg	3.85	0.510	0.460	0.340	0.327
	白布	kg	6.67	0.120	0.115	0.100	0.096
	白油漆	kg	11.21	0.130	0.092	0.090	0.086
	冰醋酸 98%	mL	0.09	23.930	16.468	17.030	16.369
	低合金钢耐热焊条(综合)	kg	11.11	—	—	0.880	0.846
	低碳钢焊条	kg	6.84	4.000	3.577	2.620	2.518
	镀锌铁丝 φ2.5～4.0	kg	3.57	1.870	2.979	1.760	1.692
	对苯二酚	g	10.11	5.620	3.864	4.000	3.845
	钢板	kg	3.17	5.880	5.348	0.700	0.673
	号码铅字	套	20.51	0.420	0.288	0.300	0.288
	甲氨基酚硫酸盐	g	0.43	1.410	0.966	1.000	0.961
	硫代硫酸钠	g	0.06	229.770	158.102	163.530	157.185
	硫酸铝钾	g	0.03	14.360	9.879	10.220	9.824
	麻绳	kg	9.40	0.200	0.115	0.100	0.096
	尼龙砂轮片 φ100×16×3	片	2.56	0.900	1.242	1.080	1.038
	镍铬电阻丝 φ3.2	kg	304.27	—	0.207	0.200	0.193
	硼酸	g	60.00	7.180	4.945	5.110	4.911
	铅板 80×300×3	kg	31.12	0.340	0.242	0.250	0.240
	软胶片 80×300	张	5.45	13.320	9.166	9.480	9.113
	石棉布(综合) 烧失量32%	kg	5.13	—	1.449	1.720	1.653
	石棉绳	kg	3.50	—	0.702	0.880	0.846
	石棉橡胶板	kg	9.40	0.380	0.150	—	—

续表

定　额　编　号			A2-1-22	A2-1-23	A2-1-24	A2-1-25
项　目　名　称			锅炉蒸发量(t/h)			
			≤50	≤75	≤150	<220
名　　称	单位	单价(元)	消　　耗　　量			
材 料	铈钨棒	g	0.38	22.000	14.950	16.000	15.379
	双头螺栓带螺母 M16×100～125	10套	36.84	0.150	0.115	0.100	0.096
	水	m³	7.96	0.170	0.115	0.120	0.115
	塑料暗袋 80×300	副	7.01	0.640	0.449	0.460	0.442
	索具螺旋扣 M16×250	套	10.55	0.190	0.092	0.020	0.018
	碳钢气焊条	kg	9.06	1.640	0.782	0.840	0.807
	贴片磁铁	副	1.56	0.260	0.173	0.180	0.173
	铁砂布	张	0.85	4.010	2.703	2.650	2.547
	无缝钢管	kg	4.44	2.340	2.369	2.000	1.922
	无水碳酸钠	g	0.10	30.640	21.080	21.800	20.954
	无水亚硫酸钠	g	0.10	60.320	44.954	42.930	41.264
	像质计	个	26.50	0.640	0.449	0.460	0.442
	型钢	kg	3.70	22.300	19.895	14.900	14.322
	溴化钾	g	0.04	2.550	1.760	1.820	1.750
	压敏胶粘带	m	1.15	7.660	5.267	5.450	5.239
	氩弧焊丝	kg	7.44	0.220	0.150	0.170	0.164
	氩气	m³	19.59	1.000	0.679	0.740	0.711
	氧气	m³	3.63	16.900	11.500	10.400	9.996
	乙炔气	kg	10.45	6.420	4.370	3.950	3.797
	英文字母铅码	套	34.19	0.420	0.288	0.300	0.288
	增感屏 80×300	副	29.91	0.670	0.460	0.470	0.452
	枕木 2500×250×200	根	128.21	0.190	0.104	0.020	0.019
	紫铜管 φ4～13	kg	52.99	0.140	0.138	0.090	0.086

17

续表

定　额　编　号			A2-1-22	A2-1-23	A2-1-24	A2-1-25
项　目　名　称			锅炉蒸发量(t/h)			
			≤50	≤75	≤150	<220
名　　称	单位	单价(元)	消　　耗　　量			
材料	其他材料费占材料费	%	—	2.000	2.000	2.000	2.000
机　　械	X射线胶片脱水烘干机 ZTH-340	台班	71.58	0.124	0.087	0.086	0.083
	X射线探伤机	台班	91.29	1.714	1.183	1.219	1.172
	单速电动葫芦 2t	台班	30.65	0.200	0.405	—	—
	单速电动葫芦 3t	台班	32.95	—	—	0.400	0.384
	电动单筒慢速卷扬机 30kN	台班	210.22	0.533	0.449	—	—
	电动单筒慢速卷扬机 50kN	台班	215.57	—	—	0.114	0.110
	电动空气压缩机 6m³/min	台班	206.73	0.267	0.263	0.248	0.238
	电焊条烘干箱 60×50×75cm³	台班	26.46	0.143	0.197	0.171	0.165
	交流弧焊机 32kV·A	台班	83.14	1.448	0.581	0.495	0.476
	空气锤 150kg	台班	267.89	0.029	0.033	0.029	0.028
	履带式起重机 15t	台班	757.48	0.229	0.307	0.295	0.284
	门座吊 30t	台班	544.48	—	—	0.095	0.092
	牛头刨床 650mm	台班	232.57	—	—	0.010	0.009
	普通车床 400×1000mm	台班	210.71	—	—	0.038	0.037
	普通车床 630×1400mm	台班	234.99	0.029	0.044	—	—
	汽车式起重机 8t	台班	763.67	0.200	0.143	—	—
	试压泵 60MPa	台班	24.08	0.086	0.033	0.229	0.220
	载重汽车 5t	台班	430.70	—	0.066	0.057	0.055
	载重汽车 8t	台班	501.85	0.067	—	—	—
	直流弧焊机 20kV·A	台班	71.43	—	1.358	1.219	1.172
	中频加热处理机 50kW	台班	35.08	—	0.143	0.171	0.165

5.省煤器系统安装

工作内容：检查、通球、组合、起吊、固定、安装、无损检验、热处理等。　　　　　　计量单位：t

定　额　编　号			A2-1-26	A2-1-27	A2-1-28	A2-1-29
项　目　名　称			锅炉蒸发量(t/h)			
			≤50	≤75	≤150	<220
基　　　价（元）			2820.59	2703.97	2532.24	2447.47
其中	人　工　费（元）		1237.18	1210.86	1011.78	899.64
	材　料　费（元）		765.02	682.13	772.42	792.13
	机　械　费（元）		818.39	810.98	748.04	755.70
名　　称	单位	单价（元）	消　　耗　　量			
人工 综合工日	工日	140.00	8.837	8.649	7.227	6.426
材料 扒钉	kg	3.85	0.330	0.336	0.250	0.257
白布	kg	6.67	0.180	0.070	0.140	0.143
白油漆	kg	11.21	0.080	0.070	0.080	0.082
冰醋酸 98%	mL	0.09	14.360	13.454	13.570	13.918
低碳钢焊条	kg	6.84	6.440	4.648	5.510	5.651
镀锌铁丝 φ2.5～4.0	kg	3.57	2.200	1.456	1.560	1.600
对苯二酚	g	10.11	3.370	3.164	3.180	3.262
酚醛调和漆	kg	7.90	0.130	0.070	0.080	0.082
钢板	kg	3.17	16.220	6.160	22.700	23.281
号码铅字	套	20.51	0.250	0.238	0.240	0.246
甲氨基酚硫酸盐	g	0.43	0.850	0.798	0.800	0.821
硫代硫酸钠	g	0.06	137.830	129.206	130.240	133.574
硫酸铝钾	g	0.03	8.620	8.078	8.500	8.718
尼龙砂轮片 φ100×16×3	片	2.56	1.740	1.470	1.500	1.538
硼酸	g	60.00	4.310	4.046	4.070	4.174
铅板 80×300×3	kg	31.12	0.210	0.196	0.200	0.205
软胶片 80×300	张	5.45	7.990	7.490	7.550	7.743
石棉橡胶板	kg	9.40	0.140	0.098	0.080	0.082
铈钨棒	g	0.38	14.000	12.600	5.000	5.128
双头螺栓带螺母 M16×100～125	10套	36.84	0.030	0.056	0.130	0.134
水	m³	7.96	0.310	0.462	0.320	0.328
塑料暗袋 80×300	副	7.01	0.390	0.364	0.370	0.379
索具螺旋扣 M16×250	套	10.55	0.510	0.266	0.330	0.336
碳钢气焊条	kg	9.06	0.160	0.504	1.050	1.077
贴片磁铁	副	1.56	0.150	0.140	0.150	0.154
铁砂布	张	0.85	2.180	2.156	4.460	4.574
无缝钢管	kg	4.44	6.850	1.330	0.100	0.102
无水碳酸钠	g	0.10	18.380	17.234	17.370	17.814
无水亚硫酸钠	g	0.10	36.180	34.048	34.190	35.066

19

续表

定　额　编　号			A2-1-26	A2-1-27	A2-1-28	A2-1-29
项　目　名　称			锅炉蒸发量(t/h)			
			≤50	≤75	≤150	<220
名　　称	单位	单价(元)	消　　耗　　量			
材料	像质计	个	26.50	0.390	0.364	0.370	0.379
	型钢	kg	3.70	13.880	16.800	25.200	25.845
	溴化钾	g	0.04	1.530	1.442	1.450	1.487
	压敏胶粘带	m	1.15	4.590	4.312	4.340	4.451
	氩弧焊丝	kg	7.44	0.110	0.098	0.050	0.051
	氩气	m³	19.59	0.530	0.476	0.210	0.215
	氧气	m³	3.63	12.990	14.756	12.410	12.728
	乙炔气	kg	10.45	4.940	5.614	4.720	4.841
	英文字母铅码	套	34.19	0.250	0.238	0.240	0.246
	增感屏 80×300	副	29.91	0.400	0.378	0.380	0.390
	枕木 2500×250×200	根	128.21	0.150	0.098	0.230	0.236
	紫铜管 φ4～13	kg	52.99	0.100	0.070	0.100	0.102
	其他材料费占材料费	%	—	2.000	2.000	2.000	2.000
机械	X射线胶片脱水烘干机 ZTH-340	台班	71.58	0.076	0.067	0.067	0.068
	X射线探伤机	台班	91.29	1.029	0.973	0.971	0.996
	单速电动葫芦 2t	台班	30.65	0.352	0.321	0.133	0.137
	电动单筒慢速卷扬机 30kN	台班	210.22	0.141	—	—	—
	电动空气压缩机 6m³/min	台班	206.73	0.450	0.360	0.333	0.342
	电焊条烘干箱 60×50×75cm³	台班	26.46	0.276	0.227	0.238	0.244
	交流弧焊机 32kV·A	台班	83.14	2.781	2.307	2.362	2.422
	空气锤 150kg	台班	267.89	—	—	0.019	0.019
	履带式起重机 15t	台班	757.48	0.387	0.466	0.286	0.283
	门座吊 30t	台班	544.48	—	—	0.095	0.090
	牛头刨床 650mm	台班	232.57	—	0.014	0.019	0.019
	普通车床 400×1000mm	台班	210.71	—	0.027	0.029	0.030
	试压泵 60MPa	台班	24.08	0.505	0.227	0.267	0.274
	摇臂钻床 25mm	台班	8.58	0.095	0.133	—	—
	载重汽车 5t	台班	430.70	0.095	—	0.095	0.098
	载重汽车 8t	台班	501.85	—	0.133	0.095	0.098

6.空气预热器系统安装

工作内容:检查、组合、起吊、安装、找正、固定。　　　　　　　　　　　　　计量单位: t

定　额　编　号			A2-1-30	A2-1-31	A2-1-32
项　目　名　称			锅炉蒸发量(t/h)		
			≤75	≤150	<220
基　　　　价（元）			662.55	649.92	608.46
其中	人　工　费（元）		298.48	238.84	223.58
	材　料　费（元）		93.56	77.95	72.95
	机　械　费（元）		270.51	333.13	311.93
名　　　称	单位	单价（元）	消　　耗　　量		
人工 综合工日	工日	140.00	2.132	1.706	1.597
材料 低碳钢焊条	kg	6.84	4.810	4.230	3.959
镀锌铁丝 φ2.5～4.0	kg	3.57	0.410	0.750	0.702
钢板	kg	3.17	2.220	2.230	2.087
铅油(厚漆)	kg	6.45	0.170	0.310	0.290
石棉绳	kg	3.50	0.250	0.240	0.225
索具螺旋扣 M16×250	套	10.55	0.050	0.020	0.018
碳钢气焊条	kg	9.06	0.080	0.100	0.094
型钢	kg	3.70	4.740	2.850	2.668
氧气	m³	3.63	3.550	2.550	2.387
乙炔气	kg	10.45	1.350	0.970	0.908
枕木 2500×250×200	根	128.21	0.020	0.030	0.028
其他材料费占材料费	%	—	2.000	2.000	2.000
机械 电动单筒慢速卷扬机 50kN	台班	215.57	—	0.076	0.071
电焊条烘干箱 60×50×75cm³	台班	26.46	0.124	0.171	0.160
交流弧焊机 32kV·A	台班	83.14	1.267	1.667	1.560
履带式起重机 15t	台班	757.48	0.143	0.124	0.116
门座吊 30t	台班	544.48	—	0.048	0.045
汽车式起重机 8t	台班	763.67	0.038	0.038	0.036
载重汽车 5t	台班	430.70	0.057	0.057	0.053

7. 本体管道系统安装

工作内容：坡口加工、对口焊接、起吊、安装、无损检验、热处理等。

计量单位：t

定 额 编 号			A2-1-33	A2-1-34	A2-1-35	A2-1-36
项 目 名 称			锅炉蒸发量(t/h)			
			≤50	≤75	≤150	<220
基 价 （元）			4955.18	4643.32	4108.24	3779.35
其中	人 工 费 （元）		2556.96	2271.22	1962.38	1739.22
	材 料 费 （元）		1318.22	1085.35	1081.52	1018.01
	机 械 费 （元）		1080.00	1286.75	1064.34	1022.12
名 称	单位	单价（元）	消 耗 量			
人工 综合工日	工日	140.00	18.264	16.223	14.017	12.423
材料 白布	kg	6.67	1.640	1.220	0.990	0.950
白油漆	kg	11.21	0.090	0.070	0.080	0.077
冰醋酸 98%	mL	0.09	16.150	11.730	13.570	13.027
不锈钢焊条	kg	38.46	0.550	0.370	0.210	0.202
低碳钢焊条	kg	6.84	10.600	17.100	14.300	13.728
镀锌铁丝 φ2.5～4.0	kg	3.57	4.510	2.780	3.680	3.533
对苯二酚	g	10.11	3.790	2.750	3.180	3.053
酚醛调和漆	kg	7.90	0.250	0.270	0.210	0.202
钢齿形垫(综合)	片	16.24	0.300	0.800	0.700	0.672
钢锯条	条	0.34	28.500	25.080	20.600	19.776
号码铅字	套	20.51	0.290	0.210	0.240	0.230
黄干油	kg	5.15	0.290	—	—	—
机油	kg	19.66	0.780	0.700	0.570	0.547
甲氨基酚硫酸盐	g	0.43	0.650	0.450	0.380	0.320
金属清洗剂	kg	8.66	0.383	0.289	0.241	0.231
硫代硫酸钠	g	0.06	155.080	112.640	130.240	125.030
硫酸铝钾	g	0.03	9.690	7.040	8.140	7.814
麻绳	kg	9.40	—	0.220	0.250	0.240
尼龙砂轮片 φ100×16×3	片	2.56	2.810	3.490	3.010	2.890
硼酸	g	60.00	4.850	3.520	4.070	3.907
铅板 80×300×3	kg	31.12	0.240	0.170	0.200	0.192

定　额　编　号			A2-1-33	A2-1-34	A2-1-35	A2-1-36
项　目　名　称			锅炉蒸发量(t/h)			
			≤50	≤75	≤150	<220
名　　称	单位	单价(元)	消　　　耗　　　量			
软胶片 80×300	张	5.45	8.990	6.530	7.550	7.248
石棉布(综合) 烧失量32%	kg	5.13	1.100	1.540	0.980	0.941
石棉绳	kg	3.50	1.190	0.710	0.630	0.605
石棉橡胶板	kg	9.40	1.190	0.350	0.450	0.432
铈钨棒	g	0.38	38.000	36.000	34.000	32.640
水	m³	7.96	0.110	0.080	0.090	0.086
塑料暗袋 80×300	副	7.01	0.440	0.320	0.370	0.355
碳钢气焊条	kg	9.06	3.420	1.780	2.350	2.256
贴片磁铁	副	1.56	0.170	0.130	0.150	0.144
铁砂布	张	0.85	6.120	6.150	4.600	4.416
无水碳酸钠	g	0.10	20.680	15.020	17.370	16.675
无水亚硫酸钠	g	0.10	40.710	29.570	34.190	32.822
像质计	个	26.50	0.440	0.320	0.370	0.355
型钢	kg	3.70	85.400	64.400	56.300	48.700
溴化钾	g	0.04	1.720	1.250	1.450	1.392
压敏胶粘带	m	1.15	5.170	3.750	4.340	4.166
氩弧焊丝	kg	7.44	0.380	0.220	0.340	0.326
氩气	m³	19.59	1.700	1.000	1.550	1.488
氧气	m³	3.63	30.400	19.800	21.400	20.544
乙炔气	kg	10.45	11.550	7.520	8.130	7.805
英文字母铅码	套	34.19	0.290	0.210	0.240	0.230
硬铜绞线 TJ-120mm²	kg	42.74	—	1.360	0.980	0.941

材

料

续表

定 额 编 号			A2-1-33	A2-1-34	A2-1-35	A2-1-36
项 目 名 称			锅炉蒸发量(t/h)			
			≤50	≤75	≤150	<220
名 称	单位	单价(元)	消 耗 量			
材料	油浸石棉盘根	kg	10.09	0.790	0.770	0.600	0.576
	增感屏 80×300	副	29.91	0.450	0.330	0.380	0.365
	中(粗)砂	t	87.00	0.110	0.100	0.090	0.086
	其他材料费占材料费	%	—	2.000	2.000	2.000	2.000
机械	X射线胶片脱水烘干机 ZTH-340	台班	71.58	0.086	0.057	0.067	0.064
	X射线探伤机	台班	91.29	0.850	0.838	0.971	0.933
	单速电动葫芦 3t	台班	32.95	0.448	1.143	0.914	0.878
	电动单筒慢速卷扬机 30kN	台班	210.22	0.200	0.210	0.038	0.037
	电动空气压缩机 6m³/min	台班	206.73	1.105	0.352	0.429	0.411
	电焊条烘干箱 60×50×75cm³	台班	26.46	0.448	0.552	0.476	0.457
	鼓风机 18m³/min	台班	40.40	0.076	—	—	—
	交流弧焊机 32kV·A	台班	83.14	4.457	5.533	4.781	4.590
	履带式起重机 15t	台班	757.48	0.103	0.201	0.106	0.104
	门座吊 30t	台班	544.48	—	—	0.233	0.221
	坡口机 2.2kW	台班	31.41	0.105	0.171	0.295	0.283
	普通车床 400×1000mm	台班	210.71	0.333	0.429	0.476	0.457
	汽车式起重机 8t	台班	763.67	0.104	0.268	—	—
	试压泵 60MPa	台班	24.08	0.476	0.781	0.533	0.512
	摇臂钻床 25mm	台班	8.58	0.476	0.476	0.476	0.457
	载重汽车 5t	台班	430.70	0.133	0.181	0.181	0.174
	直流弧焊机 20kV·A	台班	71.43	0.305	0.286	0.286	0.274
	中频加热处理机 50kW	台班	35.08	—	0.086	0.057	0.055

8.吹灰器安装

工作内容：检查、组合、安装、找正、固定、单体调试。 计量单位：台

定 额 编 号			A2-1-37
项 目 名 称			蒸汽吹灰器
基 价（元）			313.33
其中	人 工 费（元）		268.94
	材 料 费（元）		20.54
	机 械 费（元）		23.85
名 称	单位	单价（元）	消 耗 量
人工	综合工日	工日	140.00	1.921
材料	低碳钢焊条	kg	6.84	0.120
	镀锌铁丝 16号	kg	3.57	0.437
	镀锌铁丝 φ2.5～4.0	kg	3.57	0.120
	钢板	kg	3.17	0.420
	石棉橡胶板	kg	9.40	0.030
	双头螺栓带螺母 M16×100～125	10套	36.84	0.100
	无缝钢管	kg	4.44	0.840
	氧气	m³	3.63	1.050
	乙炔气	kg	10.45	0.430
	其他材料费占材料费	%	—	2.000
机械	交流弧焊机 32kV·A	台班	83.14	0.095
	门座吊 30t	台班	544.48	0.029
	摇臂钻床 25mm	台班	8.58	0.019

定　额　编　号	A2-1-38
项　目　名　称	声波吹灰器
基　　　价（元）	594.87

其中	人　工　费（元）	503.86
	材　料　费（元）	47.41
	机　械　费（元）	43.60

	名　　称	单位	单价（元）	消　　耗　　量
人工	综合工日	工日	140.00	3.599
材料	镀锌铁丝 16号	kg	3.57	0.869
	普低钢焊条 J507 φ3.2	kg	6.84	0.721
	石棉绳	kg	3.50	0.543
	型钢	kg	3.70	6.032
	氧气	m³	3.63	1.620
	乙炔气	kg	10.45	0.661
	中厚钢板 δ15以内	kg	3.60	0.400
	其他材料费占材料费	%	—	2.000
机械	电动单筒慢速卷扬机 50kN	台班	215.57	0.019
	门座吊 30t	台班	544.48	0.029
	载重汽车 10t	台班	547.99	0.010
	直流弧焊机 40kV·A	台班	93.03	0.196

9.炉排、燃烧装置安装

工作内容:检查、组合、安装、找正、固定、单体调试。 计量单位:t

定 额 编 号			A2-1-39	
项 目 名 称			链条炉炉排	
基 价(元)			2196.98	
其中	人 工 费(元)		1355.20	
	材 料 费(元)		426.20	
	机 械 费(元)		415.58	
名 称	单位	单价(元)	消 耗 量	
人工 综合工日	工日	140.00	9.680	
材料 白布	kg	6.67	0.588	
低碳钢焊条	kg	6.84	1.600	
镀锌铁丝 φ2.5～4.0	kg	3.57	0.500	
酚醛调和漆	kg	7.90	0.100	
钢板	kg	3.17	21.000	
黄干油	kg	5.15	1.700	
机油	kg	19.66	7.500	
金属清洗剂	kg	8.66	0.233	
聚氯乙烯薄膜	m²	1.37	0.300	
密封胶	kg	19.66	0.800	
棉纱头	kg	6.00	1.000	
尼龙砂轮片 φ100×16×3	片	2.56	0.480	
铅油(厚漆)	kg	6.45	0.500	
青壳纸 δ0.1～1.0	kg	20.84	0.200	
溶剂汽油 200号	kg	5.64	2.000	
石棉绳	kg	3.50	1.000	

定　额　编　号				A2-1-39
项　目　名　称				链条炉炉排
名　称	单位	单价(元)		消　耗　量
材料	铁砂布	张	0.85	3.000
	斜垫铁	kg	3.50	20.000
	型钢	kg	3.70	4.500
	羊毛毡 6～8	m²	38.03	0.030
	氧气	m³	3.63	5.280
	乙炔气	kg	10.45	1.742
	紫铜板(综合)	kg	58.97	0.040
	其他材料费占材料费	%	—	2.000
机械	电动单筒慢速卷扬机 30kN	台班	210.22	0.667
	电动空气压缩机 0.6m³/min	台班	37.30	0.019
	电焊条烘干箱 60×50×75cm³	台班	26.46	0.076
	交流弧焊机 32kV·A	台班	83.14	0.762
	履带式起重机 15t	台班	757.48	0.077
	牛头刨床 650mm	台班	232.57	0.095
	普通车床 400×1000mm	台班	210.71	0.024
	汽车式起重机 16t	台班	958.70	0.095
	载重汽车 5t	台班	430.70	0.076

工作内容：检查、组合、安装、找正、固定、单体调试。　　　　　　　　　　　　　　计量单位：个

定　额　编　号				A2-1-40	A2-1-41	A2-1-42
项　目　名　称				煤粉炉燃烧装置(t)		
				≤1	≤5	≤10
基　　　　　价（元）				1947.84	5417.42	6635.82
其中	人　工　费（元）			1134.42	2900.10	3517.78
	材　料　费（元）			241.66	472.67	551.38
	机　械　费（元）			571.76	2044.65	2566.66
名　　　称		单位	单价（元）	消　　耗　　量		
人工	综合工日	工日	140.00	8.103	20.715	25.127
材料	白布	kg	6.67	—	—	1.000
	低碳钢焊条	kg	6.84	10.500	20.500	24.500
	镀锌铁丝 φ2.5～4.0	kg	3.57	5.380	10.040	11.540
	钢板	kg	3.17	8.000	13.000	16.000
	麻绳	kg	9.40	—	0.500	0.700
	铅油(厚漆)	kg	6.45	0.500	1.200	2.000
	石棉绳	kg	3.50	0.500	1.500	2.000
	索具螺旋扣 M16×250	套	10.55	0.500	1.000	—
	碳钢气焊条	kg	9.06	0.250	0.250	0.250
	型钢	kg	3.70	6.500	10.500	11.000
	氧气	m³	3.63	11.040	23.250	25.850
	乙炔气	kg	10.45	4.200	8.840	9.820
	圆钢(综合)	kg	3.40	—	—	2.500
	其他材料费占材料费	%	—	2.000	2.000	2.000
机械	电动单筒慢速卷扬机 50kN	台班	215.57	—	1.905	1.905
	电焊条烘干箱 60×50×75cm³	台班	26.46	0.267	0.514	0.610
	交流弧焊机 32kV·A	台班	83.14	2.705	5.114	6.067
	履带式起重机 15t	台班	757.48	0.324	0.705	0.790
	门式起重机 30t	台班	741.29	—	—	0.419
	门座吊 30t	台班	544.48	—	0.286	0.429
	汽车式起重机 8t	台班	763.67	0.076	0.410	0.381
	试压泵 60MPa	台班	24.08	0.048	0.048	0.048
	摇臂钻床 25mm	台班	8.58	0.286	—	—
	载重汽车 5t	台班	430.70	0.076	—	—
	载重汽车 8t	台班	501.85	—	0.381	0.400

工作内容：检查、组合、安装、找正、固定、单体调试。 计量单位：台

定 额 编 号				A2-1-43	A2-1-44
项 目 名 称				流化床炉燃烧装置	
				锅炉蒸发量(t/h)	
				≤150	<220
基 价（元）				7380.92	9545.76
其中	人 工 费（元）			2355.08	3045.56
	材 料 费（元）			1026.21	1327.07
	机 械 费（元）			3999.63	5173.13
名 称		单位	单价(元)	消 耗 量	
人工	综合工日	工日	140.00	16.822	21.754
材料	镀锌铁丝 16号	kg	3.57	5.784	7.480
	金属清洗剂	kg	8.66	0.655	0.847
	普低钢焊条 J507 φ3.2	kg	6.84	25.488	32.960
	型钢	kg	3.70	173.165	223.930
	氧气	m³	3.63	20.825	26.930
	乙炔气	kg	10.45	8.529	11.030
	其他材料费占材料费	%	—	2.000	2.000
机械	电动单筒慢速卷扬机 50kN	台班	215.57	1.473	1.905
	电焊条烘干箱 60×50×75cm³	台班	26.46	0.688	0.890
	履带式起重机 50t	台班	1411.14	1.130	1.462
	门式起重机 30t	台班	741.29	0.244	0.315
	门座吊 30t	台班	544.48	1.105	1.429
	平板拖车组 20t	台班	1081.33	0.736	0.952
	直流弧焊机 40kV·A	台班	93.03	5.277	6.824

工作内容：检查、组合、安装、找正、固定、单体调试。　　　　　　　　　　　　　　计量单位：个

定　额　编　号			A2-1-45	A2-1-46
项　目　名　称			助燃油装置	
			重量(t)	
			≤0.6	≤1.5
基　　　价（元）			1947.84	5417.42
其中	人　工　费（元）		1134.42	2900.10
	材　料　费（元）		241.66	472.67
	机　械　费（元）		571.76	2044.65
名　　称	单位	单价（元）	消　耗　量	
人工 综合工日	工日	140.00	8.103	20.715
材料 低碳钢焊条	kg	6.84	10.500	20.500
镀锌铁丝 φ2.5～4.0	kg	3.57	5.380	10.040
钢板	kg	3.17	8.000	13.000
麻绳	kg	9.40	—	0.500
铅油(厚漆)	kg	6.45	0.500	1.200
石棉绳	kg	3.50	0.500	1.500
索具螺旋扣 M16×250	套	10.55	0.500	1.000
碳钢气焊条	kg	9.06	0.250	0.250
型钢	kg	3.70	6.500	10.500
氧气	m³	3.63	11.040	23.250
乙炔气	kg	10.45	4.200	8.840
其他材料费占材料费	%	—	2.000	2.000
机械 电动单筒慢速卷扬机 50kN	台班	215.57	—	1.905
电焊条烘干箱 60×50×75cm³	台班	26.46	0.267	0.514
交流弧焊机 32kV·A	台班	83.14	2.705	5.114
履带式起重机 15t	台班	757.48	0.324	0.705
门座吊 30t	台班	544.48	—	0.286
汽车式起重机 8t	台班	763.67	0.076	0.410
试压泵 60MPa	台班	24.08	0.048	0.048
摇臂钻床 25mm	台班	8.58	0.286	—
载重汽车 5t	台班	430.70	0.076	—
载重汽车 8t	台班	501.85	—	0.381

10.炉底除灰渣装置安装

工作内容：检查、组合、安装、找正、固定、单体调试。　　　　　　　　　　　　　　计量单位：t

定　额　编　号				A2-1-47
项　目　名　称				链条炉
基　　　价（元）				4044.20
其中	人　工　费（元）			2263.10
	材　料　费（元）			998.52
	机　械　费（元）			782.58
	名　　　称	单位	单价（元）	消　耗　量
人工	综合工日	工日	140.00	16.165
材料	白布	kg	6.67	4.000
	低碳钢焊条	kg	6.84	4.000
	镀锌钢板(综合)	kg	3.79	1.400
	镀锌铁丝 φ2.5～4.0	kg	3.57	5.000
	酚醛防锈漆	kg	6.15	0.500
	酚醛调和漆	kg	7.90	4.620
	钢板	kg	3.17	32.100
	红丹粉	kg	9.23	0.400
	黄干油	kg	5.15	2.500
	机油	kg	19.66	15.800
	金属清洗剂	kg	8.66	1.213
	密封胶	kg	19.66	8.000
	耐油石棉橡胶板 δ1	kg	7.95	1.500
	铅油(厚漆)	kg	6.45	3.000
	溶剂汽油 200号	kg	5.64	11.400
	石棉绳	kg	3.50	2.000

续表

定 额 编 号				A2-1-47
项 目 名 称				链条炉
名 称	单位	单价(元)		消 耗 量

	名 称	单位	单价(元)	消 耗 量
材料	手喷漆	kg	15.38	0.130
	松节油	kg	3.39	1.880
	碳钢气焊条	kg	9.06	0.800
	铁砂布	张	0.85	8.000
	型钢	kg	3.70	12.400
	羊毛毡 1～5	m²	25.63	0.100
	氧气	m³	3.63	9.000
	乙炔气	kg	10.45	3.420
	紫铜板(综合)	kg	58.97	0.400
	其他材料费占材料费	%	—	2.000
机械	电动单筒慢速卷扬机 30kN	台班	210.22	0.476
	电焊条烘干箱 60×50×75cm³	台班	26.46	0.248
	交流弧焊机 32kV·A	台班	83.14	2.476
	汽车式起重机 8t	台班	763.67	0.476
	摇臂钻床 25mm	台班	8.58	0.476
	载重汽车 5t	台班	430.70	0.238

工作内容：检查、组合、安装、找正、固定、单体调试。 计量单位：t

定 额 编 号				A2-1-48	A2-1-49	A2-1-50
项 目 名 称				煤粉炉		
				锅炉蒸发量(t/h)		
				≤75	≤150	＜220
基 价（元）				1650.08	1691.21	1679.53
其 中	人 工 费（元）			924.56	910.56	949.62
	材 料 费（元）			206.51	237.88	248.10
	机 械 费（元）			519.01	542.77	481.81
名 称		单位	单价(元)	消 耗 量		
人 工	综合工日	工日	140.00	6.604	6.504	6.783
材 料	低碳钢焊条	kg	6.84	8.640	10.860	11.327
	镀锌铁丝 φ2.5～4.0	kg	3.57	1.060	1.440	1.502
	钢板	kg	3.17	4.020	2.910	3.035
	铅油(厚漆)	kg	6.45	0.870	0.870	0.907
	石棉绳	kg	3.50	0.990	1.160	1.210
	型钢	kg	3.70	6.570	4.840	5.048
	氧气	m³	3.63	12.300	14.210	14.821
	乙炔气	kg	10.45	4.670	5.400	5.632
	枕木 2500×250×200	根	128.21	—	0.070	0.073
	其他材料费占材料费	%	—	2.000	2.000	2.000
机 械	电动单筒慢速卷扬机 30kN	台班	210.22	0.143	0.152	0.135
	电焊条烘干箱 60×50×75cm³	台班	26.46	0.276	0.305	0.270
	交流弧焊机 32kV·A	台班	83.14	2.790	3.038	2.694
	履带式起重机 15t	台班	757.48	0.181	0.200	0.178
	门座吊 30t	台班	544.48	—	0.029	0.026
	普通车床 400×1000mm	台班	210.71	0.190	0.238	0.211
	汽车式起重机 8t	台班	763.67	0.095	—	—
	载重汽车 5t	台班	430.70	—	0.076	0.067

工作内容：检查、组合、安装、找正、固定、单体调试。　　　　　　　　　　　　　　　　　　计量单位：t

定 额 编 号				A2-1-51	A2-1-52	A2-1-53
项 目 名 称				流化床炉		
				锅炉蒸发量(t/h)		
				≤75	≤150	＜220
基 价 （元）				2412.40	2590.07	2670.72
其 中	人 工 费 （元）			1109.50	1092.56	1139.46
	材 料 费 （元）			740.41	876.45	911.35
	机 械 费 （元）			562.49	621.06	619.91
名 称		单位	单价(元)	消 耗 量		
人 工	综合工日	工日	140.00	7.925	7.804	8.139
材 料	不锈钢氩弧焊丝 1Cr18Ni9Ti	kg	51.28	8.020	9.560	10.020
	低碳钢焊条	kg	6.84	8.640	10.860	11.327
	镀锌铁丝 φ2.5～4.0	kg	3.57	1.060	1.440	1.502
	钢板	kg	3.17	4.020	2.910	3.035
	铬不锈钢电焊条	kg	39.88	1.840	2.320	2.460
	铅油(厚漆)	kg	6.45	0.870	0.870	0.907
	石棉绳	kg	3.50	0.990	1.160	1.210
	型钢	kg	3.70	6.570	4.840	3.119
	氩气	m³	19.59	1.980	2.210	2.320
	氧气	m³	3.63	12.300	14.210	14.821
	乙炔气	kg	10.45	4.670	5.400	5.632
	枕木 2500×250×200	根	128.21	—	0.070	0.073
	其他材料费占材料费	%	—	2.000	2.000	2.000
机 械	电动单筒慢速卷扬机 30kN	台班	210.22	0.143	0.152	0.135
	电焊条烘干箱 60×50×75cm³	台班	26.46	0.276	0.305	0.270
	履带式起重机 15t	台班	757.48	0.181	0.200	0.178
	门座吊 30t	台班	544.48	—	0.029	0.026
	普通车床 400×1000mm	台班	210.71	0.190	0.238	0.211
	汽车式起重机 8t	台班	763.67	0.095	—	—
	载重汽车 5t	台班	430.70	—	0.076	0.067
	直流弧焊机 20kV·A	台班	71.43	3.856	4.632	5.069

二、锅炉水压试验

工作内容：临时管路安拆、上水、升压、加药、放水、缺陷处理。　　　　　　　　　计量单位：台

定　额　编　号			A2-1-54	A2-1-55	A2-1-56	A2-1-57
项　目　名　称			锅炉蒸发量(t/h)			
			≤50	≤75	≤150	<220
基　　　　价（元）			4977.13	6694.83	9324.61	12974.84
其中	人　工　费（元）		2384.06	2908.36	3979.64	5312.72
	材　料　费（元）		2109.64	3220.50	4477.49	6503.95
	机　械　费（元）		483.43	565.97	867.48	1158.17
名　　　称	单位	单价（元）	消　　耗　　量			
人工 综合工日	工日	140.00	17.029	20.774	28.426	37.948
材料 氨水	kg	0.55	44.000	81.000	117.000	156.195
低碳钢焊条	kg	6.84	7.930	9.480	13.250	17.689
电	kW·h	0.68	85.000	126.000	180.000	282.000
镀锌钢管 DN25	m	11.00	15.550	18.050	24.360	32.521
镀锌铁丝 φ2.5～4.0	kg	3.57	3.260	4.560	6.280	8.384
法兰截止阀 DN50	个	101.10	1.000	1.000	1.000	1.335
钢板	kg	3.17	4.000	6.000	8.000	10.680
联氨 40%	kg	3.87	44.000	81.000	117.000	156.195
耐油石棉橡胶板 δ1	kg	7.95	3.560	3.810	4.230	5.647
尼龙砂轮片 φ100×16×3	片	2.56	2.490	2.680	4.480	5.981
平焊法兰 1.6MPa DN50	片	17.09	2.000	2.000	2.000	2.670
软化水	t	16.24	29.000	54.000	78.000	128.000
水	m³	7.96	19.000	36.000	52.000	82.000
碳钢气焊条	kg	9.06	0.900	1.120	1.510	2.016
铜焊粉	kg	29.00	0.010	0.010	0.010	0.013
料 无缝钢管	kg	4.44	63.000	92.400	132.000	176.220
型钢	kg	3.70	92.400	131.400	175.200	233.892
氧气	m³	3.63	15.530	19.200	26.320	35.137
乙炔气	kg	10.45	5.900	7.300	10.000	13.350
油浸石棉盘根	kg	10.09	1.000	1.000	1.400	1.869
紫铜电焊条 T107 φ3.2	kg	61.54	0.020	0.020	0.020	0.027
紫铜管 φ4～13	kg	52.99	0.280	0.280	0.360	0.481
其他材料费占材料费	%	—	2.000	2.000	2.000	2.000
机械 电动空气压缩机 6m³/min	台班	206.73	0.476	0.638	0.800	1.068
电焊条烘干箱 60×50×75cm³	台班	26.46	0.400	0.429	0.714	0.954
交流弧焊机 32kV·A	台班	83.14	3.952	4.257	7.114	9.498
试压泵 60MPa	台班	24.08	1.905	2.857	3.810	5.086

三、锅炉风压试验

工作内容：清理、检查、孔门封闭；风压试验；缺陷处理。　　　　　　　　　　　　计量单位：台

定　额　编　号			A2-1-58	A2-1-59	A2-1-60	A2-1-61
项　目　名　称			锅炉蒸发量(t/h)			
			≤50	≤75	≤150	<220
基　　　　价（元）			2786.18	3992.74	5855.64	8340.14
其中	人　工　费（元）		1173.34	1493.80	1653.54	2465.26
	材　料　费（元）		1301.64	1938.02	3536.20	4954.39
	机　械　费（元）		311.20	560.92	665.90	920.49
名　　称	单位	单价（元）	消　　耗　　量			
人工	综合工日	工日	140.00	8.381	10.670	11.811	17.609
材料	低碳钢焊条	kg	6.84	4.000	7.000	8.000	11.928
	电	kW·h	0.68	1600.000	2380.000	4600.000	6400.000
	镀锌铁丝 φ2.5～4.0	kg	3.57	1.500	2.500	3.000	4.473
	钢板	kg	3.17	3.000	3.500	4.000	5.964
	滑石粉	kg	0.85	100.000	160.000	200.000	298.200
	铅油(厚漆)	kg	6.45	2.500	3.000	3.500	5.219
	石棉绳	kg	3.50	2.500	3.000	3.500	5.219
	碳钢气焊条	kg	9.06	0.200	0.250	0.300	0.447
	氧气	m³	3.63	4.500	6.000	7.000	10.437
	乙炔气	kg	10.45	1.710	2.280	2.660	3.966
	其他材料费占材料费	%	—	2.000	2.000	2.000	2.000
机械	电焊条烘干箱 60×50×75cm³	台班	26.46	0.133	0.257	0.286	0.355
	鼓风机 18m³/min	台班	40.40	3.200	4.400	6.000	7.200
	交流弧焊机 32kV·A	台班	83.14	1.905	4.286	4.762	7.100
	普通车床 400×1000mm	台班	210.71	0.095	0.095	0.095	0.142

四、烘炉、煮炉

工作内容：点火前准备；燃料、药品搬运,烘炉测温、取样点设置、检查；缺陷处理。　　　计量单位：台

定　额　编　号			A2-1-62	A2-1-63	A2-1-64	A2-1-65
项　目　名　称			锅炉蒸发量(t/h)			
			≤50	≤75	≤150	<220
基　　　　价（元）			24627.91	34483.14	48627.76	62210.09
其中	人　工　费（元）		7752.92	9152.08	10248.28	11077.64
	材　料　费（元）		13732.02	21469.34	36053.46	48457.44
	机　械　费（元）		3142.97	3861.72	2326.02	2675.01
名　　称	单位	单价（元）	消　　耗　　量			
人工	综合工日	工日	140.00	55.378	65.372	73.202	79.126
材料	轻油	t	—	(12.000)	(26.000)	(52.000)	(80.000)
	氨水	kg	0.55	2.290	5.030	8.770	10.086
	低碳钢焊条	kg	6.84	21.500	27.800	20.100	25.800
	电	kW·h	0.68	6500.000	8750.000	17000.000	24500.000
	镀锌铁丝 φ2.5～4.0	kg	3.57	4.500	5.000	5.000	5.750
	钢板	kg	3.17	170.000	210.000	220.000	260.000
	钢锯条	条	0.34	12.000	15.000	15.000	17.250
	机油	kg	19.66	2.400	3.300	4.200	4.830
	联氨 40%	kg	3.87	0.720	1.570	2.740	3.151
	磷酸三钠	kg	2.63	120.900	170.300	287.700	330.855
	棉纱头	kg	6.00	2.100	2.500	3.200	3.680
	木柴	kg	0.18	3000.000	5000.000	—	—
	氢氧化钠(烧碱)	kg	2.19	373.000	533.000	854.000	982.100
	软化水	t	16.24	257.000	540.000	1080.000	1450.000
	石棉橡胶板	kg	9.40	2.800	3.200	3.500	4.025
	水	m³	7.96	145.000	165.000	178.000	210.000

续表

定 额 编 号				A2-1-62	A2-1-63	A2-1-64	A2-1-65
项 目 名 称				锅炉蒸发量(t/h)			
				≤50	≤75	≤150	<220
名 称		单位	单价(元)	消 耗 量			
材料	水位计玻璃板	块	28.00	3.000	3.000	3.000	3.450
	碳钢气焊条	kg	9.06	1.200	1.500	1.500	1.725
	铁砂布	张	0.85	6.000	7.000	8.000	9.200
	无缝钢管	kg	4.44	82.000	98.000	110.000	126.500
	型钢	kg	3.70	120.000	160.000	68.000	94.000
	氧气	m³	3.63	38.100	42.300	38.900	40.300
	乙炔气	kg	10.45	16.200	18.100	17.200	18.800
	油浸石棉盘根	kg	10.09	2.790	2.900	3.000	3.450
	其他材料费占材料费	%	—	2.000	2.000	2.000	2.000
机械	电动空气压缩机 6m³/min	台班	206.73	0.952	1.143	1.429	1.643
	电焊条烘干箱 60×50×75cm³	台班	26.46	1.762	1.990	1.667	1.917
	交流弧焊机 32kV·A	台班	83.14	17.619	19.905	16.667	19.167
	履带式起重机 15t	台班	757.48	0.190	0.286	—	—
	门座吊 30t	台班	544.48	—	—	0.390	0.449
	普通车床 400×1000mm	台班	210.71	0.286	0.286	0.286	0.329
	载重汽车 5t	台班	430.70	2.857	3.810	0.762	0.876

五、锅炉酸洗

工作内容:临时系统安装、酸洗、拆除,过程检查、记录,废液处理。　　　　　　　　　　计量单位:台

定　额　编　号				A2-1-66	A2-1-67
项　目　名　称				盐酸清洗	EDTA钠铵盐清洗
				150≤锅炉蒸发量(t/h)＜220	
基　　　　　价　(元)				290771.10	371838.87
其中	人　工　费　(元)			20425.02	14102.20
	材　料　费　(元)			257933.69	347037.38
	机　械　费　(元)			12412.39	10699.29
名　　　　　称		单位	单价(元)	消　　耗　　　量	
人工	综合工日	工日	140.00	145.893	100.730
材料	EDTA试剂 99.5%	kg	37.59	—	5600.000
	氨水	kg	0.55	693.000	—
	白布	m	6.14	1.215	
	衬胶隔膜阀 G40J-10 DN100	个	441.88	0.900	3.500
	衬胶隔膜阀 G40J-10 DN50	个	153.85	4.500	—
	除油剂 A5	kg	11.11	—	2180.000
	弹簧压力表	个	23.08	1.800	2.200
	电	kW·h	0.68	17500.000	15800.000
	镀锌铁丝 16号	kg	3.57	9.000	7.018
	法兰截止阀 J41T-16 DN100	个	311.00	25.200	7.800
	法兰止回阀 H44T-10 DN100	个	384.00	2.700	
	封头	个	3.42	18.000	30.800
	缓蚀剂氢氟酸缓蚀剂 F-102	kg	6.16	—	490.000
	缓蚀剂盐酸缓蚀剂	kg	18.48	76.500	—
	黄油钙基脂	kg	5.15	3.600	
	聚氨酯泡沫塑料板	m³	572.65		1.040
	聚四氟乙烯盘根	kg	59.43	2.250	
	联氨 40%	kg	3.87	189.000	1006.000
	磷酸氢二钠	kg	5.38	284.000	
	磷酸三钠	kg	2.63	408.000	
	氯化钠	kg	1.23	2205.000	
	尼龙砂轮片 φ100	片	2.05	32.400	18.150
	柠檬酸	kg	7.72	378.000	

续表

定 额 编 号			A2-1-66	A2-1-67
项 目 名 称			盐酸清洗	EDTA钠铵盐清洗
			150≤锅炉蒸发量(t/h)＜220	
名 称	单位	单价(元)	消 耗 量	
漂白粉	kg	2.14	1575.000	—
平焊法兰 1.6MPa DN100	片	30.77	70.200	20.000
平焊法兰 1.6MPa DN200	片	72.65	14.400	20.000
普低钢焊条 J507 φ3.2	kg	6.84	42.800	54.600
汽油	kg	6.77	12.857	—
氢氧化钠(烧碱)	kg	2.19	7860.000	2775.000
软化水	t	16.24	1680.000	1680.000
纱布	张	0.68	31.500	36.300
渗透剂 500mL	瓶	51.90	—	53.000
石棉绳	kg	3.50	12.600	4.840
石棉橡胶板	kg	9.40	2.340	3.245
水	m³	7.96	320.000	320.000
碳钢氩弧焊丝	kg	7.69	1.980	1.452
温度计 0～120℃	支	52.14	1.800	2.200
乌洛托品	kg	7.09	—	115.500
钨棒	kg	341.88	69.200	56.800
无缝钢管 φ51～70×4.7～7	kg	4.44	2849.760	2400.000
洗涤剂	kg	10.93	18.900	—
橡胶板	kg	2.91	142.200	306.100
橡胶盘根 低压	kg	14.53	6.480	—
型钢	kg	3.70	413.100	480.000
压力表 0～2.5MPa φ50	块	32.91	0.450	0.550
压制弯头 DN100	个	22.22	23.400	6.600
压制弯头 DN150	个	55.56	12.600	—

（材料）

续表

定 额 编 号			A2-1-66	A2-1-67
项 目 名 称			盐酸清洗	EDTA钠铵盐清洗
			150≤锅炉蒸发量(t/h)＜220	
名 称	单位	单价(元)	消 耗 量	
	压制弯头 DN200	个	106.81	—	13.200
	亚硝酸钠	kg	3.07	819.000	—
	氩气	m³	19.59	5.940	4.356
	盐酸	kg	12.41	9450.000	—
材	氧气	m³	3.63	208.600	187.800
	仪表接头	套	8.55	2.700	3.300
	乙炔气	kg	10.45	145.300	128.400
料	油浸石棉盘根	kg	10.09	3.150	4.235
	枕木 2500×200×160	根	82.05	2.250	2.750
	中厚钢板 δ15以外	kg	3.51	567.900	968.200
	转子流量计 TZB-25 1000t/min	支	1659.83	0.900	0.500
	其他材料费占材料费	%	—	2.000	2.000
	电动单筒慢速卷扬机 30kN	台班	210.22	1.629	4.762
	电焊条烘干箱 60×50×75cm³	台班	26.46	1.890	1.500
	鼓风机 8m³/min	台班	25.09	2.857	1.810
	履带式起重机 50t	台班	1411.14	1.781	1.905
机	耐腐蚀泵 50mm	台班	48.02	0.429	0.995
	耐腐蚀泵 80mm	台班	112.39	4.762	
	平板拖车组 20t	台班	1081.33	3.257	0.952
械	汽车式起重机 25t	台班	1084.16	1.629	—
	试压泵 60MPa	台班	24.08	1.429	—
	载重汽车 10t	台班	547.99	—	5.714
	直流弧焊机 40kV·A	台班	93.03	37.926	29.200
	中频加热处理机 50kW	台班	35.08	0.814	—

42

六、蒸汽严密性试验及安全门调整

工作内容：清理、检查、蒸汽严密性试验、安全门锁定及恢复、安全门调整、缺陷消除。　计量单位：台

定　额　编　号			A2-1-68	A2-1-69	A2-1-70	A2-1-71
项　目　名　称			锅炉蒸发量(t/h)			
			≤50	≤75	≤150	<220
基　　　　价（元）			20182.99	28720.62	50350.65	69802.51
其中	人　工　费（元）		3712.10	4883.06	6691.30	8878.66
	材　料　费（元）		11676.16	18083.15	36523.18	52702.77
	机　械　费（元）		4794.73	5754.41	7136.17	8221.08
名　　　称	单位	单价（元）	消　耗　　量			
人工 综合工日	工日	140.00	26.515	34.879	47.795	63.419
材料 轻油	t	—	(13.500)	(28.500)	(57.000)	(76.500)
低碳钢焊条	kg	6.84	7.800	10.500	—	—
电	kW·h	0.68	7500.000	9280.000	18000.000	26100.000
钢板	kg	3.17	12.000	15.000	17.000	19.550
普低钢焊条 J507 φ3.2	kg	6.84	—	—	14.450	16.618
软化水	t	16.24	275.000	560.000	1210.000	1780.000
水	m³	7.96	158.000	188.000	340.000	450.000
无缝钢管	kg	4.44	60.000	75.000	118.000	144.800
型钢	kg	3.70	26.000	38.000	57.000	65.550
氧气	m³	3.63	23.100	32.600	40.800	46.920
乙炔气	kg	10.45	8.200	11.100	16.707	19.213
其他材料费占材料费	%	—	2.000	2.000	2.000	2.000
机械 电动空气压缩机 10m³/min	台班	355.21	—	—	1.905	2.190
电动空气压缩机 6m³/min	台班	206.73	1.905	2.191	—	—
电焊条烘干箱 60×50×75cm³	台班	26.46	1.762	1.990	2.540	3.510
交流弧焊机 32kV·A	台班	83.14	2.860	3.480	—	—
履带式起重机 15t	台班	757.48	3.810	4.381	—	—
履带式起重机 50t	台班	1411.14	—	—	3.810	4.381
载重汽车 10t	台班	547.99	—	—	1.429	1.643
载重汽车 5t	台班	430.70	2.857	3.810	—	—
直流弧焊机 40kV·A	台班	93.03	—	—	2.502	2.878

第二章 锅炉附属、辅助设备安装工程

说　　明

一、本章内容包括煤粉系统设备、风机、除尘器、排污扩容器、疏水扩容器、消音器、暖风器等与锅炉有关的附属及辅助设备安装，锅炉附属与辅助设备的支架、平台、扶梯、栏杆安装，烟风煤管道等安装工程。

二、有关说明：

1. 设备安装定额中包括电动机安装、设备安装后补漆、配合灌浆、就地一次仪表安装、设备水位计（表）及护罩安装。就地一次仪表的表计、表管、玻璃管、阀门等均按照设备成套供货考虑。不包括下列工作内容，工程实际发生时，执行相应定额。

电动机的检查、接线及空载试转；

整套设备的电气联锁试验；

支吊架、平台、扶梯、栏杆、防雨罩、基础框架及地脚螺栓、电动机吸风筒等金属结构配制、组合、安装与油漆及主材费；

设备保温及油漆、基础灌浆；

风门、人孔门等配制。

2. 油循环系统设备所需的润滑油按照设备供货考虑，定额中包括油过滤工作内容。

3. 定额中包括设备本体冷却水管、油管安装，不包括管路酸洗。单独配制冷却水管、油管的制作费及主材费需要另行计算。

4. 磨煤机安装根据设备类型分别执行相应定额。

（1）钢球磨煤机安装包括主轴承检修平台搭拆、平台板与球面台板研磨及组装、传动机与减速机组装、端盖与筒体组装、台板与罐体及大齿轮安装、筒体内钢瓦与出入口短管及密封装置安装、罐体隔音罩与固定隔音罩及齿轮罩安装、装钢球；包括油箱、油泵、滤油器、冷油器、随设备供应的油管及附件清洗与安装及油过滤等。

（2）风扇磨煤机安装包括轴承座检查、风轮装配、油泵检查、冷油器水压试验及安装、伸缩节与煤粉分离器挡板调整及安装。

（3）中速磨煤机安装包括减速机检查及组装、弹簧装置安装、减速机安装、煤粉分离器及附件安装、随设备供应的附件设备等。

5. 给煤机安装根据设备类型分别执行相应定额。

（1）电磁振动给煤机安装包括给煤簸箕与电磁振动器组装。

（2）埋刮板式给煤机安装包括减速机及刮板组装、机体与减速机安装。

（3）皮带式给煤机安装包括皮带构架安装、前后滚筒与托辊安装、减速机及拉紧装置安装、皮带敷设及胶接、导煤槽等安装。

6. 叶轮给粉机安装包括机体散件组装、安装。

7. 螺旋输粉机安装包括减速机组装、机壳及螺旋叶片安装、吊瓦研刮、落粉管与闸板门及机壳盖板等安装。定额中输粉机整台安装长度按照10m考虑，实际长度＞10m时，执行安装长度调整定额。调整单位为每10m，长度＜10m按照10m计算。

8. 测粉装置安装包括标尺、绞车、滑轮、浮漂等手动测粉装置安装。定额中包括钢丝绳用量。本定额适用于粉煤灰综合利用中的煤灰测量装置安装。

9. 煤粉分离器安装包括设备本体、操作装置、防爆门及人孔门安装。

10. 风机安装定额适用于排粉风机、石灰石粉输送风机、送风机、引风机、流化风机、烟气再循环风机等离心式或轴流式风机安装及电动空气压缩机安装。

（1）离心式风机安装包括轴承组装、轴承冷却水室水压试验；包括叶轮装置、风壳、轴承、转子、喇叭口安装与间隙调整以及进口调节挡板校验与安装及转子静平衡试验。

（2）轴流式风机安装包括机壳、主轴承、转子、进气室、扩压器、封闭装置、动（静）叶调节器、空冷器、联轴器外壳、罩壳等安装；包括润滑油系统安装与试验及调整、冷油器及空冷器水压漏检等。

（3）电动空气压缩机安装包括下列工作内容：

气缸塞与冷却器水压试验、安装；

油泵、滤气器、卸荷阀、机体、皮带轮、皮带与罩壳安装；

空气干燥器、储气罐及附件安装与单体调试。

11. 除尘器安装根据设备类型分别执行相应定额。定额中包括校正平台的搭拆，不包括旋风子除尘器内衬砌筑及灰斗下方导向挡板及落灰管的配制。

（1）旋风式单筒除尘器安装包括蜗壳、分离筒、导烟管、顶盖、排灰筒等组合、安装。

（2）旋风式多管除尘器安装包括设备本体、芯子、灰斗、排灰装置等组合、安装。

（3）布袋除尘器安装包括过滤室、灰斗、进烟烟道、入口挡板门、滤袋与袋笼、净气室、脉冲清洗系统、出口离线阀、导向挡板、落灰管、箱式冲灰器的安装以及布袋除尘壳体、灰斗等部位焊缝的渗透试验。

（4）电除尘器安装包括下列工作内容：

铡墙板、柱、梁、阴阳极板、上部盖板、灰斗、进出喇叭口、保温箱组合、安装；

阴阳极振打装置安装、漏风试验、振打试验；

配合电场带电升压试验及试验后的缺陷消除；

锁气器、导向挡板、落灰管、箱式冲灰器的安装；

电除尘壳体、灰斗等部位焊缝的渗油试验。

（5）电袋复合除尘器安装包括烟气预处理室、高压静电除尘室、脉冲布袋除尘室、灰斗、除灰装置、振打装置、清洗系统等安装以及电袋复合除尘壳体、灰斗等部位焊缝的渗透试验。

12. 排污扩容器、疏水扩容器安装包括本体及随本体供货附件安装、调整。

13. 消音器安装包括消音器及附件组合、安装。

14. 暖风器安装包括暖风器及附件组合、安装。不包括管路系统安装。

15. 金属结构安装定额适用于锅炉附属、辅助设备安装所用的支撑框架与梁柱、支架、吊架、护板、密封板、罩壳、设备露天布置的防雨罩及排雨水系统、平台、栏杆、扶梯等构件组合、安装。定额中不包括上述构件的配制、除锈与刷油漆。

16. 烟、风、煤管道安装包括各种管道、防爆门、人孔门、伸缩节、支吊架、各种挡板闸门、锁气器、传动操作装置、木块及木屑分离器、配风箱、法兰、补偿器、混合器等组装、安装及管道安装焊缝渗透试验、管道风压试验及缺陷消除。

（1）定额中不包括烟、风、煤管道与附件及支架的配制，工程应用时，执行第三册《静置设备与工艺金属结构制作安装工程》相应项目。

（2）定额中不包括管道保温与油漆、内部防腐、防磨衬里，工程实际发生时，执行第十二册《刷油、防腐蚀、绝热》相应项目。

（3）制粉系统蒸汽消防管道、煤粉仓煤粉放空管道根据材质执行第八册《工业管道工程》相应项目。

工程量计算规则

一、磨煤机、给煤机、叶轮给粉机，螺旋输粉机、煤粉分离器根据工艺系统布置，按照设计图示数量以"台"为计量单位。测粉装置按照设计安装数量以"套"为计量单位。

二、风机根据工艺系统布置，按照设计图示数量以"台"为计量单位。

三、单筒旋风式除尘器根据工艺系统布置，按照设计图示数量以"个"为计量单位。

四、多管旋风式除尘器根据设计图示尺寸，按照成品重量以"t"为计量单位。不计算焊条、下料及加工制作损耗量、设备包装材料、临时加固铁构件重量。计算多管旋风式除尘器重量范围包括：设备本体、芯子、灰斗、排灰装置；不计算支架、护板等重量。

五、袋式除尘器、电除尘器根据设计图示尺寸，按照成品重量以"t"为计量单位不计算焊条、下料及加工制作损耗量、设备包装材料、临时加固铁构件重量。

1. 计算布袋除尘器重量范围包括：过滤室、灰斗、进烟烟道、入口挡板门、滤袋与袋笼、净气室、脉冲清洗系统、出口离线阀、导向挡板、落灰管、箱式冲灰器等。

2. 计算电除尘器重量范围包括：侧墙板、柱、梁、阴阳极板、上部盖板、灰斗、进出喇叭口、保温箱、阴阳极振打装置、锁气器、导向挡板、落灰管、箱式冲灰器等。

3. 计算电袋复合除尘器重量范围包括：烟气预处理室、高压静电除尘室、脉冲布袋除尘室、灰斗、除灰装置、振打装置、清洗系统等。

六、排污扩容器、疏水扩容器、暖风器根据工艺系统布置，按照设计图示数量以"台"为计量单位。消音器按照设计安装数量以"台"为计量单位。

七、金属结构安装根据设计图示尺寸，按照成品重量以"t"为计量单位。计算组装、拼装连接螺栓的重量，不计算焊条、下料及加工制作损耗量、设备包装材料、临时加固铁构件重量。计算金属结构安装重量的范围包括：锅炉附属、辅助设备安装所用的支撑框架与梁柱、支架、吊架、护板、密封板、罩壳、设备露天布置的防雨罩及排雨水系统、平台、栏杆、扶梯等。

八、烟道、风道、煤管道安装根据设计断面形式及钢板厚度，按照成品重量以"t"为计量单位。计算补偿器、伸缩节、加劲肋、组装与拼装连接螺栓、包角焊接所用的钢板与角钢等重量，不计算焊条、下料及加工制作损耗量、设备包装材料、临时加固铁构件重量。

1. 冷风道安装重量范围包括：从吸风口起经送风机至空气预热器或暖风器入口止。计算重量时包括风道各部件，即吸风口滤网、人孔门、送风机出口闸板门、支吊架等。

2. 热风道安装重量范围包括：从空气预热器出口起至燃烧器（二次风）止，或从空气预热器出口起至磨煤机进口止，或从空气预热器出口起至送风管混合器进口（采用热风送粉）止。计算重量时包括管道伸缩节、风门及挡板、操作装置、热风集箱、支吊架等。

3. 制粉管道安装重量范围包括：从磨煤机出口起经粗粉分离器、细粉分离器至煤粉仓止，或从磨煤机出口起经粗粉分离器至排粉风机入口止，或从磨煤机出口起至回粉管（回到磨煤机）。计算重量时包括管道、伸缩节、锁气器、木屑分离器、吸潮管、挡板、防爆门、支吊架等。

4. 热风送粉管道安装重量范围包括：从混合器（给粉机出口）起至燃烧器（二次风）止。排粉风机送粉从出口起经混合器至燃烧器（二次风）止，或从排粉风机出口起至燃烧器（三次风）止。计算重量时包括管道、吹扫孔、补偿器、支吊架等。

5. 直吹式送粉管道从磨煤机上部分离器出口起至燃烧器（二次风）止。计算重量时包括管道、弯头、支吊架等。

6. 原煤管道安装重量范围包括：从原煤斗下部接口起经给煤机至给煤机进口止。计算重量时包括管道、煤闸门、落导流装置等。

7. 烟道安装重量范围包括：从空气预热器出口起经除尘器、引风机至混凝土烟道或砖烟道或烟囱入口止。计算重量时包括烟道、伸缩节、防爆门、人孔门、风机出口闸板、旁路烟道等。钢结构烟道支架单独计算工程量，根据设计专业图纸执行相关定额。

一、煤粉系统设备安装

1. 磨煤机安装

工作内容：基础检查、设备安装、配合二次灌浆、单体调试。 计量单位：台

定 额 编 号			A2-2-1	A2-2-2	A2-2-3
项 目 名 称			钢球磨煤机		
			出力(t/h)		
			≤5	≤10	≤20
基 价（元）			45493.40	49179.89	54577.09
其中	人 工 费（元）		28458.78	30165.80	33328.96
	材 料 费（元）		5503.52	6837.57	8315.56
	机 械 费（元）		11531.10	12176.52	12932.57
名 称	单位	单价（元）	消 耗 量		
人工 综合工日	工日	140.00	203.277	215.470	238.064
材料 白布	kg	6.67	23.586	24.086	24.686
低碳钢焊条	kg	6.84	30.000	32.000	34.000
镀锌钢板(综合)	kg	3.79	6.000	6.000	6.000
镀锌铁丝 φ2.5～4.0	kg	3.57	18.000	18.000	18.000
酚醛磁漆	kg	12.00	3.000	3.000	3.000
酚醛防锈漆	kg	6.15	7.300	8.800	10.600
酚醛调和漆	kg	7.90	40.000	47.000	55.000
钢板	kg	3.17	137.000	280.000	340.000
钢锯条	条	0.34	45.000	47.000	50.000
钢丝刷	把	2.56	4.000	4.000	4.000
红丹粉	kg	9.23	2.600	2.700	2.900
黄干油	kg	5.15	13.000	15.000	18.000
聚氯乙烯薄膜	m²	1.37	4.500	4.700	5.000
聚四氟乙烯生料带	m	0.13	2.200	2.200	2.400
滤油纸 300×300	张	0.46	560.000	780.000	860.000
麻绳	kg	9.40	5.000	5.000	5.000
密封胶	kg	19.66	15.000	15.000	15.000
棉纱头	kg	6.00	25.000	25.500	26.000
耐油石棉橡胶板 δ1	kg	7.95	2.000	2.000	2.000

定 额 编 号			A2-2-1	A2-2-2	A2-2-3
项 目 名 称			钢球磨煤机		
			出力(t/h)		
			≤5	≤10	≤20
名 称	单位	单价(元)	消	耗	量
尼龙砂轮片 φ100×16×3	片	2.56	1.000	1.000	1.000
铅油(厚漆)	kg	6.45	3.000	3.000	3.000
青壳纸 δ0.1~1.0	kg	20.84	0.800	0.900	1.000
溶剂汽油 200号	kg	5.64	15.400	20.700	28.200
石棉绳	kg	3.50	3.000	3.000	3.000
石油沥青 10号	kg	2.74	30.000	35.000	40.000
手喷漆	kg	15.38	1.000	1.000	1.200
水	m³	7.96	3.600	3.600	3.600
松节油	kg	3.39	4.900	6.000	7.200
碳钢气焊条	kg	9.06	2.400	2.400	2.400
天那水	kg	11.11	0.800	0.900	1.000
铁砂布	张	0.85	70.000	78.000	86.000
铜网(综合)	m²	16.67	1.000	1.000	1.000
脱化剂	kg	20.15	9.000	9.000	9.000
橡胶板	kg	2.91	0.900	0.900	1.000
橡胶垫 δ2	m²	19.26	2.800	3.100	3.400
斜垫铁	kg	3.50	30.000	46.000	62.000
型钢	kg	3.70	110.000	170.000	280.000
羊毛毡 6~8	m²	38.03	2.320	2.320	2.320
氧气	m³	3.63	42.000	94.000	125.000

注: 表中"材料"列纵向标注。

续表

定 额 编 号			A2-2-1	A2-2-2	A2-2-3
项 目 名 称			钢球磨煤机		
			出力(t/h)		
			≤5	≤10	≤20
名 称	单位	单价(元)	消	耗	量
材 料	乙炔气	kg	10.45	15.000	21.000	46.000
	枕木 2500×250×200	根	128.21	8.500	9.000	10.500
	中(粗)砂	t	87.00	2.250	2.250	2.250
	紫铜板(综合)	kg	58.97	1.900	1.900	1.900
	紫铜棒 φ16~80	kg	70.94	4.000	4.000	4.000
	紫铜电焊条 T107 φ3.2	kg	61.54	0.200	0.200	0.200
	其他材料费占材料费	%	—	2.000	2.000	2.000
机 械	电动单筒慢速卷扬机 50kN	台班	215.57	12.857	13.905	14.952
	电动空气压缩机 0.6m³/min	台班	37.30	0.952	0.952	0.952
	电动空气压缩机 10m³/min	台班	355.21	1.429	1.429	1.429
	电焊条烘干箱 60×50×75cm³	台班	26.46	1.238	1.333	1.429
	交流弧焊机 32kV·A	台班	83.14	10.476	11.429	12.381
	履带式起重机 15t	台班	757.48	1.714	1.857	2.048
	门式起重机 30t	台班	741.29	1.429	1.524	1.619
	平板拖车组 30t	台班	1243.07	0.857	0.952	1.048
	汽车式起重机 8t	台班	763.67	0.952	0.952	1.048
	载重汽车 5t	台班	430.70	1.905	2.000	2.095
	真空滤油机 6000L/h	台班	257.40	8.571	8.571	8.571
	直流弧焊机 20kV·A	台班	71.43	1.905	1.905	1.905

工作内容：基础检查、设备安装、配合二次灌浆、单体调试。 计量单位：台

定 额 编 号				A2-2-4	A2-2-5	A2-2-6
项 目 名 称				中速磨煤机	风扇磨煤机	
				出力(t/h)		
				≤20	≤10	≤20
基 价（元）				23777.90	7384.36	10077.98
其中	人 工 费（元）			17072.44	4686.92	7203.84
	材 料 费（元）			1967.80	1447.25	1513.98
	机 械 费（元）			4737.66	1250.19	1360.16
名 称		单位	单价（元）	消 耗 量		
人工	综合工日	工日	140.00	121.946	33.478	51.456
材料	白布	kg	6.67	1.200	—	—
	低碳钢焊条	kg	6.84	11.000	2.500	2.500
	镀锌钢板(综合)	kg	3.79	1.000	0.500	0.500
	镀锌铁丝 φ2.5～4.0	kg	3.57	4.000	1.800	1.800
	酚醛磁漆	kg	12.00	0.500	0.350	0.350
	酚醛防锈漆	kg	6.15	4.000	2.800	2.900
	酚醛调和漆	kg	7.90	13.880	2.500	2.600
	钢板	kg	3.17	100.000	70.000	70.000
	红丹粉	kg	9.23	0.200	—	—
	黄干油	kg	5.15	4.000	—	—
	聚氯乙烯薄膜	m²	1.37	2.000	1.000	1.000
	聚四氟乙烯生料带	m	0.13	—	0.350	0.350
	密封胶	kg	19.66	7.000	6.000	6.000
	棉纱头	kg	6.00	3.000	4.500	4.700
	耐油石棉橡胶板 δ1	kg	7.95	—	0.350	0.350
	铅油(厚漆)	kg	6.45	2.500	1.800	1.800
	青壳纸 δ0.1～1.0	kg	20.84	0.300	0.300	0.300
	溶剂汽油 200号	kg	5.64	3.600	5.000	5.500
	石棉绳	kg	3.50	3.000	2.200	2.200
	石棉纸	kg	9.40	2.400	—	—

续表

定　额　编　号				A2-2-4	A2-2-5	A2-2-6
项　目　名　称				中速磨煤机	风扇磨煤机	
				出力(t/h)		
				≤20	≤10	≤20
名　称		单位	单价(元)	消	耗	量
材料	手喷漆	kg	15.38	1.500	1.150	1.150
	水	m^3	7.96	—	11.400	11.500
	松节油	kg	3.39	2.240	0.400	0.420
	天那水	kg	11.11	1.200	0.950	0.950
	铁砂布	张	0.85	10.000	9.000	10.000
	铜网(综合)	m^2	16.67	—	0.400	0.500
	斜垫铁	kg	3.50	200.000	140.000	150.000
	型钢	kg	3.70	15.000	30.000	30.000
	羊毛毡 6～8	m^2	38.03	0.100	0.080	0.090
	氧气	m^3	3.63	39.000	25.000	28.000
	乙炔气	kg	10.45	12.870	8.250	9.240
	硬铜绞线 TJ-120mm^2	kg	42.74	0.200	—	—
	紫铜板(综合)	kg	58.97	0.300	0.200	0.200
	其他材料费占材料费	%	—	2.000	2.000	2.000
机械	电动单筒慢速卷扬机 50kN	台班	215.57	7.619	1.143	1.333
	电动空气压缩机 0.6m^3/min	台班	37.30	0.476	0.762	0.857
	电焊条烘干箱 60×50×75cm^3	台班	26.46	0.524	0.143	0.152
	交流弧焊机 32kV·A	台班	83.14	5.238	1.429	1.524
	门式起重机 30t	台班	741.29	0.476	—	—
	汽车式起重机 8t	台班	763.67	1.905	0.714	0.762
	载重汽车 5t	台班	430.70	1.905	0.714	0.762

2.给煤机安装

工作内容：基础检查、设备安装、配合二次灌浆、单体调试。

计量单位：台

定　额　编　号			A2-2-7	A2-2-8
项　目　名　称			电磁振动给煤机	
			ZG-10	ZG-20
基　　　价（元）			1062.74	1143.66
其中	人　工　费（元）		593.18	656.46
	材　料　费（元）		81.75	89.30
	机　械　费（元）		387.81	397.90
名　　　称	单位	单价（元）	消　　耗　　量	
人工 综合工日	工日	140.00	4.237	4.689
材料 白布	kg	6.67	0.300	0.300
低碳钢焊条	kg	6.84	1.000	1.000
酚醛调和漆	kg	7.90	0.100	0.100
铅油（厚漆）	kg	6.45	1.000	1.000
石棉绳	kg	3.50	1.000	1.000
手喷漆	kg	15.38	0.040	0.040
天那水	kg	11.11	0.030	0.030
铁砂布	张	0.85	1.500	1.500
型钢	kg	3.70	10.000	12.000
氧气	m³	3.63	3.000	3.000
乙炔气	kg	10.45	1.000	1.000
其他材料费占材料费	%	—	2.000	2.000
机械 电动单筒慢速卷扬机 30kN	台班	210.22	0.571	0.619
电焊条烘干箱 60×50×75cm³	台班	26.46	0.048	0.048
交流弧焊机 32kV·A	台班	83.14	0.476	0.476
汽车式起重机 8t	台班	763.67	0.190	0.190
载重汽车 5t	台班	430.70	0.190	0.190

工作内容：基础检查、设备安装、配合二次灌浆、单体调试。 计量单位：台

定 额 编 号				A2-2-9	A2-2-10
项 目 名 称				埋刮板式给煤机	
				MG-10	MG-20
基 价（元）				4928.35	5666.47
其中	人 工 费（元）			3271.52	3759.98
	材 料 费（元）			372.86	428.27
	机 械 费（元）			1283.97	1478.22
名 称		单位	单价（元）	消 耗 量	
人工	综合工日	工日	140.00	23.368	26.857
材料	白布	kg	6.67	2.000	2.000
	低碳钢焊条	kg	6.84	4.000	4.000
	镀锌钢板（综合）	kg	3.79	0.500	0.600
	酚醛磁漆	kg	12.00	0.400	0.400
	酚醛调和漆	kg	7.90	2.600	2.700
	钢板	kg	3.17	5.000	7.000
	黄干油	kg	5.15	4.000	4.000
	聚氯乙烯薄膜	m²	1.37	1.000	1.000
	密封胶	kg	19.66	6.000	6.000
	棉纱头	kg	6.00	2.000	2.000
	铅油（厚漆）	kg	6.45	—	2.800
	青壳纸 δ0.1～1.0	kg	20.84	0.800	0.900
	溶剂汽油 200号	kg	5.64	2.000	4.100
	石棉绳	kg	3.50	3.500	4.000
	手喷漆	kg	15.38	0.050	0.050
	松节油	kg	3.39	0.210	0.220
	碳钢气焊条	kg	9.06	0.400	0.400
	铁砂布	张	0.85	7.000	8.000
	斜垫铁	kg	3.50	8.500	9.000
	型钢	kg	3.70	3.000	4.000
	羊毛毡 6～8	m²	38.03	0.030	0.030
	氧气	m³	3.63	3.900	4.500
	乙炔气	kg	10.45	1.300	1.500
	紫铜板（综合）	kg	58.97	0.150	0.180
	其他材料费占材料费	%	—	2.000	2.000
机械	电动单筒慢速卷扬机 30kN	台班	210.22	1.524	1.714
	电动空气压缩机 0.6m³/min	台班	37.30	0.095	0.095
	电焊条烘干箱 60×50×75cm³	台班	26.46	0.190	0.238
	交流弧焊机 32kV·A	台班	83.14	1.905	2.381
	汽车式起重机 8t	台班	763.67	0.667	0.762
	载重汽车 5t	台班	430.70	0.667	0.762

工作内容：基础检查、设备安装、配合二次灌浆、单体调试。 计量单位：台

定 额 编 号			A2-2-11	A2-2-12
项 目 名 称			皮带式给煤机	
			B=500mm	B=600mm
基 价（元）			5185.61	5779.51
其中	人 工 费（元）		2822.26	3264.10
	材 料 费（元）		862.06	953.10
	机 械 费（元）		1501.29	1562.31
名 称	单位	单价（元）	消 耗 量	
人工 综合工日	工日	140.00	20.159	23.315
材料 白布	kg	6.67	2.500	2.500
低碳钢焊条	kg	6.84	5.000	6.000
电炉丝 220V 2000W	条	2.91	1.000	1.000
镀锌钢板(综合)	kg	3.79	0.700	0.700
酚醛防锈漆	kg	6.15	0.500	0.500
酚醛调和漆	kg	7.90	8.700	11.310
钢板	kg	3.17	20.000	30.000
钢丝刷	把	2.56	1.000	1.000
黄干油	kg	5.15	2.000	2.000
密封胶	kg	19.66	6.000	6.000
棉纱头	kg	6.00	2.000	3.000
牛皮纸	m²	0.80	2.000	2.000
铅油(厚漆)	kg	6.45	0.500	0.500
青壳纸 δ0.1~1.0	kg	20.84	1.600	2.000
溶剂汽油 200号	kg	5.64	6.100	7.200
生胶	kg	11.91	1.300	1.500
石棉绳	kg	3.50	1.000	1.000

续表

定 额 编 号				A2-2-11	A2-2-12
项 目 名 称				皮带式给煤机	
				B=500mm	B=600mm
名 称		单位	单价(元)	消 耗 量	
材料	手喷漆	kg	15.38	0.050	0.060
	松节油	kg	3.39	1.500	1.950
	碳钢气焊条	kg	9.06	0.400	0.400
	铁砂布	张	0.85	7.000	8.000
	斜垫铁	kg	3.50	60.000	60.000
	型钢	kg	3.70	40.000	40.000
	羊毛毡 6～8	m²	38.03	0.050	0.060
	氧气	m³	3.63	4.500	5.100
	乙炔气	kg	10.45	1.500	1.700
	紫铜板(综合)	kg	58.97	0.200	0.200
	其他材料费占材料费	%	—	2.000	2.000
机械	电动单筒慢速卷扬机 30kN	台班	210.22	0.952	1.048
	电动空气压缩机 0.6m³/min	台班	37.30	0.019	0.019
	电焊条烘干箱 60×50×75cm³	台班	26.46	0.190	0.238
	交流弧焊机 32kV·A	台班	83.14	1.905	2.381
	汽车式起重机 8t	台班	763.67	0.952	0.952
	载重汽车 5t	台班	430.70	0.952	0.952

工作内容：基础检查、设备安装、配合二次灌浆、单体调试。 计量单位：台

定 额 编 号				A2-2-13	A2-2-14
项 目 名 称				电子重力式给煤机	
				出力(t/h)	
				≤10	≤20
基 价 （元）				3405.54	3917.57
其中	人 工 费 （元）			1944.04	2235.66
	材 料 费 （元）			286.24	329.18
	机 械 费 （元）			1175.26	1352.73
名 称		单位	单价(元)	消 耗 量	
人工	综合工日	工日	140.00	13.886	15.969
材料	钢丝绳 φ14.1～15	kg	6.24	5.000	5.750
	黄油钙基脂	kg	5.15	2.000	2.300
	棉纱头	kg	6.00	0.500	0.575
	普低钢焊条 J507 φ3.2	kg	6.84	1.270	1.461
	清洁剂 500mL	瓶	8.66	1.800	2.070
	纱布	张	0.68	3.000	3.450
	斜垫铁	kg	3.50	2.000	2.300
	型钢	kg	3.70	4.000	4.600
	氧气	m³	3.63	1.700	1.955
	乙炔气	kg	10.45	0.690	0.794
	枕木 2500×200×160	根	82.05	2.000	2.300
	中厚钢板 δ15以外	kg	3.51	3.000	3.450
	其他材料费占材料费	%	—	2.000	2.000
机械	电动单筒慢速卷扬机 50kN	台班	215.57	0.952	1.095
	履带式起重机 50t	台班	1411.14	0.476	0.548
	载重汽车 10t	台班	547.99	0.476	0.548
	直流弧焊机 40kV·A	台班	93.03	0.403	0.463

3.叶轮给粉机安装

工作内容：基础检查、设备安装、配合二次灌浆、单体调试。 计量单位：台

定 额 编 号			A2-2-15	A2-2-16	A2-2-17
项 目 名 称			叶轮给粉机		
			出力(t/h)		
			≤1.5	≤3	≤6
基 价（元）			1291.05	1508.73	1578.18
其中	人 工 费（元）		693.14	908.04	970.48
	材 料 费（元）		51.53	54.31	61.32
	机 械 费（元）		546.38	546.38	546.38
名 称	单位	单价(元)	消 耗 量		
人工	综合工日	工日	140.00	4.951	6.486	6.932
材料	白布	m	6.14	0.450	0.540	0.630
	黄油钙基脂	kg	5.15	0.500	0.500	0.700
	普低钢焊条 J507 φ3.2	kg	6.84	0.420	0.420	0.420
	清洁剂 500mL	瓶	8.66	0.900	1.050	1.200
	纱布	张	0.68	4.000	4.000	5.000
	石棉绳	kg	3.50	0.500	0.750	1.000
	氧气	m³	3.63	1.100	1.100	1.400
	乙炔气	kg	10.45	0.456	0.456	0.585
	紫铜棒 φ16~80	kg	70.94	0.300	0.300	0.300
	其他材料费占材料费	%	—	2.000	2.000	2.000
机械	电动单筒慢速卷扬机 30kN	台班	210.22	0.952	0.952	0.952
	汽车式起重机 25t	台班	1084.16	0.238	0.238	0.238
	载重汽车 10t	台班	547.99	0.143	0.143	0.143
	直流弧焊机 40kV·A	台班	93.03	0.106	0.106	0.106

4. 螺旋输粉机安装

工作内容：基础检查、设备安装、配合二次灌浆、单体调试。

计量单位：台

定　额　编　号			A2-2-18	A2-2-19	A2-2-20
项　目　名　称			螺旋输粉机		
			出力(t/h)		
			≤5	≤10	≤20
基　　　价（元）			3336.71	3823.38	4517.26
其中	人　工　费（元）		2011.66	2465.82	3083.92
	材　料　费（元）		195.51	200.79	252.84
	机　械　费（元）		1129.54	1156.77	1180.50
名　　　称	单位	单价（元）	消　　耗　　量		
人工 综合工日	工日	140.00	14.369	17.613	22.028
材料 钢丝绳 φ14.1～15	kg	6.24	6.000	6.162	6.162
黄油钙基脂	kg	5.15	3.500	3.595	3.595
棉纱头	kg	6.00	1.000	1.027	1.027
普低钢焊条 J507 φ3.2	kg	6.84	3.400	3.492	6.676
清洁剂 500mL	瓶	8.66	3.000	3.081	3.081
纱布	张	0.68	8.000	8.216	8.216
斜垫铁	kg	3.50	4.000	4.108	4.108
型钢	kg	3.70	5.600	5.751	10.270
氧气	m³	3.63	3.400	3.492	4.108
乙炔气	kg	10.45	1.381	1.418	2.403
中厚钢板 δ15以外	kg	3.51	4.000	4.108	4.108
其他材料费占材料费	%	—	2.000	2.000	2.000
机械 电动单筒慢速卷扬机 50kN	台班	215.57	0.610	0.610	0.610
履带式起重机 50t	台班	1411.14	0.476	0.489	0.489
载重汽车 10t	台班	547.99	0.476	0.489	0.489
直流弧焊机 40kV·A	台班	93.03	0.704	0.723	0.978

64

工作内容：基础检查、设备安装、配合二次灌浆、单体调试。 计量单位：每10m

定　额　编　号	A2-2-21
项　目　名　称	螺旋输粉机
	安装长度调整
基　　　价（元）	1551.23

其中	人　工　费（元）	601.72
	材　料　费（元）	138.25
	机　械　费（元）	811.26

	名　　　称	单位	单价（元）	消　耗　量
人工	综合工日	工日	140.00	4.298
材料	黄油钙基脂	kg	5.15	0.616
	棉纱头	kg	6.00	0.616
	普低钢焊条 J507 φ3.2	kg	6.84	2.619
	清洁剂 500mL	瓶	8.66	0.702
	纱布	张	0.68	4.313
	石棉绳	kg	3.50	0.801
	斜垫铁	kg	3.50	7.394
	型钢	kg	3.70	11.092
	氧气	m³	3.63	3.081
	乙炔气	kg	10.45	1.300
	紫铜板(综合)	kg	58.97	0.123
	其他材料费占材料费	%	—	2.000
机械	电动单筒慢速卷扬机 30kN	台班	210.22	0.489
	履带式起重机 50t	台班	1411.14	0.489
	载重汽车 10t	台班	547.99	0.010
	直流弧焊机 40kV·A	台班	93.03	0.139

5. 测粉装置安装

工作内容：基础检查、设备安装、配合二次灌浆、单体调试。　　　　　　　　　　　计量单位：套

定　额　编　号			A2-2-22	A2-2-23
项　目　名　称			标尺比例	
			1:1	1:2
基　　　价（元）			3641.86	3939.67
其中	人　工　费（元）		1520.96	1673.70
	材　料　费（元）		1118.86	1118.86
	机　械　费（元）		1002.04	1147.11
名　　　称	单位	单价（元）	消　耗　量	
人工	综合工日	工日	140.00	10.864	11.955
材料	低碳钢焊条	kg	6.84	10.270	10.270
	镀锌铁丝 φ2.5～4.0	kg	3.57	4.108	4.108
	钢板	kg	3.17	92.430	92.430
	钢丝绳 φ4.2	kg	3.85	9.243	9.243
	黄干油	kg	5.15	0.308	0.308
	型钢	kg	3.70	148.915	148.915
	氧气	m³	3.63	18.486	18.486
	乙炔气	kg	10.45	6.100	6.100
	其他材料费占材料费	%	—	2.000	2.000
机械	电动单筒慢速卷扬机 50kN	台班	215.57	0.293	0.293
	电焊条烘干箱 60×50×75cm³	台班	26.46	0.489	0.538
	交流弧焊机 32kV·A	台班	83.14	4.890	5.380
	普通车床 400×1000mm	台班	210.71	2.445	2.934
	摇臂钻床 25mm	台班	8.58	0.489	0.489

6. 煤粉分离器安装

工作内容：设备检查,组合焊接,吊装就位、固定；调节挡板或套筒调整,指示标定。　　　　计量单位：台

定　额　编　号			A2-2-24	A2-2-25	A2-2-26	A2-2-27
项　目　名　称			粗粉分离器			
			直径(mm)			
			≤2000	≤2200	≤2800	≤3400
基　　　　　　价（元）			2721.28	3307.82	4247.41	5522.63
其中	人　工　费（元）		1536.36	1869.56	2388.96	3105.76
	材　料　费（元）		272.70	326.94	437.47	568.71
	机　械　费（元）		912.22	1111.32	1420.98	1848.16
名　　称	单位	单价（元）	消　　耗　　量			
人工	综合工日	工日	140.00	10.974	13.354	17.064	22.184
材料	低碳钢焊条	kg	6.84	9.284	11.605	15.097	19.626
	镀锌钢板(综合)	kg	3.79	0.822	1.027	1.232	1.602
	酚醛调和漆	kg	7.90	1.643	2.054	2.568	3.338
	钢板	kg	3.17	6.901	8.627	12.940	16.822
	机油	kg	19.66	0.411	0.514	0.514	0.668
	金属清洗剂	kg	8.66	0.192	0.239	0.239	0.311
	铅油(厚漆)	kg	6.45	2.054	2.054	2.568	3.338
	石棉绳	kg	3.50	7.189	7.703	9.243	12.016
	型钢	kg	3.70	8.545	10.681	13.967	18.157
	氧气	m³	3.63	12.160	14.378	20.745	26.969
	乙炔气	kg	10.45	4.016	4.745	6.850	8.905
	其他材料费占材料费	%	—	2.000	2.000	2.000	2.000
机械	电动单筒慢速卷扬机 50kN	台班	215.57	0.059	0.078	0.117	0.153
	电焊条烘干箱 60×50×75cm³	台班	26.46	0.254	0.313	0.421	0.547
	交流弧焊机 32kV·A	台班	83.14	2.504	3.130	4.206	5.468
	履带式起重机 15t	台班	757.48	0.313	0.333	0.469	0.610
	门座吊 30t	台班	544.48	0.636	0.822	0.939	1.221
	载重汽车 5t	台班	430.70	0.235	0.293	0.391	0.509

工作内容：设备检查,组合焊接,吊装就位、固定；调节挡板或套筒调整,指示标定。 计量单位：台

定 额 编 号				A2-2-28	A2-2-29	A2-2-30
项 目 名 称				细粉分离器		
				直径(mm)		
				≤1600	≤1850	≤2350
基 价 （元）				2668.11	2894.19	4032.66
其中	人 工 费 （元）			1385.30	1504.30	1786.68
	材 料 费 （元）			271.84	300.32	367.44
	机 械 费 （元）			1010.97	1089.57	1878.54
名 称	单位	单价(元)		消 耗 量		
人工	综合工日	工日	140.00	9.895	10.745	12.762
材料	低碳钢焊条	kg	6.84	14.378	16.432	20.540
	镀锌钢板(综合)	kg	3.79	4.930	5.340	6.162
	镀锌铁丝 φ2.5～4.0	kg	3.57	4.622	5.649	6.676
	钢板	kg	3.17	5.135	5.135	6.162
	铅油(厚漆)	kg	6.45	1.027	1.130	1.541
	石棉绳	kg	3.50	3.081	3.286	4.108
	型钢	kg	3.70	7.189	7.189	9.243
	氧气	m³	3.63	10.270	11.297	13.351
	乙炔气	kg	10.45	3.389	3.728	4.406
	其他材料费占材料费	%	—	2.000	2.000	2.000
机械	电动单筒慢速卷扬机 50kN	台班	215.57	—	—	0.264
	电焊条烘干箱 60×50×75cm³	台班	26.46	0.293	0.323	0.391
	交流弧焊机 32kV·A	台班	83.14	2.934	3.228	3.912
	履带式起重机 15t	台班	757.48	0.469	0.469	0.548
	门式起重机 30t	台班	741.29	—	—	0.264
	门座吊 30t	台班	544.48	0.587	0.685	1.174
	载重汽车 5t	台班	430.70	0.196	0.196	0.548

二、风机安装

1.排粉风机安装

工作内容：基础检查、设备安装、配合二次灌浆、单体调试。

计量单位：台

定 额 编 号			A2-2-31	A2-2-32	A2-2-33
项 目 名 称			叶轮直径(mm)		
			≤1000	≤1300	≤1800
基 价（元）			5867.21	6625.83	10457.09
其中	人 工 费（元）		3025.12	3363.08	5307.54
	材 料 费（元）		1800.46	2036.88	3214.55
	机 械 费（元）		1041.63	1225.87	1935.00
名 称		单位	单价（元）	消 耗 量	
人工	综合工日	工日	140.00	21.608	24.022	37.911
材料	白布	kg	6.67	1.541	2.054	3.242
	低碳钢焊条	kg	6.84	4.108	5.135	8.104
	镀锌钢板(综合)	kg	3.79	0.514	0.514	0.810
	酚醛磁漆	kg	12.00	0.514	0.514	0.810
	酚醛防锈漆	kg	6.15	1.284	1.284	2.026
	酚醛调和漆	kg	7.90	0.123	0.134	0.211
	钢板	kg	3.17	82.160	92.430	145.873
	钢锯条	条	0.34	4.108	5.135	8.104
	黄干油	kg	5.15	1.541	1.541	2.431
	机油	kg	19.66	1.027	1.027	1.621
	金属清洗剂	kg	8.66	0.479	0.479	0.757
	聚氯乙烯薄膜	m²	1.37	2.054	2.054	3.242
	聚四氟乙烯生料带	m	0.13	0.308	0.308	0.486
	密封胶	kg	19.66	6.162	6.162	9.725
	棉纱头	kg	6.00	1.541	2.054	3.242
	铅油(厚漆)	kg	6.45	1.027	1.027	1.621
	青壳纸 δ0.1~1.0	kg	20.84	1.232	1.438	2.269
	溶剂汽油 200号	kg	5.64	5.135	6.162	9.725
	石棉绳	kg	3.50	1.541	1.541	2.431
	石棉纸	kg	9.40	0.411	0.514	0.810

69

续表

定 额 编 号			A2-2-31	A2-2-32	A2-2-33
项 目 名 称			叶轮直径(mm)		
			≤1000	≤1300	≤1800
名 称	单位	单价(元)	消	耗	量
手喷漆	kg	15.38	0.976	0.986	1.556
水	m³	7.96	8.298	8.298	13.096
松节油	kg	3.39	0.205	0.205	0.324
天那水	kg	11.11	0.719	0.822	1.297
铁砂布	张	0.85	6.162	8.216	12.966
橡胶板	kg	2.91	0.514	0.616	0.972
橡胶垫 δ2	m²	19.26	0.103	0.103	0.162
斜垫铁	kg	3.50	123.240	143.780	226.914
型钢	kg	3.70	133.510	154.050	243.122
羊毛毡 6~8	m²	38.03	0.041	0.072	0.113
氧气	m³	3.63	24.648	27.729	43.762
乙炔气	kg	10.45	8.134	9.151	14.441
紫铜板(综合)	kg	58.97	0.205	0.205	0.324
其他材料费占材料费	%	—	2.000	2.000	2.000
电动单筒慢速卷扬机 50kN	台班	215.57	1.272	1.467	2.315
电动空气压缩机 0.6m³/min	台班	37.30	0.293	0.293	0.463
电焊条烘干箱 60×50×75cm³	台班	26.46	0.215	0.245	0.386
交流弧焊机 32kV·A	台班	83.14	2.152	2.445	3.859
履带式起重机 15t	台班	757.48	0.293	0.293	0.463
汽车式起重机 8t	台班	763.67	0.293	0.391	0.617
载重汽车 5t	台班	430.70	0.293	0.391	0.617

70

2.石灰石粉输送风机安装

工作内容：基础检查、设备安装、配合二次灌浆、单体调试。 计量单位：台

定 额 编 号				A2-2-34	A2-2-35	A2-2-36
项 目 名 称				罗茨风机		
				功率(kW)		
				≤30	≤50	≤100
基 价（元）				1739.83	2086.71	2319.80
其中	人 工 费（元）			882.84	1059.38	1177.12
	材 料 费（元）			534.71	641.65	712.94
	机 械 费（元）			322.28	385.68	429.74
名 称		单位	单价（元）	消 耗 量		
人工	综合工日	工日	140.00	6.306	7.567	8.408
材料	白布	kg	6.67	0.539	0.647	0.719
	低碳钢焊条	kg	6.84	1.348	1.618	1.797
	镀锌钢板(综合)	kg	3.79	0.135	0.162	0.180
	酚醛磁漆	kg	12.00	0.135	0.162	0.180
	酚醛防锈漆	kg	6.15	0.337	0.404	0.449
	酚醛调和漆	kg	7.90	0.035	0.042	0.047
	钢板	kg	3.17	24.263	29.116	32.351
	钢锯条	条	0.34	1.348	1.618	1.797
	黄干油	kg	5.15	0.404	0.485	0.539
	机油	kg	19.66	0.270	0.323	0.360
	金属清洗剂	kg	8.66	0.126	0.151	0.168
	聚氯乙烯薄膜	m²	1.37	0.539	0.647	0.719
	聚四氟乙烯生料带	m	0.13	0.081	0.097	0.108
	密封胶	kg	19.66	1.618	1.941	2.157
	棉纱头	kg	6.00	0.539	0.647	0.719
	铅油(厚漆)	kg	6.45	0.270	0.323	0.360
	青壳纸 δ0.1～1.0	kg	20.84	0.377	0.453	0.503
	溶剂汽油 200号	kg	5.64	1.618	1.941	2.157
	石棉绳	kg	3.50	0.404	0.485	0.539
	石棉纸	kg	9.40	0.135	0.162	0.180

续表

定　额　编　号			A2-2-34	A2-2-35	A2-2-36
项　目　名　称			罗茨风机		
			功率(kW)		
			≤30	≤50	≤100
名　　称	单位	单价(元)	消　　耗　　量		
材料	手喷漆	kg	15.38	0.259	0.311	0.345
	水	m³	7.96	2.178	2.614	2.904
	松节油	kg	3.39	0.054	0.065	0.072
	天那水	kg	11.11	0.216	0.259	0.288
	铁砂布	张	0.85	2.157	2.588	2.876
	橡胶板	kg	2.91	0.162	0.194	0.216
	橡胶垫 δ2	m²	19.26	0.027	0.032	0.036
	斜垫铁	kg	3.50	37.742	45.291	50.323
	型钢	kg	3.70	40.438	48.526	53.918
	羊毛毡 6～8	m²	38.03	0.019	0.023	0.025
	氧气	m³	3.63	7.279	8.735	9.705
	乙炔气	kg	10.45	2.402	2.883	3.203
	紫铜板(综合)	kg	58.97	0.054	0.065	0.072
	其他材料费占材料费	%	—	2.000	2.000	2.000
机械	电动单筒慢速卷扬机 50kN	台班	215.57	0.385	0.462	0.514
	电动空气压缩机 0.6m³/min	台班	37.30	0.077	0.092	0.103
	电焊条烘干箱 60×50×75cm³	台班	26.46	0.064	0.077	0.086
	交流弧焊机 32kV·A	台班	83.14	0.642	0.770	0.856
	履带式起重机 15t	台班	757.48	0.077	0.092	0.103
	汽车式起重机 8t	台班	763.67	0.103	0.123	0.137
	载重汽车 5t	台班	430.70	0.103	0.123	0.137

工作内容：基础检查、设备安装、配合二次灌浆、单体调试。 计量单位：台

定 额 编 号				A2-2-37	A2-2-38	A2-2-39
项 目 名 称				电动空气压缩机		
				重量(t)		
				≤3	≤5	≤10
基 价（元）				3660.32	5125.17	6931.35
其中	人 工 费（元）			2799.72	3919.72	5186.16
	材 料 费（元）			374.63	524.36	709.62
	机 械 费（元）			485.97	681.09	1035.57
名 称		单位	单价（元）	消 耗 量		
人工	综合工日	工日	140.00	19.998	27.998	37.044
材料	白布	kg	6.67	2.157	3.019	4.313
	低碳钢焊条	kg	6.84	0.216	0.302	0.647
	镀锌铁丝 φ2.5～4.0	kg	3.57	3.081	4.313	4.108
	二硫化钼	kg	87.61	0.770	1.078	1.541
	凡尔砂	kg	15.38	0.097	0.135	0.020
	钢板	kg	3.17	1.284	1.797	2.568
	黄干油	kg	5.15	0.207	0.290	0.415
	机油	kg	19.66	2.075	2.904	4.149
	金属清洗剂	kg	8.66	2.516	3.523	4.529
	酒精	kg	6.40	0.514	0.719	1.027
	聚氯乙烯薄膜	m²	1.37	0.770	1.078	1.541
	棉纱头	kg	6.00	1.130	1.582	2.259
	耐油橡胶板 δ3～6	kg	10.30	1.284	1.797	2.054
	平垫铁	kg	3.74	13.565	18.990	25.848
	漆片各种规格	kg	28.21	0.257	0.359	0.514

续表

定　额　编　号			A2-2-37	A2-2-38	A2-2-39
项　目　名　称			电动空气压缩机		
			重量(t)		
			≤3	≤5	≤10
名　称	单位	单价(元)	消　耗　量		
材 料	青壳纸 δ0.1～1.0	kg	20.84	0.257	0.359	0.514
	石棉绳	kg	3.50	3.081	4.313	5.135
	石棉橡胶板	kg	9.40	2.568	3.595	5.135
	丝绸布	m	13.15	1.541	2.157	3.081
	碳钢气焊条	kg	9.06	0.051	0.072	0.154
	铜丝布	m	17.09	0.051	0.072	0.103
	透平油	kg	9.13	1.027	1.438	2.054
	斜垫铁	kg	3.50	12.743	17.840	22.019
	氧气	m³	3.63	0.524	0.733	1.048
	乙炔气	kg	10.45	0.175	0.244	0.349
	紫铜板(综合)	kg	58.97	0.031	0.043	0.051
	其他材料费占材料费	%	—	2.000	2.000	2.000
机 械	电动单筒慢速卷扬机 50kN	台班	215.57	0.391	0.548	0.489
	交流弧焊机 21kV·A	台班	57.35	0.391	0.548	0.489
	汽车式起重机 16t	台班	958.70	0.293	0.411	0.685
	载重汽车 8t	台班	501.85	0.196	0.274	0.489

3. 送风机安装

工作内容：基础检查、设备安装、配合二次灌浆、单体调试。
计量单位：台

定 额 编 号				A2-2-40	A2-2-41	A2-2-42
项 目 名 称				离心式		
				功率(kW)		
				≤240	≤400	≤800
基 价（元）				4491.67	5676.11	6546.93
其中	人 工 费（元）			1507.80	2483.46	3009.30
	材 料 费（元）			2210.19	2408.66	2712.23
	机 械 费（元）			773.68	783.99	825.40
名 称		单位	单价(元)	消 耗 量		
人工	综合工日	工日	140.00	10.770	17.739	21.495
材料	白布	kg	6.67	0.616	0.822	1.027
	低碳钢焊条	kg	6.84	2.568	2.568	3.081
	镀锌钢板(综合)	kg	3.79	0.514	0.514	0.514
	镀锌铁丝 φ2.5～4.0	kg	3.57	2.054	2.568	2.568
	酚醛磁漆	kg	12.00	0.359	0.411	0.514
	酚醛调和漆	kg	7.90	3.286	3.492	4.108
	钢板	kg	3.17	61.620	71.890	82.160
	钢锯条	条	0.34	6.162	7.189	8.216
	黄干油	kg	5.15	1.027	1.232	1.232
	机油	kg	19.66	30.810	32.864	39.026
	聚氯乙烯薄膜	m²	1.37	1.027	1.027	1.027
	聚四氟乙烯生料带	m	0.13	—	—	0.308
	密封胶	kg	19.66	3.081	3.081	3.081
	棉纱头	kg	6.00	1.130	1.335	1.541
	铅油(厚漆)	kg	6.45	2.568	3.081	3.081
	青壳纸 δ0.1～1.0	kg	20.84	1.027	1.232	1.232
	溶剂汽油 200号	kg	5.64	4.622	5.135	6.162

续表

定 额 编 号				A2-2-40	A2-2-41	A2-2-42
项 目 名 称				离心式		
				功率(kW)		
				≤240	≤400	≤800
名 称		单位	单价(元)	消 耗 量		
材料	石棉绳	kg	3.50	3.595	4.108	4.108
	手喷漆	kg	15.38	0.668	0.719	0.822
	水	m³	7.96	6.162	7.189	7.189
	松节油	kg	3.39	0.565	0.616	0.668
	天那水	kg	11.11	0.514	0.514	0.514
	铁砂布	张	0.85	7.189	8.216	10.270
	斜垫铁	kg	3.50	133.510	143.780	154.050
	型钢	kg	3.70	133.510	143.780	164.320
	羊毛毡 6~8	m²	38.03	0.031	0.041	0.051
	氧气	m³	3.63	15.405	17.459	18.486
	乙炔气	kg	10.45	5.084	5.761	6.100
	紫铜板(综合)	kg	58.97	0.123	0.164	0.205
	其他材料费占材料费	%	—	2.000	2.000	2.000
机械	电动单筒慢速卷扬机 30kN	台班	210.22	1.516	1.565	1.663
	电焊条烘干箱 60×50×75cm³	台班	26.46	0.127	0.127	0.147
	交流弧焊机 32kV·A	台班	83.14	1.223	1.223	1.467
	汽车式起重机 8t	台班	763.67	0.293	0.293	0.293
	载重汽车 5t	台班	430.70	0.293	0.293	0.293

4.引风机安装

工作内容：基础检查、设备安装、配合二次灌浆、单体调试。　　　　　　　　计量单位：台

定　额　编　号			A2-2-43	A2-2-44	A2-2-45	A2-2-46
项　目　名　称			离心式			
			功率(kW)			
			≤300	≤500	≤800	≤1200
基　　　　价（元）			4030.82	7025.39	8208.50	9276.23
其中	人　工　费（元）		1372.70	3445.54	4029.34	4553.22
	材　料　费（元）		1875.22	2595.45	2994.76	3384.04
	机　械　费（元）		782.90	984.40	1184.40	1338.97
名　　　称		单位	单价（元）	消　　耗　　量		
人工	综合工日	工日	140.00	9.805	24.611	28.781	32.523
材料	白布	kg	6.67	1.027	1.541	1.849	2.089
	低碳钢焊条	kg	6.84	2.054	4.108	5.135	5.803
	酚醛磁漆	kg	12.00	0.411	0.411	0.411	0.464
	酚醛调和漆	kg	7.90	1.541	1.643	1.849	2.089
	钢板	kg	3.17	51.350	69.836	82.160	92.841
	钢锯条	条	0.34	8.216	8.216	9.243	10.445
	黄干油	kg	5.15	1.027	1.541	1.849	2.089
	机油	kg	19.66	30.810	39.026	43.134	48.741
	聚氯乙烯薄膜	m²	1.37	2.054	2.054	2.054	2.321
	密封胶	kg	19.66	3.081	6.162	6.162	6.963
	棉纱头	kg	6.00	1.027	1.541	1.849	2.089
	铅油(厚漆)	kg	6.45	3.081	3.081	3.081	3.482
	青壳纸 δ0.1～1.0	kg	20.84	1.027	1.232	1.438	1.625
	溶剂汽油 200号	kg	5.64	5.135	6.162	7.189	8.124
	石棉绳	kg	3.50	4.108	4.108	4.108	4.642
	石棉纸	kg	9.40	0.514	0.719	0.924	1.044
	手喷漆	kg	15.38	1.027	1.130	1.232	1.393

续表

定 额 编 号			A2-2-43	A2-2-44	A2-2-45	A2-2-46
项 目 名 称			离心式			
			功率(kW)			
			≤300	≤500	≤800	≤1200
名 称	单位	单价(元)	消 耗 量			
材 料	水	m³	7.96	6.162	7.189	7.189	8.124
	松节油	kg	3.39	0.236	0.257	0.288	0.325
	碳钢气焊条	kg	9.06	1.027	1.541	1.849	2.089
	天那水	kg	11.11	1.027	1.130	1.232	1.393
	铁砂布	张	0.85	8.216	8.216	9.243	10.445
	斜垫铁	kg	3.50	102.700	154.050	184.860	208.892
	型钢	kg	3.70	92.430	123.240	154.050	174.077
	羊毛毡 6~8	m²	38.03	0.041	0.062	0.062	0.070
	氧气	m³	3.63	8.216	18.486	20.540	23.210
	乙炔气	kg	10.45	3.122	7.025	7.805	8.820
	紫铜板(综合)	kg	58.97	0.103	0.123	0.144	0.162
	其他材料费占材料费	%	—	2.000	2.000	2.000	2.000
机 械	电动单筒慢速卷扬机 30kN	台班	210.22	1.467	1.663	1.858	2.100
	电焊条烘干箱 60×50×75cm³	台班	26.46	0.098	0.196	0.245	0.276
	交流弧焊机 32kV·A	台班	83.14	1.467	1.956	2.445	2.763
	汽车式起重机 8t	台班	763.67	0.293	0.391	0.489	0.553
	载重汽车 5t	台班	430.70	0.293	0.391	0.489	0.553

5. 回料（流化）风机安装

工作内容：基础检查、设备安装、配合二次灌浆、单体调试。

计量单位：台

定 额 编 号				A2-2-47	A2-2-48	A2-2-49
项 目 名 称				离心式		
				功率(kW)		
				≤30	≤50	≤100
基 价（元）				2016.34	2459.14	2462.86
其中	人 工 费（元）			686.42	1205.96	1208.76
	材 料 费（元）			937.72	908.43	898.45
	机 械 费（元）			392.20	344.75	355.65
名 称		单位	单价（元）	消 耗 量		
人工	综合工日	工日	140.00	4.903	8.614	8.634
材料	白布	kg	6.67	0.514	0.539	0.555
	低碳钢焊条	kg	6.84	1.027	1.438	1.541
	酚醛磁漆	kg	12.00	0.206	0.144	0.123
	酚醛调和漆	kg	7.90	0.771	0.575	0.555
	钢板	kg	3.17	25.675	24.443	24.648
	钢锯条	条	0.34	4.108	2.876	2.773
	黄干油	kg	5.15	0.514	0.539	0.555
	机油	kg	19.66	15.405	13.659	12.940
	聚氯乙烯薄膜	m²	1.37	1.027	0.719	0.616
	密封胶	kg	19.66	1.541	2.157	1.849
	棉纱头	kg	6.00	0.514	0.539	0.555
	铅油(厚漆)	kg	6.45	1.541	1.078	0.924
	青壳纸 δ0.1～1.0	kg	20.84	0.514	0.431	0.431
	溶剂汽油 200号	kg	5.64	2.568	2.157	2.157
	石棉绳	kg	3.50	2.054	1.438	1.232
	石棉纸	kg	9.40	0.257	0.252	0.277
	手喷漆	kg	15.38	0.514	0.396	0.370

续表

定　额　编　号			A2-2-47	A2-2-48	A2-2-49
项　目　名　称			离心式		
			功率(kW)		
			≤30	≤50	≤100
名　　称	单位	单价(元)	消　　耗　　量		
材料	水	m³	7.96	3.081	2.516	2.157
	松节油	kg	3.39	0.118	0.090	0.086
	碳钢气焊条	kg	9.06	0.514	0.539	0.555
	天那水	kg	11.11	0.514	0.396	0.370
	铁砂布	张	0.85	4.108	2.876	2.773
	斜垫铁	kg	3.50	51.350	53.918	55.458
	型钢	kg	3.70	46.215	43.134	46.215
	羊毛毡 6~8	m²	38.03	0.021	0.022	0.019
	氧气	m³	3.63	4.108	6.470	6.162
	乙炔气	kg	10.45	1.561	2.459	2.342
	紫铜板(综合)	kg	58.97	0.052	0.043	0.043
	其他材料费占材料费	%	—	2.000	2.000	2.000
机械	电动单筒慢速卷扬机 30kN	台班	210.22	0.734	0.582	0.557
	电焊条烘干箱 60×50×75cm³	台班	26.46	0.049	0.069	0.074
	交流弧焊机 32kV·A	台班	83.14	0.734	0.685	0.734
	汽车式起重机 8t	台班	763.67	0.147	0.137	0.147
	载重汽车 5t	台班	430.70	0.147	0.137	0.147

三、除尘器安装

1. 旋风式除尘器安装

工作内容：基础检查、设备安装、配合二次灌浆、单体调试。   计量单位：个

定　额　编　号			A2-2-50	A2-2-51
项　目　名　称			单筒直径(mm)	
			≤900	≤1400
基　　价（元）			961.64	1288.65
其中	人　工　费（元）		288.26	409.08
	材　料　费（元）		71.97	91.70
	机　械　费（元）		601.41	787.87
名　　称	单位	单价（元）	消　　耗　　量	
人工	综合工日	工日	140.00	2.059	2.922
材料	低碳钢焊条	kg	6.84	3.081	4.519
	镀锌铁丝 φ2.5～4.0	kg	3.57	0.257	—
	钢板	kg	3.17	1.541	—
	钢锯条	条	0.34	—	2.054
	铅油(厚漆)	kg	6.45	1.232	2.568
	石棉绳	kg	3.50	1.746	—
	碳钢气焊条	kg	9.06	—	0.257
	橡胶板	kg	2.91	—	2.054
	型钢	kg	3.70	3.081	4.108
	氧气	m³	3.63	2.568	2.568
	乙炔气	kg	10.45	0.852	0.852
	其他材料费占材料费	%	—	2.000	2.000
机械	电焊条烘干箱 60×50×75cm³	台班	26.46	0.068	0.108
	交流弧焊机 32kV·A	台班	83.14	0.714	1.115
	履带式起重机 15t	台班	757.48	0.059	0.059
	履带式起重机 20t	台班	775.82	0.606	0.802
	载重汽车 5t	台班	430.70	0.059	0.059

工作内容：基础检查、设备安装、配合二次灌浆、单体调试。 计量单位：t

定 额 编 号				A2-2-52
项 目 名 称				多管
基 价（元）				930.28
其中	人 工 费（元）			447.72
	材 料 费（元）			96.58
	机 械 费（元）			385.98
名 称		单位	单价（元）	消 耗 量
人工	综合工日	工日	140.00	3.198
材料	低碳钢焊条	kg	6.84	3.595
	钢锯条	条	0.34	2.568
	铅油(厚漆)	kg	6.45	3.697
	橡胶板	kg	2.91	4.108
	型钢	kg	3.70	2.054
	氧气	m³	3.63	3.595
	乙炔气	kg	10.45	1.222
	其他材料费占材料费	%	—	2.000
机械	电动单筒慢速卷扬机 50kN	台班	215.57	0.714
	电焊条烘干箱 60×50×75cm³	台班	26.46	0.137
	交流弧焊机 32kV·A	台班	83.14	1.174
	履带式起重机 15t	台班	757.48	0.117
	载重汽车 5t	台班	430.70	0.098

2. 袋式除尘器、电除尘器安装

工作内容：基础检查、设备安装、配合二次灌浆、单体调试。　　　　　　　　　　　　　计量单位：t

定　额　编　号				A2-2-53	A2-2-54	A2-2-55
项　目　名　称				布袋式除尘器	电除尘器	电袋复合除尘器
基　　　　价（元）				1545.89	1210.12	1391.04
其中	人　工　费（元）			584.50	633.64	564.20
	材　料　费（元）			148.70	158.84	123.07
	机　械　费（元）			812.69	417.64	703.77
名　　　称		单位	单价（元）	消　　耗　　量		
人工	综合工日	工日	140.00	4.175	4.526	4.030
材料	低碳钢焊条	kg	6.84	5.212	4.817	4.313
	镀锌铁丝 φ1.5～2.5	kg	3.57	—	0.616	—
	二硫化钼	kg	87.61	—	0.021	—
	钢板	kg	3.17	5.957	—	4.930
	黄干油	kg	5.15	—	0.072	—
	机油	kg	19.66	—	0.082	—
	金属清洗剂	kg	8.66	—	0.112	—
	棉纱头	kg	6.00	—	0.123	—
	铅油（厚漆）	kg	6.45	3.723	0.154	3.081
	热轧薄钢板(综合)	kg	3.93	—	5.632	—
	石棉绳	kg	3.50	5.212	0.216	4.313
	石棉橡胶板	kg	9.40	—	0.051	—
	石棉纸	kg	9.40	—	0.031	—
	铁砂布	张	0.85	—	3.081	—
	型钢	kg	3.70	2.978	10.009	2.465
	羊毛毡 6～8	m²	38.03	—	0.010	—
	氧气	m³	3.63	5.361	5.751	4.437
	乙炔气	kg	10.45	1.772	2.013	1.467
	枕木 2500×200×160	根	82.05	—	0.103	—
	其他材料费占材料费	%	—	2.000	2.000	2.000
机械	电动单筒慢速卷扬机 30kN	台班	210.22	—	0.068	—
	电动单筒慢速卷扬机 50kN	台班	215.57	1.000	—	0.857
	电焊条烘干箱 60×50×75cm³	台班	26.46	0.192	0.158	0.164
	交流弧焊机 32kV·A	台班	83.14	1.643	1.284	1.408
	履带式起重机 15t	台班	757.48	0.164	—	—
	履带式起重机 25t	台班	818.95	—	0.144	0.141
	平板拖车组 40t	台班	1446.84	0.137	0.070	0.117
	自升式塔式起重机 400kN·m	台班	558.80	0.238	0.131	0.202

四、锅炉辅助设备安装

1. 排污扩容器安装

工作内容：本体与附件安装、固定、调整；内部清理、孔盖封闭。

计量单位：台

定 额 编 号				A2-2-56	A2-2-57	A2-2-58
项 目 名 称				定期排污扩容器		
				容积（m³）		
				≤2	≤5	≤10
基 价（元）				1252.24	1472.97	1754.63
其中	人 工 费（元）			633.50	745.36	813.12
	材 料 费（元）			112.34	132.17	141.15
	机 械 费（元）			506.40	595.44	800.36
名 称		单位	单价（元）	消 耗 量		
人工	综合工日	工日	140.00	4.525	5.324	5.808
材料	低碳钢焊条	kg	6.84	1.929	2.270	2.724
	石棉橡胶板	kg	9.40	1.702	2.003	2.670
	斜垫铁	kg	3.50	5.674	6.676	8.319
	型钢	kg	3.70	13.618	16.021	13.351
	氧气	m³	3.63	1.475	1.736	2.216
	乙炔气	kg	10.45	0.511	0.601	0.774
	其他材料费占材料费	%	—	2.000	2.000	2.000
机械	电动空气压缩机 6m³/min	台班	206.73	0.131	0.154	0.154
	交流弧焊机 21kV·A	台班	57.35	0.484	0.569	0.617
	履带式起重机 15t	台班	757.48	0.416	0.489	0.685
	载重汽车 10t	台班	547.99	0.249	0.293	0.391

工作内容：本体与附件安装、固定、调整；内部清理、孔盖封闭。 计量单位：台

定 额 编 号			A2-2-59	A2-2-60	A2-2-61
项 目 名 称			连续排污扩容器		
			容积(m³)		
			≤1	≤2	≤5
基 价（元）			1656.94	1893.03	2502.18
其中	人 工 费（元）		959.98	1185.80	1426.46
	材 料 费（元）		119.14	128.66	162.20
	机 械 费（元）		577.82	578.57	913.52
名 称	单位	单价(元)	消 耗 量		
人工 综合工日	工日	140.00	6.857	8.470	10.189
材料 低碳钢焊条	kg	6.84	2.844	3.178	3.631
石棉橡胶板	kg	9.40	2.054	2.568	3.081
斜垫铁	kg	3.50	5.032	5.032	6.676
型钢	kg	3.70	12.016	12.016	16.021
氧气	m³	3.63	2.016	2.310	2.804
乙炔气	kg	10.45	0.828	0.938	1.187
其他材料费占材料费	%	—	2.000	2.000	2.000
机械 电动单筒慢速卷扬机 50kN	台班	215.57	0.489	0.489	0.489
电动空气压缩机 6m³/min	台班	206.73	0.154	0.154	0.154
交流弧焊机 21kV·A	台班	57.35	0.645	0.658	0.752
履带式起重机 15t	台班	757.48	0.391	0.391	0.685
载重汽车 10t	台班	547.99	0.196	0.196	0.391

2. 疏水扩容器安装

工作内容：本体与附件安装、固定、调整；内部清理、孔盖封闭。　　　　　　计量单位：台

定　额　编　号			A2-2-62	A2-2-63	A2-2-64
项　目　名　称			容积（m³）		
			≤0.5	≤1	≤3
基　　　价（元）			1354.31	1532.13	1908.07
其中	人　工　费（元）		451.78	621.04	790.58
	材　料　费（元）		106.64	149.83	194.34
	机　械　费（元）		795.89	761.26	923.15
名　　　称	单位	单价（元）	消　　耗　　量		
人工 综合工日	工日	140.00	3.227	4.436	5.647
材料 低碳钢焊条	kg	6.84	1.776	2.363	2.951
石棉橡胶板	kg	9.40	1.736	2.083	2.603
斜垫铁	kg	3.50	3.286	5.032	6.676
型钢	kg	3.70	13.885	20.828	27.770
氧气	m³	3.63	1.669	2.083	2.497
乙炔气	kg	10.45	0.684	0.853	1.024
其他材料费占材料费	%	—	2.000	2.000	2.000
机械 电动单筒慢速卷扬机 50kN	台班	215.57	0.489	0.489	0.489
电动空气压缩机 6m³/min	台班	206.73	0.077	0.154	0.154
交流弧焊机 21kV·A	台班	57.35	0.368	0.593	0.669
履带式起重机 15t	台班	757.48	—	0.538	0.704
汽车式起重机 25t	台班	1084.16	0.489	—	—
载重汽车 10t	台班	547.99	0.225	0.333	0.391

3. 消音器安装

工作内容：支架组装；本体安装、固定、调整。

计量单位：台

定 额 编 号			A2-2-65	A2-2-66	A2-2-67
项 目 名 称			锅炉排气中压级消音器(t)		锅炉排气高压级消音器(t)
			≤0.5	≤0.8	
基 价（元）			1413.95	1553.84	1707.60
其中	人 工 费（元）		627.06	752.36	859.88
	材 料 费（元）		108.43	126.93	151.89
	机 械 费（元）		678.46	674.55	695.83
名 称	单位	单价（元）	消 耗 量		
人工	综合工日	工日	140.00	4.479	5.374	6.142
材料	低碳钢焊条	kg	6.84	5.135	5.751	6.676
	镀锌铁丝 φ2.5～4.0	kg	3.57	1.027	1.232	1.541
	酚醛调和漆	kg	7.90	1.746	2.054	1.746
	钢板	kg	3.17	1.027	1.232	2.054
	石棉橡胶板	kg	9.40	1.027	1.232	1.541
	型钢	kg	3.70	5.135	6.162	7.189
	氧气	m³	3.63	3.081	3.697	5.135
	乙炔气	kg	10.45	1.017	1.222	1.695
	其他材料费占材料费	%	—	2.000	2.000	2.000
机械	电焊条烘干箱 60×50×75cm³	台班	26.46	0.156	0.186	0.225
	交流弧焊机 32kV·A	台班	83.14	1.565	1.878	2.201
	门式起重机 30t	台班	741.29	0.245	—	—
	门座吊 30t	台班	544.48	0.293	0.499	0.558
	汽车式起重机 8t	台班	763.67	0.205	0.245	0.205
	载重汽车 5t	台班	430.70	0.108	0.127	0.108

87

工作内容：支架组装；本体安装、固定、调整。 计量单位：台

定　额　编　号				A2-2-68	A2-2-69	A2-2-70
项　目　名　称				送风机入口消音器		
				风机功率(kW)		
				≤240	≤400	≤800
基　　　　价（元）				2962.38	3554.74	3926.77
其中	人　工　费（元）			1246.28	1495.48	1813.56
	材　料　费（元）			310.17	372.22	448.90
	机　械　费（元）			1405.93	1687.04	1664.31
名　　　　称		单位	单价（元）	消　　耗　　量		
人工	综合工日	工日	140.00	8.902	10.682	12.954
材料	低碳钢焊条	kg	6.84	16.328	19.594	24.499
	石棉绳	kg	3.50	6.742	8.091	7.450
	型钢	kg	3.70	29.906	35.887	44.859
	氧气	m³	3.63	7.374	8.849	11.112
	乙炔气	kg	10.45	3.004	3.605	3.841
	其他材料费占材料费	%	—	2.000	2.000	2.000
机械	电动单筒慢速卷扬机 50kN	台班	215.57	0.978	1.174	0.978
	履带式起重机 15t	台班	757.48	0.489	0.587	0.489
	汽车式起重机 20t	台班	1030.31	0.391	0.469	0.489
	载重汽车 10t	台班	547.99	0.196	0.235	0.196
	直流弧焊机 40kV·A	台班	93.03	3.380	4.056	5.072

4.暖风器安装

工作内容：检查、组装、安装、固定、密特。　　　　　　　　　　　　计量单位：台

定 额 编 号			A2-2-71	A2-2-72	A2-2-73
项 目 名 称			NT型暖风器		其他型暖风器
			单排管	双排管	
基 价 （元）			1573.44	1886.76	602.45
其中	人 工 费 （元）		930.02	1116.08	380.24
	材 料 费 （元）		134.56	161.46	85.02
	机 械 费 （元）		508.86	609.22	137.19
名 称	单位	单价（元）	消	耗	量
人工 综合工日	工日	140.00	6.643	7.972	2.716
材料 低碳钢焊条	kg	6.84	5.140	6.168	3.081
镀锌铁丝 φ2.5～4.0	kg	3.57	—	—	0.442
酚醛调和漆	kg	7.90	—	—	0.914
钢板	kg	3.17	—	—	2.927
铅油(厚漆)	kg	6.45	—	—	0.329
石棉绳	kg	3.50	1.501	1.802	0.514
石棉橡胶板	kg	9.40	1.001	1.202	—
无缝钢管	kg	4.44	—	—	1.849
型钢	kg	3.70	10.804	12.965	2.054
氧气	m³	3.63	5.047	6.056	2.157
乙炔气	kg	10.45	2.066	2.480	0.709
枕木 2500×200×160	根	82.05	0.027	0.032	—
枕木 2500×250×200	根	128.21	—	—	0.072
其他材料费占材料费	%	—	2.000	2.000	2.000
机械 电动单筒慢速卷扬机 50kN	台班	215.57	0.536	0.643	0.176
电焊条烘干箱 60×50×75cm³	台班	26.46	—	—	0.078
交流弧焊机 21kV·A	台班	57.35	0.816	0.979	—
交流弧焊机 32kV·A	台班	83.14	—	—	0.802
履带式起重机 15t	台班	757.48	0.098	0.117	0.029
汽车式起重机 16t	台班	958.70	0.228	0.273	—
试压泵 60MPa	台班	24.08	—	—	0.176
载重汽车 10t	台班	547.99	0.098	0.117	—
载重汽车 5t	台班	430.70	—	—	0.010

89

五、金属结构安装

工作内容：检查、组装、安装、固定。

计量单位：t

定 额 编 号			A2-2-74	A2-2-75
项 目 名 称			除尘器	平台、扶梯、栏杆
			钢结构支架	钢结构
基 价（元）			1351.31	1394.08
其中	人 工 费（元）		787.22	825.86
	材 料 费（元）		168.70	174.38
	机 械 费（元）		395.39	393.84
名 称	单位	单价（元）	消 耗 量	
人工	综合工日	工日	140.00	5.623	5.899
材料	低碳钢焊条	kg	6.84	8.216	9.533
	镀锌铁丝 φ2.5～4.0	kg	3.57	2.054	—
	钢板	kg	3.17	4.108	—
	尼龙砂轮片 φ100	片	2.05	—	0.216
	铅油(厚漆)	kg	6.45	1.027	—
	砂轮片	片	8.55	—	0.393
	石棉绳	kg	3.50	1.541	—
	型钢	kg	3.70	3.081	6.248
	氧气	m³	3.63	9.243	8.226
	乙炔气	kg	10.45	3.050	3.377
	枕木 2500×200×160	根	82.05	—	0.080
	中厚钢板 δ15以内	kg	3.60	—	1.979
	其他材料费占材料费	%	—	2.000	2.000
机械	电动单筒慢速卷扬机 50kN	台班	215.57	0.782	0.376
	电焊条烘干箱 60×50×75cm³	台班	26.46	0.215	—
	交流弧焊机 21kV·A	台班	57.35	—	2.867
	交流弧焊机 32kV·A	台班	83.14	2.152	—
	门式起重机 10t	台班	472.03	—	0.074
	汽车式起重机 25t	台班	1084.16	—	0.093
	载重汽车 10t	台班	547.99	—	0.023
	载重汽车 5t	台班	430.70	0.098	

定 额 编 号			A2-2-76	A2-2-77	A2-2-78
项 目 名 称			设备支架钢结构		
			重量(t)		
			≤0.5	≤2	>2
基 价（元）			1310.06	1531.28	1512.62
其中	人 工 费（元）		707.00	531.58	797.16
	材 料 费（元）		128.30	106.12	109.39
	机 械 费（元）		474.76	893.58	606.07
名 称	单位	单价(元)	消 耗 量		
人工 综合工日	工日	140.00	5.050	3.797	5.694
材料 低碳钢焊条	kg	6.84	6.355	3.337	4.192
尼龙砂轮片 φ100	片	2.05	0.216	—	—
热轧薄钢板 δ2.0～3.0	kg	3.93	—	0.838	4.622
砂轮片	片	8.55	0.393	—	—
石棉绳	kg	3.50	—	3.369	1.222
石棉橡胶板	kg	9.40	—	1.191	0.668
型钢	kg	3.70	4.166	2.188	4.365
氧气	m³	3.63	6.583	3.389	4.125
乙炔气	kg	10.45	2.704	0.219	1.690
枕木 2500×200×160	根	82.05	0.064	0.393	0.013
中厚钢板 δ15以内	kg	3.60	1.583	—	—
其他材料费占材料费	%	—	2.000	2.000	2.000
机械 电动单筒慢速卷扬机 50kN	台班	215.57	0.587	1.549	0.443
交流弧焊机 21kV·A	台班	57.35	1.911	1.004	0.657
履带式起重机 50t	台班	1411.14	—	0.194	0.098
门式起重机 10t	台班	472.03	0.118	—	—
汽车式起重机 16t	台班	958.70	—	0.181	0.293
汽车式起重机 25t	台班	1084.16	0.148	—	—
载重汽车 10t	台班	547.99	0.041	0.100	0.098

六、烟道、风道、煤管道安装

工作内容：管道及支吊架组合、焊接；各种门、孔安装；焊缝渗透试验；风压试验后缺陷消除。

计量单位：t

定 额 编 号			A2-2-79	A2-2-80	A2-2-81	A2-2-82
项 目 名 称			矩形断面		圆形断面	
			钢板厚度(mm)			
			≤4	>4	≤4	>4
基 价（元）			871.19	797.69	855.42	854.82
其中	人 工 费（元）		440.58	386.96	443.66	372.26
	材 料 费（元）		118.16	105.55	128.95	162.77
	机 械 费（元）		312.45	305.18	282.81	319.79
名 称	单位	单价（元）	消 耗 量			
人工	综合工日	工日	140.00	3.147	2.764	3.169	2.659
材料	低碳钢焊条	kg	6.84	7.333	7.800	7.773	11.180
	镀锌铁丝 16号	kg	3.57	0.761	0.587	0.934	0.708
	钢丝绳 φ14.1～15	kg	6.24	0.012	0.012	0.013	0.024
	渗透剂 500mL	瓶	51.90	0.310	0.210	0.380	0.260
	石棉绳	kg	3.50	0.337	0.343	0.427	0.602
	型钢	kg	3.70	6.142	4.028	6.354	8.445
	氧气	m³	3.63	2.618	2.375	2.874	3.962
	乙炔气	kg	10.45	1.070	0.968	1.177	1.625
	枕木 2500×200×160	根	82.05	0.027	0.027	0.029	0.027
	其他材料费占材料费	%	—	2.000	2.000	2.000	2.000
机械	电动单筒慢速卷扬机 50kN	台班	215.57	0.338	0.406	0.358	0.613
	电焊条烘干箱 60×50×75cm³	台班	26.46	0.210	0.218	0.213	0.320
	交流弧焊机 21kV·A	台班	57.35	1.164	1.212	1.285	1.603
	履带式起重机 50t	台班	1411.14	0.056	0.056	0.023	0.020
	平板拖车组 20t	台班	1081.33	0.045	0.030	0.048	0.030
	汽车式起重机 25t	台班	1084.16	0.022	0.014	0.023	0.010
	自升式塔式起重机 800kN·m	台班	629.80	0.025	0.025	0.027	0.025

工作内容：管道及支吊架组合、焊接；各种门、孔安装；焊缝渗透试验；风压试验后缺陷消除。

计量单位：t

定　额　编　号			A2-2-83	A2-2-84	A2-2-85
项　目　名　称			送粉管道		原煤管道
			φ≤159	φ≤273	
基　　　价（元）			1245.54	1226.79	1131.69
其中	人　工　费（元）		568.12	550.06	490.00
	材　料　费（元）		147.71	147.02	244.33
	机　械　费（元）		529.71	529.71	397.36
名　　　称	单位	单价（元）	消　　耗　　量		
人工	综合工日	工日	140.00	4.058	3.929	3.500
材料	低碳钢焊条	kg	6.84	11.739	12.325	14.450
	镀锌铁丝 16号	kg	3.57	0.708	0.708	—
	镀锌铁丝 φ2.5～4.0	kg	3.57	—	—	2.681
	钢板	kg	3.17	—	—	0.185
	钢丝绳 φ14.1～15	kg	6.24	0.025	0.025	—
	黄干油	kg	5.15	—	—	0.148
	机油	kg	19.66	—	—	0.074
	铅油（厚漆）	kg	6.45	—	—	0.404
	热轧薄钢板 δ2.0～3.0	kg	3.93	3.797	3.341	—
	渗透剂 500mL	瓶	51.90	—	—	0.120
	石棉绳	kg	3.50	0.580	0.613	0.542
	型钢	kg	3.70	4.059	3.646	8.108
	氧气	m³	3.63	3.498	3.306	10.981
	乙炔气	kg	10.45	1.431	1.356	3.623
	枕木 2500×200×160	根	82.05	0.027	0.027	—
	枕木 2500×250×200	根	128.21	—	—	0.077
	其他材料费占材料费	%	—	2.000	2.000	2.000
机械	电动单筒慢速卷扬机 50kN	台班	215.57	1.238	1.238	0.471
	电焊条烘干箱 60×50×75cm³	台班	26.46	0.115	0.115	0.393
	交流弧焊机 21kV·A	台班	57.35	2.315	2.315	—
	交流弧焊机 32kV·A	台班	83.14	—	—	2.860
	履带式起重机 15t	台班	757.48	—	—	0.020
	履带式起重机 50t	台班	1411.14	0.025	0.025	—
	门座吊 30t	台班	544.48	—	—	0.032
	平板拖车组 20t	台班	1081.33	0.069	0.069	—
	汽车式起重机 25t	台班	1084.16	0.010	0.010	—
	载重汽车 5t	台班	430.70	—	—	0.035
	自升式塔式起重机 800kN·m	台班	629.80	0.010	0.010	—

第三章 汽轮发电机安装工程

说　　明

一、本章内容包括汽轮机本体、汽轮机本体管道、发电机本体等安装工程。

二、有关说明：

1. 汽轮发电机本体安装是按照采用厂房内桥式起重机（电厂未接收的固定资产）施工考虑的，实际施工与其不同时，应根据实际使用的机械台班用量和单价调整安装机械费。

2. 汽轮机本体安装包括下列工作内容，不包括汽轮机叶片频率测定。

汽轮机、调速系统、主汽门、联合汽门等安装；

找正用千斤顶、转子吊马、中心线架、转子支撑架等专用工具制作；

基础临时栏杆、设备临时堆放架搭设与拆除；

汽轮机低压缸排气口临时木盖板敷设；

假轴的折旧摊销费用。

3. 汽轮机本体管道安装包括随汽轮机本体设备供应的管道、管件、阀门、支吊架安装以及直径≤76mm管道煨弯与支吊架制作、管道系统水压试验。不包括蒸汽管道吹洗、非厂供的本体管道（整套设计或补充设计）安装。定额综合考虑了不同形式汽轮机结构，执行定额时，不做调整。

（1）汽轮机本体管道包括随汽轮机本体设备供应的导汽管、汽封疏水管、蒸汽管、油管。

（2）非汽轮发电机配套供应的油管安装，执行相应的管道安装定额乘以系数 2.2。

（3）定额不包括汽轮机本体管道无损检测，工程实际发生时，执行第八册《工业管道工程》相应项目。

4. 发电机本体安装包括发电机、励磁机、副励磁机、空气冷却器、发电机本体消防水管道安装及发电机空气冷却器水压试验和风道安装。不包括发电机及励磁机的电气部分检查、干燥、接线及电气调整试验。

工程量计算规则

一、汽轮机本体、发电机本体根据设备性能，按照设计安装数量以"台"为计量单位。

二、汽轮机本体管道安装根据汽轮发电机容量与本体管道供货重量，按照汽轮机发电机数量"台"为计量单位。

三、汽轮发电机整套空负荷试运根据汽轮机型号，按照汽轮发电机数量"台"为计量单位。

一、汽轮机本体安装

1.背压式汽轮机安装

工作内容：基础检查；垫铁配制、安装；设备解体、组合、安装；地脚螺栓安装；管路、支吊架配制、安装等。

计量单位：台

定 额 编 号			A2-3-1	A2-3-2
项 目 名 称			单机容量(MW)	
			≤6	≤15
基 价（元）			53140.41	78339.56
其中	人 工 费（元）		30822.54	45721.76
	材 料 费（元）		5638.11	6866.72
	机 械 费（元）		16679.76	25751.08
名 称		单位	单价（元）	消 耗 量	
人工	综合工日	工日	140.00	220.161	326.584
材料	白布	kg	6.67	8.870	10.555
	白铅粉	kg	10.47	1.000	1.000
	板方材	m³	1800.00	0.200	0.260
	保险丝 5A	轴	3.85	3.000	4.000
	不锈钢板	kg	22.00	1.600	1.950
	弹簧钢	kg	4.26	15.000	15.000
	低碳钢焊条	kg	6.84	34.000	39.830
	镀锌钢板(综合)	kg	3.79	2.000	2.500
	镀锌铁丝 φ0.1～0.5	kg	3.57	0.200	0.200
	镀锌铁丝 φ2.5～4.0	kg	3.57	24.000	28.000
	二硫化钼	kg	87.61	1.600	2.100
	凡尔砂	kg	15.38	0.050	0.050
	方钢(综合)	kg	2.99	5.000	5.000
	酚醛层压板 10～20	m²	39.00	0.300	0.300
	钢板	kg	3.17	140.000	198.450
	钢锯条	条	0.34	24.000	24.000
	钢丝刷	把	2.56	3.000	4.000
	隔电纸	m²	11.01	1.600	1.900
	黑铅粉	kg	5.13	3.050	3.450
	红丹粉	kg	9.23	4.530	4.660
	黄干油	kg	5.15	2.200	2.500
	黄铜棒 φ7～80	kg	51.28	2.000	2.000
	金属清洗剂	kg	8.66	18.201	23.101
	聚氯乙烯薄膜	m²	1.37	2.800	2.800

续表

定　额　编　号			A2-3-1	A2-3-2
项　目　名　称			单机容量(MW)	
			≤6	≤15
名　　　称	单位	单价(元)	消　　耗　　量	
磷酸三钠	kg	2.63	2.000	3.000
密封胶	kg	19.66	42.000	42.000
棉纱头	kg	6.00	21.500	29.700
面粉	kg	2.34	5.750	7.000
木炭	kg	1.30	20.000	20.000
耐油石棉橡胶板 δ0.8	kg	7.95	3.000	3.000
尼龙砂轮片 φ100×16×3	片	2.56	11.000	13.000
硼砂	kg	2.68	0.050	0.050
汽轮机油	kg	8.61	13.700	14.500
溶剂汽油 200号	kg	5.64	6.000	8.500
石棉橡胶板	kg	9.40	1.800	4.900
手喷漆	kg	15.38	5.000	6.000
碳钢气焊条	kg	9.06	2.700	2.700
天那水	kg	11.11	4.000	5.000
铁砂布	张	0.85	130.000	160.000
脱化剂	kg	20.15	5.000	5.500
无缝钢管	kg	4.44	15.000	15.000
橡胶板	kg	2.91	1.800	2.700
橡胶棒 φ35	kg	10.81	0.500	0.500
硝基腻子	kg	13.68	2.000	2.500
型钢	kg	3.70	320.000	443.000
氧气	m³	3.63	61.200	71.570
乙炔气	kg	10.45	23.260	27.200
油刷 65	把	2.56	4.000	4.000
油性清漆	kg	12.82	0.150	0.150

材

料

续表

定 额 编 号			A2-3-1	A2-3-2
项 目 名 称			单机容量(MW)	
			≤6	≤15
名 称	单位	单价(元)	消 耗 量	
材料	有机玻璃 δ8	m²	19.60	0.053	0.053
	鱼油	kg	9.58	5.400	6.800
	圆钉 50~75	kg	5.13	1.200	1.500
	圆钢(综合)	kg	3.40	20.000	21.500
	紫铜棒 φ16~80	kg	70.94	3.000	3.000
	其他材料费占材料费	%	—	2.000	2.000
机械	电动空气压缩机 1m³/min	台班	50.29	0.952	1.429
	电动空气压缩机 6m³/min	台班	206.73	9.048	10.867
	电焊条烘干箱 60×50×75cm³	台班	26.46	—	1.571
	交流弧焊机 32kV·A	台班	83.14	12.143	15.724
	空气锤 75kg	台班	235.13	0.952	0.952
	门式起重机 30t	台班	741.29	—	1.410
	牛头刨床 650mm	台班	232.57	2.857	2.981
	平板拖车组 15t	台班	981.46	—	0.381
	平板拖车组 20t	台班	1081.33	—	0.686
	普通车床 400×1000mm	台班	210.71	4.762	5.238
	汽车式起重机 16t	台班	958.70	0.381	—
	汽车式起重机 8t	台班	763.67	0.343	0.933
	桥式起重机 20t	台班	375.99	28.248	—
	桥式起重机 30t	台班	443.74	—	36.733
	砂轮切割机 350mm	台班	22.38	5.238	7.143
	台式钻床 16mm	台班	4.07	1.905	1.905
	外圆磨床 200×500mm	台班	311.01	0.476	0.476
	载重汽车 5t	台班	430.70	0.343	0.933
	载重汽车 8t	台班	501.85	0.381	0.343

工作内容：基础检查；垫铁配制、安装；设备解体、组合、安装；地脚螺栓安装；管路、支吊架配制、安装等。

计量单位：台

定 额 编 号			A2-3-3	A2-3-4
项 目 名 称			单机容量(MW)	
			≤25	≤35
基 价 (元)			114997.95	168450.90
其中	人 工 费 (元)		62837.88	92046.78
	材 料 费 (元)		12303.79	18023.13
	机 械 费 (元)		39856.28	58380.99
名 称	单位	单价(元)	消 耗 量	
人工 综合工日	工日	140.00	448.842	657.477
白布	kg	6.67	14.772	21.638
白铅粉	kg	10.47	1.000	1.465
板方材	m³	1800.00	0.430	0.630
保险丝 5A	轴	3.85	5.000	7.324
不锈钢板	kg	22.00	3.500	5.127
弹簧钢	kg	4.26	15.000	21.972
低碳钢焊条	kg	6.84	71.000	104.003
镀锌钢板(综合)	kg	3.79	2.500	3.662
镀锌铁丝 φ0.1~0.5	kg	3.57	0.350	0.513
镀锌铁丝 φ2.5~4.0	kg	3.57	39.000	57.128
二硫化钼	kg	87.61	2.900	4.248
凡尔砂	kg	15.38	0.050	0.073
方钢(综合)	kg	2.99	6.000	8.789
酚醛层压板 10~20	m²	39.00	0.500	0.732
钢板	kg	3.17	513.000	751.458
钢锯条	条	0.34	45.000	65.917
钢丝刷	把	2.56	5.000	7.324
隔电纸	m²	11.01	2.000	2.930
黑铅粉	kg	5.13	6.500	9.521
红丹粉	kg	9.23	5.800	8.496
黄干油	kg	5.15	4.000	5.859
黄铜棒 φ7~80	kg	51.28	3.000	4.394
金属清洗剂	kg	8.66	31.969	46.829
聚氯乙烯薄膜	m²	1.37	3.500	5.127

续表

定 额 编 号			A2-3-3	A2-3-4
项 目 名 称			单机容量(MW)	
			≤25	≤35
名 称	单位	单价(元)	消 耗 量	
磷酸三钠	kg	2.63	4.000	5.859
密封胶	kg	19.66	60.000	87.890
棉纱头	kg	6.00	41.800	61.230
面粉	kg	2.34	9.250	13.550
木炭	kg	1.30	20.000	29.297
耐油石棉橡胶板 δ0.8	kg	7.95	5.400	7.910
尼龙砂轮片 φ100×16×3	片	2.56	17.000	24.902
硼砂	kg	2.68	0.050	0.073
材 汽轮机油	kg	8.61	22.900	33.545
溶剂汽油 200号	kg	5.64	10.500	15.381
石棉布(综合) 烧失量32%	kg	5.13	3.500	5.127
石棉橡胶板	kg	9.40	9.700	14.209
手喷漆	kg	15.38	7.500	10.986
碳钢气焊条	kg	9.06	3.800	5.566
天那水	kg	11.11	6.000	8.789
铁砂布	张	0.85	260.000	380.856
料 脱化剂	kg	20.15	7.000	10.254
无缝钢管	kg	4.44	105.000	153.807
橡胶板	kg	2.91	3.600	5.273
橡胶棒 φ35	kg	10.81	1.000	1.465
硝基腻子	kg	13.68	2.000	2.930
型钢	kg	3.70	890.000	1303.699
氧气	m³	3.63	124.800	182.811
乙炔气	kg	10.45	47.420	69.462
硬铜绞线 TJ-120mm²	kg	42.74	1.500	2.197

续表

定额编号				A2-3-3	A2-3-4
项目名称				单机容量(MW)	
				≤25	≤35
名称		单位	单价(元)	消耗量	
材料	油刷 65	把	2.56	5.000	7.324
	油性清漆	kg	12.82	2.000	2.930
	有机玻璃 δ8	m^2	19.60	0.085	0.125
	鱼油	kg	9.58	12.000	17.578
	圆钉 50～75	kg	5.13	1.500	2.197
	圆钢(综合)	kg	3.40	25.300	37.060
	紫铜棒 φ16～80	kg	70.94	4.000	5.859
	其他材料费占材料费	%	—	2.000	2.000
机械	电动空气压缩机 $1m^3/min$	台班	50.29	1.429	2.093
	电动空气压缩机 $6m^3/min$	台班	206.73	12.905	18.903
	电焊条烘干箱 $60\times50\times75cm^3$	台班	26.46	2.476	3.627
	交流弧焊机 32kV·A	台班	83.14	24.762	36.272
	空气锤 75kg	台班	235.13	1.905	2.790
	门式起重机 30t	台班	741.29	1.410	2.065
	牛头刨床 650mm	台班	232.57	3.810	5.580
	平板拖车组 40t	台班	1446.84	1.410	2.065
	普通车床 400×1000mm	台班	210.71	5.810	8.510
	汽车式起重机 8t	台班	763.67	0.810	1.186
	桥式起重机 50t	台班	557.85	50.009	73.255
	砂轮切割机 350mm	台班	22.38	10.476	15.346
	台式钻床 16mm	台班	4.07	2.857	4.185
	外圆磨床 200×500mm	台班	311.01	0.476	0.698
	载重汽车 5t	台班	430.70	0.810	1.186
	中频加热处理机 100kW	台班	94.28	0.952	1.395

2.抽凝式汽轮机安装

工作内容：基础检查；垫铁配制、安装；设备解体、组合、安装；地脚螺栓安装；管路、支吊架配制、安装等。

计量单位：台

定 额 编 号			A2-3-5	A2-3-6	A2-3-7
项 目 名 称			单抽		
			单机容量(MW)		
			≤6	≤15	≤25
基 价（元）			58477.63	76405.48	113511.83
其中	人 工 费（元）		33586.14	43984.92	64042.16
	材 料 费（元）		6167.27	6839.71	11010.53
	机 械 费（元）		18724.22	25580.85	38459.14
名 称	单位	单价（元）	消 耗 量		
人工 综合工日	工日	140.00	239.901	314.178	457.444
材料 白布	kg	6.67	10.191	10.291	14.796
白铅粉	kg	10.47	1.030	1.030	1.050
板方材	m³	1800.00	0.260	0.270	0.420
保险丝 5A	轴	3.85	3.000	4.000	5.000
不锈钢板	kg	22.00	1.700	1.900	2.910
弹簧钢	kg	4.26	20.600	15.500	15.800
低碳钢焊条	kg	6.84	36.000	40.000	64.150
镀锌钢板(综合)	kg	3.79	2.060	2.580	6.300
镀锌铁丝 φ0.1～0.5	kg	3.57	0.210	0.210	0.300
镀锌铁丝 φ2.5～4.0	kg	3.57	25.380	28.600	42.800
二硫化钼	kg	87.61	1.740	1.640	2.910
凡尔砂	kg	15.38	0.070	0.100	0.150
方钢(综合)	kg	2.99	6.500	6.500	6.500
酚醛层压板 10～20	m²	39.00	0.400	0.300	0.550
钢板	kg	3.17	141.000	198.000	339.150
钢锯条	条	0.34	31.000	24.000	44.000
钢丝刷	把	2.56	3.000	4.000	5.000
隔电纸	m²	11.01	1.650	1.860	2.000
黑铅粉	kg	5.13	3.260	3.390	5.510
红丹粉	kg	9.23	4.780	4.590	7.160
黄干油	kg	5.15	1.290	2.360	4.070
黄铜棒 φ7～80	kg	51.28	2.000	2.000	3.300
金属清洗剂	kg	8.66	19.601	22.728	32.751
聚氯乙烯薄膜	m²	1.37	2.000	3.000	4.000
磷酸三钠	kg	2.63	2.000	3.000	5.000
密封胶	kg	19.66	42.000	42.000	60.000

续表

定 额 编 号			A2-3-5	A2-3-6	A2-3-7
项 目 名 称			单抽		
			单机容量(MW)		
			≤6	≤15	≤25
名 称	单位	单价(元)	消 耗 量		
棉纱头	kg	6.00	23.700	29.200	42.500
面粉	kg	2.34	6.600	6.880	8.760
木炭	kg	1.30	20.600	20.600	21.000
耐油石棉橡胶板 δ0.8	kg	7.95	3.900	3.900	4.100
尼龙砂轮片 φ100×16×3	片	2.56	14.000	14.000	15.000
硼砂	kg	2.68	0.070	0.070	0.070
汽轮机油	kg	8.61	15.200	14.300	22.660
溶剂汽油 200号	kg	5.64	7.650	6.000	9.800
石棉布(综合) 烧失量32%	kg	5.13	—	—	3.500
石棉橡胶板	kg	9.40	2.500	7.700	8.700
手喷漆	kg	15.38	5.000	7.500	8.800
碳钢气焊条	kg	9.06	2.780	2.700	2.750
天那水	kg	11.11	4.000	6.000	7.400
铁砂布	张	0.85	137.000	157.000	258.000
脱化剂	kg	20.15	5.690	5.610	7.330
无缝钢管	kg	4.44	15.000	15.000	110.000
橡胶板	kg	2.91	1.900	2.500	3.800
橡胶棒 φ35	kg	10.81	0.700	0.500	1.100
硝基腻子	kg	13.68	2.000	2.500	3.200
型钢	kg	3.70	361.000	432.000	713.650
氧气	m³	3.63	64.800	69.600	114.340
乙炔气	kg	10.45	24.620	26.450	43.450
硬铜绞线 TJ-120mm²	kg	42.74	—	—	1.500
油刷 65	把	2.56	4.000	4.000	5.000
油性清漆	kg	12.82	0.150	0.200	0.220
有机玻璃 δ8	m²	19.60	0.074	0.053	0.085
鱼油	kg	9.58	6.100	6.700	7.900

定 额 编 号			A2-3-5	A2-3-6	A2-3-7
项 目 名 称			单抽		
			单机容量(MW)		
			≤6	≤15	≤25
名 称	单位	单价(元)	消	耗	量
材料	圆钉 50~75	kg	5.13	1.710	1.520	2.690
	圆钢(综合)	kg	3.40	15.500	21.120	26.800
	紫铜棒 φ16~80	kg	70.94	3.900	3.000	4.400
	其他材料费占材料费	%	—	2.000	2.000	2.000
机械	电动空气压缩机 1m³/min	台班	50.29	0.952	1.429	1.429
	电动空气压缩机 6m³/min	台班	206.73	9.524	8.714	11.200
	电焊条烘干箱 60×50×75cm³	台班	26.46	1.286	1.390	2.171
	交流弧焊机 32kV·A	台班	83.14	12.857	13.905	21.743
	空气锤 75kg	台班	235.13	0.981	0.981	2.000
	门式起重机 30t	台班	741.29	—	1.410	1.410
	牛头刨床 650mm	台班	232.57	2.952	2.952	4.000
	平板拖车组 15t	台班	981.46	0.381	0.381	—
	平板拖车组 20t	台班	1081.33	—	0.686	—
	平板拖车组 30t	台班	1243.07	—	—	1.410
	普通车床 400×1000mm	台班	210.71	4.571	4.857	5.581
	汽车式起重机 20t	台班	1030.31	0.381	—	—
	汽车式起重机 8t	台班	763.67	0.581	0.924	1.314
	桥式起重机 20t	台班	375.99	31.733	—	—
	桥式起重机 30t	台班	443.74	—	37.933	—
	桥式起重机 50t	台班	557.85	—	—	47.886
	砂轮切割机 350mm	台班	22.38	5.238	6.667	11.429
	台式钻床 16mm	台班	4.07	1.905	1.905	2.857
	外圆磨床 200×500mm	台班	311.01	0.667	0.476	0.619
	载重汽车 5t	台班	430.70	0.581	0.924	1.314
	载重汽车 8t	台班	501.85	—	0.343	—
	中频加热处理机 100kW	台班	94.28	—	—	0.952

工作内容：基础检查；垫铁配制、安装；设备解体、组合、安装；地脚螺栓安装；管路、支吊架配制、安装等。

计量单位：台

定　额　编　号			A2-3-8	A2-3-9
项　目　名　称			单抽	双抽
			单机容量(MW)	
			≤35	≤15
基　　　价（元）			156871.35	78997.98
其中	人　工　费（元）		88506.32	45493.00
	材　料　费（元）		15215.81	7246.35
	机　械　费（元）		53149.22	26258.63
名　　　称	单位	单价(元)	消　　耗　　量	
人工 综合工日	工日	140.00	632.188	324.950
材料	白布	kg	6.67	20.448	10.850
	白铅粉	kg	10.47	1.451	1.050
	板方材	m³	1800.00	0.580	0.380
	保险丝 5A	轴	3.85	6.910	4.000
	不锈钢板	kg	22.00	4.022	1.950
	弹簧钢	kg	4.26	21.836	15.800
	低碳钢焊条	kg	6.84	88.655	40.000
	镀锌钢板(综合)	kg	3.79	8.707	2.630
	镀锌铁丝 φ0.1～0.5	kg	3.57	0.415	0.230
	镀锌铁丝 φ2.5～4.0	kg	3.57	59.150	29.300
	二硫化钼	kg	87.61	4.022	1.690
	凡尔砂	kg	15.38	0.207	0.110
	方钢(综合)	kg	2.99	8.983	6.500
	酚醛层压板 10～20	m²	39.00	0.760	0.330
	钢板	kg	3.17	468.705	201.000
	钢锯条	条	0.34	60.808	26.000
	钢丝刷	把	2.56	6.910	4.000
	隔电纸	m²	11.01	2.764	1.890
	黑铅粉	kg	5.13	7.615	3.490
	红丹粉	kg	9.23	9.895	4.740
	黄干油	kg	5.15	5.625	2.430
	黄铜棒 φ7～80	kg	51.28	4.561	2.500
	金属清洗剂	kg	8.66	45.261	23.569
	聚氯乙烯薄膜	m²	1.37	5.528	3.000
	磷酸三钠	kg	2.63	6.910	4.000

续表

定 额 编 号			A2-3-8	A2-3-9
项 目 名 称			单抽	双抽
			单机容量(MW)	
			≤35	≤15
名 称	单位	单价(元)	消 耗 量	
密封胶	kg	19.66	82.920	42.000
棉纱头	kg	6.00	58.735	30.000
面粉	kg	2.34	12.106	7.210
木炭	kg	1.30	29.022	21.000
耐油石棉橡胶板 δ0.8	kg	7.95	5.666	3.900
尼龙砂轮片 φ100×16×3	片	2.56	20.730	15.000
硼砂	kg	2.68	0.097	0.070
汽轮机油	kg	8.61	31.316	14.900
溶剂汽油 200号	kg	5.64	13.544	6.580
石棉布(综合) 烧失量32%	kg	5.13	4.837	—
石棉橡胶板	kg	9.40	12.023	7.800
手喷漆	kg	15.38	12.162	7.900
碳钢气焊条	kg	9.06	3.801	2.750
天那水	kg	11.11	10.227	6.300
铁砂布	张	0.85	356.556	164.000
脱化剂	kg	20.15	10.130	5.880
无缝钢管	kg	4.44	152.020	15.000
橡胶板	kg	2.91	5.252	2.500
橡胶棒 φ35	kg	10.81	1.520	0.550
硝基腻子	kg	13.68	4.422	2.630
型钢	kg	3.70	986.264	442.000
氧气	m³	3.63	158.018	72.000
乙炔气	kg	10.45	60.048	27.360
硬铜绞线 TJ-120mm²	kg	42.74	2.073	—
油刷 65	把	2.56	6.910	4.000
油性清漆	kg	12.82	0.304	0.220

注：材料栏左侧标注"材料"。

续表

定 额 编 号			A2-3-8	A2-3-9
			单抽	双抽
项 目 名 称			单机容量(MW)	
			≤35	≤15
名 称	单位	单价(元)	消 耗 量	
有机玻璃 δ8	m²	19.60	0.117	0.058
鱼油	kg	9.58	10.918	7.000
圆钉 50～75	kg	5.13	3.718	1.630
圆钢(综合)	kg	3.40	37.038	21.530
紫铜棒 φ16～80	kg	70.94	6.081	3.500
其他材料费占材料费	%	—	2.000	2.000
电动空气压缩机 1m³/min	台班	50.29	1.974	1.524
电动空气压缩机 6m³/min	台班	206.73	15.478	9.143
电焊条烘干箱 60×50×75cm³	台班	26.46	3.001	1.429
交流弧焊机 32kV·A	台班	83.14	30.049	14.286
空气锤 75kg	台班	235.13	2.764	1.000
门式起重机 30t	台班	741.29	1.948	1.410
牛头刨床 650mm	台班	232.57	5.528	2.952
平板拖车组 15t	台班	981.46	—	0.381
平板拖车组 20t	台班	1081.33	—	0.686
平板拖车组 30t	台班	1243.07	1.948	—
普通车床 400×1000mm	台班	210.71	7.713	4.952
汽车式起重机 8t	台班	763.67	1.816	0.933
桥式起重机 30t	台班	443.74	—	38.886
桥式起重机 50t	台班	557.85	66.178	—
砂轮切割机 350mm	台班	22.38	15.794	9.524
台式钻床 16mm	台班	4.07	3.949	1.905
外圆磨床 200×500mm	台班	311.01	0.856	0.571
载重汽车 5t	台班	430.70	1.816	0.933
载重汽车 8t	台班	501.85	—	0.343
中频加热处理机 100kW	台班	94.28	1.316	—

材料 机 械

110

工作内容：基础检查；垫铁配制、安装；设备解体、组合、安装；地脚螺栓安装；管路、支吊架配制、安装等。

计量单位：台

定　额　编　号				A2-3-10	A2-3-11
项　目　名　称				双抽	
				单机容量(MW)	
				≤25	≤35
基　　　　　价（元）				113511.83	166858.92
其中	人　工　费（元）			64042.16	94141.04
	材　料　费（元）			11010.53	16184.60
	机　械　费（元）			38459.14	56533.28
名　　称		单位	单价（元）	消　耗　量	
人工	综合工日	工日	140.00	457.444	672.436
材料	白布	kg	6.67	14.796	21.750
	白铅粉	kg	10.47	1.050	1.543
	板方材	m³	1800.00	0.420	0.617
	保险丝 5A	轴	3.85	5.000	7.350
	不锈钢板	kg	22.00	2.910	4.278
	弹簧钢	kg	4.26	15.800	23.226
	低碳钢焊条	kg	6.84	64.150	94.299
	镀锌钢板(综合)	kg	3.79	6.300	9.261
	镀锌铁丝 φ0.1～0.5	kg	3.57	0.300	0.441
	镀锌铁丝 φ2.5～4.0	kg	3.57	42.800	62.915
	二硫化钼	kg	87.61	2.910	4.278
	凡尔砂	kg	15.38	0.150	0.220
	方钢(综合)	kg	2.99	6.500	9.555
	酚醛层压板 10～20	m²	39.00	0.550	0.808
	钢板	kg	3.17	339.150	498.545
	钢锯条	条	0.34	44.000	64.679
	钢丝刷	把	2.56	5.000	7.350
	隔电纸	m²	11.01	2.000	2.940
	黑铅粉	kg	5.13	5.510	8.100
	红丹粉	kg	9.23	7.160	10.525
	黄干油	kg	5.15	4.070	5.983
	黄铜棒 φ7～80	kg	51.28	3.300	4.851
	金属清洗剂	kg	8.66	32.751	48.143
	聚氯乙烯薄膜	m²	1.37	4.000	5.880

续表

定 额 编 号			A2-3-10	A2-3-11
项 目 名 称			双抽	
			单机容量(MW)	
			≤25	≤35
名 称	单位	单价(元)	消 耗 量	
磷酸三钠	kg	2.63	5.000	7.350
密封胶	kg	19.66	60.000	88.199
棉纱头	kg	6.00	42.500	62.474
面粉	kg	2.34	8.760	12.877
木炭	kg	1.30	21.000	30.870
耐油石棉橡胶板 δ0.8	kg	7.95	4.100	6.027
尼龙砂轮片 φ100×16×3	片	2.56	15.000	22.050
硼砂	kg	2.68	0.070	0.103
汽轮机油	kg	8.61	22.660	33.310
溶剂汽油 200号	kg	5.64	9.800	14.406
石棉布(综合)烧失量32%	kg	5.13	3.500	5.145
石棉橡胶板	kg	9.40	8.700	12.789
手喷漆	kg	15.38	8.800	12.936
碳钢气焊条	kg	9.06	2.750	4.042
天那水	kg	11.11	7.400	10.878
铁砂布	张	0.85	258.000	379.256
脱化剂	kg	20.15	7.330	10.775
无缝钢管	kg	4.44	110.000	161.698
橡胶板	kg	2.91	3.800	5.586
橡胶棒 φ35	kg	10.81	1.100	1.617
硝基腻子	kg	13.68	3.200	4.704
型钢	kg	3.70	713.650	1049.054
氧气	m³	3.63	114.340	168.078
乙炔气	kg	10.45	43.450	63.871
硬铜绞线 TJ-120mm²	kg	42.74	1.500	2.205

材

料

续表

定 额 编 号			A2-3-10	A2-3-11
项 目 名 称			双抽	
			单机容量(MW)	
			≤25	≤35
名 称	单位	单价(元)	消 耗 量	
油刷 65	把	2.56	5.000	7.350
油性清漆	kg	12.82	0.220	0.323
有机玻璃 δ8	m²	19.60	0.085	0.125
鱼油	kg	9.58	7.900	11.613
圆钉 50～75	kg	5.13	2.690	3.954
圆钢(综合)	kg	3.40	26.800	39.396
紫铜棒 φ16～80	kg	70.94	4.400	6.468
其他材料费占材料费	%	—	2.000	2.000
电动空气压缩机 1m³/min	台班	50.29	1.429	2.100
电动空气压缩机 6m³/min	台班	206.73	11.200	16.464
电焊条烘干箱 60×50×75cm³	台班	26.46	2.171	3.192
交流弧焊机 32kV·A	台班	83.14	21.743	31.962
空气锤 75kg	台班	235.13	2.000	2.940
门式起重机 30t	台班	741.29	1.410	2.072
牛头刨床 650mm	台班	232.57	4.000	5.880
平板拖车组 30t	台班	1243.07	1.410	2.072
普通车床 400×1000mm	台班	210.71	5.581	8.204
汽车式起重机 8t	台班	763.67	1.314	1.932
桥式起重机 50t	台班	557.85	47.886	70.391
砂轮切割机 350mm	台班	22.38	11.429	16.800
台式钻床 16mm	台班	4.07	2.857	4.200
外圆磨床 200×500mm	台班	311.01	0.619	0.910
载重汽车 5t	台班	430.70	1.314	1.932
中频加热处理机 100kW	台班	94.28	0.952	1.400

二、汽轮机本体管道安装

1.导汽管道、汽封疏水管道安装

工作内容：管子清扫、切割；坡口加工；对口焊接、安装；法兰焊接与连接；支吊架安装、调整和固定；压力试验等。

计量单位：台

定 额 编 号				A2-3-12	A2-3-13	A2-3-14	A2-3-15
项 目 名 称				单机容量(MW)			
				≤6		≤15	
				重量(t)			
				≤0.3	≤0.7	≤0.5	≤1.1
基 价 （元）				1584.79	3210.28	2003.63	6720.13
其中	人 工 费（元）			939.26	2229.50	1118.88	4453.26
	材 料 费（元）			196.76	624.65	272.77	1322.28
	机 械 费（元）			448.77	356.13	611.98	944.59
	名 称	单位	单价(元)	消 耗 量			
人工	综合工日	工日	140.00	6.709	15.925	7.992	31.809
材料	白布	kg	6.67	1.610	1.050	2.059	1.584
	低碳钢焊条	kg	6.84	6.000	6.780	7.372	19.920
	镀锌铁丝 φ2.5～4.0	kg	3.57	1.140	11.000	2.484	27.300
	凡尔砂	kg	15.38	—	0.150	—	0.162
	钢锯条	条	0.34	2.000	32.000	3.450	46.200
	合金钢焊丝	kg	7.69	—	2.610	—	3.600
	黑铅粉	kg	5.13	—	0.450	0.345	0.684
	红丹粉	kg	9.23	—	0.070	—	0.084
	黄干油	kg	5.15	—	0.270	—	0.162
	机油	kg	19.66	—	0.560	—	0.810
	金属清洗剂	kg	8.66	—	0.131	—	0.143
	尼龙砂轮片 φ100×16×3	片	2.56	1.300	2.500	2.070	6.000
	铅油（厚漆）	kg	6.45	—	0.040	0.012	0.024
	石棉布（综合）烧失量32%	kg	5.13	0.130	—	0.288	—
	石棉橡胶板	kg	9.40	1.100	3.000	0.828	2.214
	石英砂	m³	631.07	0.075	—	0.101	—

114

续表

定额编号				A2-3-12	A2-3-13	A2-3-14	A2-3-15
项目名称				单机容量(MW)			
				≤6		≤15	
				重量(t)			
				≤0.3	≤0.7	≤0.5	≤1.1
名称		单位	单价(元)	消　耗　量			
材料	铁砂布	张	0.85	—	2.000	—	3.600
	型钢	kg	3.70	5.390	62.000	5.060	128.400
	氧气	m³	3.63	7.200	23.520	12.420	50.544
	乙炔气	kg	10.45	2.740	8.940	4.715	19.206
	油浸石棉盘根	kg	10.09	—	0.260	—	0.276
	中(粗)砂	t	87.00	—	0.260	—	0.948
	其他材料费占材料费	%	—	2.000	2.000	2.000	2.000
机械	单速电动葫芦 5t	台班	40.03	—	0.610	—	0.686
	电动单筒慢速卷扬机 50kN	台班	215.57	—	—	—	0.057
	电动空气压缩机 6m³/min	台班	206.73	0.867	0.133	1.183	0.349
	电焊条烘干箱 60×50×75cm³	台班	26.46	0.210	0.390	0.230	0.977
	汽车式起重机 8t	台班	763.67	0.114	0.010	0.175	0.063
	桥式起重机 20t	台班	375.99	0.029	—	—	—
	桥式起重机 30t	台班	443.74	—	—	0.077	0.034
	试压泵 60MPa	台班	24.08	—	0.238	—	0.771
	载重汽车 5t	台班	430.70	0.038	0.010	0.077	0.063
	直流弧焊机 20kV·A	台班	71.43	2.095	3.867	2.245	9.771

工作内容：管子清扫、切割；坡口加工；对口焊接、安装；法兰焊接与连接；支吊架安装、调整和固定；
压力试验等。

计量单位：台

定 额 编 号				A2-3-16	A2-3-17	A2-3-18	A2-3-19
项 目 名 称				单机容量(MW)			
				≤25		≤35	
				重量(t)			
				≤1.5	≤3.1	≤3.0	≤4.5
基 价 （元）				7137.57	17649.30	11239.21	25323.41
其中	人 工 费 （元）			3907.96	11319.84	6153.70	16241.40
	材 料 费 （元）			1104.53	3337.93	1738.97	4789.27
	机 械 费 （元）			2125.08	2991.53	3346.54	4292.74
名 称		单位	单价(元)	消 耗 量			
人工	综合工日	工日	140.00	27.914	80.856	43.955	116.010
材料	白布	kg	6.67	1.553	4.882	2.445	7.004
	低碳钢焊条	kg	6.84	56.235	68.534	88.552	98.332
	镀锌铁丝 φ2.5～4.0	kg	3.57	9.074	72.450	14.288	103.950
	凡尔砂	kg	15.38	—	0.431	—	0.619
	钢锯条	条	0.34	10.350	98.325	16.298	141.075
	合金钢焊丝	kg	7.69	—	6.900	—	9.900
	黑铅粉	kg	5.13	1.380	1.811	2.173	2.599
	红丹粉	kg	9.23	—	0.242	—	0.347
	黄干油	kg	5.15	—	0.466	—	0.668
	机油	kg	19.66	1.415	2.139	2.227	3.069
	金属清洗剂	kg	8.66	—	0.483	—	0.693
	尼龙砂轮片 φ100×16×3	片	2.56	8.280	20.700	13.038	29.700
	铅油(厚漆)	kg	6.45	0.104	0.069	0.163	0.099
	石棉布(综合) 烧失量32%	kg	5.13	1.035	—	1.630	—
	石棉橡胶板	kg	9.40	6.900	6.314	10.865	9.059

定 额 编 号			A2-3-16	A2-3-17	A2-3-18	A2-3-19
项 目 名 称			单机容量(MW)			
			≤25		≤35	
			重量(t)			
			≤1.5	≤3.1	≤3.0	≤4.5
名 称	单位	单价(元)	消　耗　量			
材料	石英砂	m³	631.07	0.173	—	0.272	—
	铁砂布	张	0.85	—	10.350	—	14.850
	型钢	kg	3.70	10.350	307.671	16.298	441.441
	氧气	m³	3.63	49.680	130.410	78.230	187.110
	乙炔气	kg	10.45	18.872	49.559	29.717	71.107
	油浸石棉盘根	kg	10.09	—	1.035	—	1.485
	中(粗)砂	t	87.00	—	1.121	—	1.609
	其他材料费占材料费	%	—	2.000	2.000	2.000	2.000
机械	单速电动葫芦 5t	台班	40.03	—	1.429	—	2.051
	电动空气压缩机 6m³/min	台班	206.73	2.169	0.706	3.415	1.014
	电焊条烘干箱 60×50×75cm³	台班	26.46	1.314	3.302	2.070	4.738
	汽车式起重机 8t	台班	763.67	0.427	0.197	0.673	0.283
	桥式起重机 50t	台班	557.85	0.460	0.033	0.724	0.047
	试压泵 60MPa	台班	24.08	—	3.680	—	5.280
	载重汽车 5t	台班	430.70	0.296	0.197	0.466	0.283
	直流弧焊机 20kV·A	台班	71.43	13.044	33.021	20.541	47.379

2.蒸汽管道、油管道安装

工作内容：管子清扫、切割；坡口加工；对口焊接、安装；法兰焊接与连接；支吊架安装、调整和固定；压力试验等。

计量单位：台

定 额 编 号				A2-3-20	A2-3-21	A2-3-22	A2-3-23
项 目 名 称				单机容量(MW)			
				≤6		≤15	
				重量(t)			
				≤0.2	≤0.8	≤0.3	≤1.1
基 价（元）				1551.92	7528.05	1790.32	9854.44
其中	人 工 费（元）			1133.72	5006.26	1295.00	6381.90
	材 料 费（元）			314.08	990.46	350.72	1539.54
	机 械 费（元）			104.12	1531.33	144.60	1933.00
名 称		单位	单价(元)	消 耗 量			
人工	综合工日	工日	140.00	8.098	35.759	9.250	45.585
材料	白布	kg	6.67	0.608	5.856	0.710	7.280
	低碳钢焊条	kg	6.84	1.725	12.000	2.510	28.000
	镀锌铁丝 φ0.7～0.9	kg	3.57	—	0.372	—	0.700
	镀锌铁丝 φ2.5～4.0	kg	3.57	5.610	—	5.150	—
	凡尔砂	kg	15.38	0.105	0.090	0.120	0.105
	酚醛防锈漆	kg	6.15	—	4.800	—	6.720
	酚醛调和漆	kg	7.90	—	3.048	—	4.263
	钢锯条	条	0.34	22.500	13.200	23.000	13.300
	黑铅粉	kg	5.13	0.038	0.450	0.270	0.602
	红丹粉	kg	9.23	0.105	0.786	0.060	1.771
	黄干油	kg	5.15	0.105	—	0.120	—
	机油	kg	19.66	0.285	1.248	0.350	2.548
	金属清洗剂	kg	8.66	0.087	0.182	0.103	0.180
	聚氯乙烯薄膜	m²	1.37	—	1.242	—	1.435
	耐油石棉橡胶板 δ0.8	kg	7.95	—	1.836	—	2.751
	尼龙砂轮片 φ100×16×3	片	2.56	0.750	6.600	1.000	10.220
	汽轮机油	kg	8.61	0.864	—	—	1.015
	铅油(厚漆)	kg	6.45	—	—	—	0.035
	石棉橡胶板	kg	9.40	0.518	—	0.690	—

定 额 编 号			A2-3-20	A2-3-21	A2-3-22	A2-3-23
项 目 名 称			单机容量(MW)			
			≤6		≤15	
			重量(t)			
			≤0.2	≤0.8	≤0.3	≤1.1
名 称	单位	单价(元)	消 耗 量			
材料	石英砂	m³	631.07	—	0.319	—	0.617
	丝绸布	m	13.15	—	1.242	—	1.435
	碳钢气焊条	kg	9.06	1.830	1.410	1.740	1.239
	铁砂布	张	0.85	—	1.200	—	2.800
	型钢	kg	3.70	33.750	80.100	39.000	67.200
	氧气	m³	3.63	12.165	23.904	12.850	50.316
	乙炔气	kg	10.45	4.620	9.084	4.880	19.117
	油浸石棉盘根	kg	10.09	0.158	—	0.200	—
	油麻盘根 φ6～25	kg	6.84	—	0.480	—	0.392
	中(粗)砂	t	87.00	0.143	—	0.170	—
	其他材料费占材料费	%	—	2.000	2.000	2.000	2.000
机械	单速电动葫芦 5t	台班	40.03	0.400	0.286	0.495	0.233
	电动空气压缩机 6m³/min	台班	206.73	0.071	2.600	0.076	2.900
	电焊条烘干箱 60×50×75cm³	台班	26.46	0.093	1.051	0.143	1.507
	汽车式起重机 8t	台班	763.67	—	0.171	—	0.200
	桥式起重机 20t	台班	375.99	—	0.006	—	—
	桥式起重机 30t	台班	443.74	—	—	—	0.013
	试压泵 60MPa	台班	24.08	0.150	2.457	0.190	1.467
	载重汽车 5t	台班	430.70	—	0.023	—	0.033
	直流弧焊机 20kV·A	台班	71.43	0.943	10.537	1.410	15.067

工作内容：管子清扫、切割；坡口加工；对口焊接、安装；法兰焊接与连接；支吊架安装、调整和固定；压力试验等。

计量单位：台

定 额 编 号			A2-3-24	A2-3-25	A2-3-26	A2-3-27
项 目 名 称			单机容量(MW)			
			≤25		≤35	
			重量(t)			
			≤0.5	≤2.2	≤1.0	≤4.0
基 价（元）			3456.98	11301.65	5678.46	19672.85
其中	人 工 费（元）		2433.90	7586.32	3997.42	13206.34
	材 料 费（元）		463.68	1376.42	761.61	2395.32
	机 械 费（元）		559.40	2338.91	919.43	4071.19
名 称	单位	单价(元)	消 耗 量			
人工	综合工日	工日	140.00	17.385	54.188	28.553	94.331
材料	白布	kg	6.67	1.664	10.000	2.733	17.408
	低碳钢焊条	kg	6.84	9.120	28.300	14.980	49.265
	镀锌铁丝 φ0.7～0.9	kg	3.57	—	0.630	—	1.097
	镀锌铁丝 φ2.5～4.0	kg	3.57	4.928	—	8.094	—
	凡尔砂	kg	15.38	0.320	0.125	0.526	0.218
	酚醛防锈漆	kg	6.15	—	11.200	—	19.497
	酚醛调和漆	kg	7.90	—	7.050	—	12.273
	钢锯条	条	0.34	25.600	16.500	42.048	28.723
	黑铅粉	kg	5.13	0.864	0.625	1.419	1.088
	红丹粉	kg	9.23	0.192	1.755	0.315	3.055
	黄干油	kg	5.15	0.320	—	0.526	—
	机油	kg	19.66	1.120	2.910	1.840	5.066
	金属清洗剂	kg	8.66	0.299	0.266	0.491	0.463
	聚氯乙烯薄膜	m²	1.37	—	2.145	—	3.734
	耐油石棉橡胶板 δ0.8	kg	7.95	—	3.525	—	6.136
	尼龙砂轮片 φ100×16×3	片	2.56	3.200	8.650	5.256	15.058
	汽轮机油	kg	8.61	—	1.500	—	2.611
	铅油(厚漆)	kg	6.45	—	0.025	—	0.044

续表

定 额 编 号			A2-3-24	A2-3-25	A2-3-26	A2-3-27
项 目 名 称			单机容量(MW)			
			≤25		≤35	
			重量(t)			
			≤0.5	≤2.2	≤1.0	≤4.0
名 称	单位	单价(元)	消 耗 量			
材料	石棉橡胶板	kg	9.40	1.728	—	2.838	—
	石英砂	m³	631.07	—	0.385	—	0.669
	丝绸布	m	13.15	—	2.145	—	3.734
	碳钢气焊条	kg	9.06	1.312	1.630	2.155	2.838
	铁砂布	张	0.85	—	2.000	—	3.482
	型钢	kg	3.70	42.624	78.000	70.010	135.782
	氧气	m³	3.63	15.360	30.000	25.229	52.224
	乙炔气	kg	10.45	5.824	11.400	9.566	19.845
	油浸石棉盘根	kg	10.09	0.672	—	1.104	—
	油麻盘根 φ6～25	kg	6.84	—	0.795	—	1.384
	其他材料费占材料费	%	—	2.000	2.000	2.000	2.000
机械	单速电动葫芦 5t	台班	40.03	1.310	0.467	2.152	0.812
	电动空气压缩机 6m³/min	台班	206.73	—	4.267	—	7.427
	电焊条烘干箱 60×50×75cm³	台班	26.46	0.457	1.410	0.751	2.454
	汽车式起重机 8t	台班	763.67	0.091	0.319	0.150	0.555
	桥式起重机 50t	台班	557.85	0.061	0.043	0.100	0.075
	试压泵 60MPa	台班	24.08	0.884	3.800	1.452	6.615
	载重汽车 5t	台班	430.70	0.091	0.081	0.150	0.141
	直流弧焊机 20kV·A	台班	71.43	4.632	14.095	7.609	24.537

3.逆止阀控制水管道、抽汽管道安装

工作内容：管子清扫、切割；坡口加工；对口焊接、安装；法兰焊接与连接；支吊架安装、调整和固定；
压力试验等。

计量单位：台

定 额 编 号			A2-3-28	A2-3-29	A2-3-30	A2-3-31
项 目 名 称			单机容量(MW)			
			≤6	≤15	≤25	≤35
基 价 （元）			2086.01	5716.66	5950.39	6870.52
其中	人 工 费 （元）		1342.60	3678.50	3882.48	4482.80
	材 料 费 （元）		288.27	789.87	1483.48	1712.91
	机 械 费 （元）		455.14	1248.29	584.43	674.81
名 称	单位	单价（元）	消 耗 量			
人工	综合工日	工日	140.00	9.590	26.275	27.732	32.020
材料	白布	kg	6.67	1.000	2.740	1.170	1.351
	低碳钢焊条	kg	6.84	10.870	29.784	13.050	15.068
	镀锌铁丝 φ2.5～4.0	kg	3.57	3.320	9.097	7.000	8.082
	凡尔砂	kg	15.38	0.100	0.274	0.120	0.139
	钢锯条	条	0.34	4.000	10.960	66.000	76.206
	黑铅粉	kg	5.13	0.210	0.575	0.570	0.658
	红丹粉	kg	9.23	0.060	0.164	0.120	0.139
	机油	kg	19.66	0.470	1.288	1.000	1.155
	金属清洗剂	kg	8.66	0.236	0.646	0.196	0.226
	尼龙砂轮片 φ100×16×3	片	2.56	1.900	5.206	3.300	3.810
	铅油（厚漆）	kg	6.45	0.050	0.137	0.050	0.058
	石棉橡胶板	kg	9.40	2.100	5.754	1.350	1.559
	碳钢气焊条	kg	9.06	—	—	5.140	5.935
	铁砂布	张	0.85	2.000	5.480	2.000	2.309
	橡胶石棉盘根	kg	7.00	—	—	0.360	0.416
	型钢	kg	3.70	18.000	49.320	175.600	202.753
	氧气	m³	3.63	9.720	26.633	60.600	69.971
	乙炔气	kg	10.45	3.700	10.138	23.030	26.591
	油浸石棉盘根	kg	10.09	0.670	1.836	—	—
	中(粗)砂	t	87.00			1.150	1.328
	其他材料费占材料费	%	—		2.000	2.000	2.000
机械	单速电动葫芦 5t	台班	40.03	0.371	1.018	—	—
	电动空气压缩机 6m³/min	台班	206.73	—	—	0.638	0.737
	电焊条烘干箱 60×50×75cm³	台班	26.46	0.295	0.809	0.524	0.605
	交流弧焊机 32kV·A	台班	83.14	2.990	8.194	5.210	6.015
	汽车式起重机 8t	台班	763.67	0.095	0.261	—	—
	桥式起重机 20t	台班	375.99	0.133	0.365	—	—
	试压泵 60MPa	台班	24.08	0.848	2.322	0.229	0.264
	载重汽车 5t	台班	430.70	0.095	0.261	—	—

三、发电机本体安装

工作内容：基础检查；垫铁配制、安装；设备解体、组合、安装；地脚螺栓安装；管路、支吊架配制、安装等。

计量单位：台

定　额　编　号				A2-3-32	A2-3-33	A2-3-34	A2-3-35
项　目　名　称				单机容量(MW)			
				≤6	≤15	≤25	≤35
基　　　价（元）				20516.79	25372.80	37148.20	49035.66
其中	人　工　费（元）			12584.60	15122.38	20763.26	27407.38
	材　料　费（元）			2294.11	2484.01	3211.49	4238.44
	机　械　费（元）			5638.08	7766.41	13173.45	17389.84
名　　称		单位	单价（元）	消　　耗　　量			
人工	综合工日	工日	140.00	89.890	108.017	148.309	195.767
材料	白布	kg	6.67	2.743	3.137	3.213	4.241
	板方材	m³	1800.00	0.050	0.050	0.070	0.092
	不锈钢板	kg	22.00	1.150	1.350	1.550	2.046
	低碳钢焊条	kg	6.84	6.000	6.800	7.800	10.296
	镀锌钢板(综合)	kg	3.79	3.000	5.000	6.400	8.448
	镀锌铁丝 φ2.5～4.0	kg	3.57	15.000	15.000	18.000	23.760
	酚醛调和漆	kg	7.90	3.000	3.000	3.200	4.224
	钢板	kg	3.17	210.000	236.100	271.300	358.116
	钢丝刷	把	2.56	2.000	3.000	3.000	3.960
	红丹粉	kg	9.23	0.350	0.350	0.400	0.528
	环氧树脂胶合剂	kg	15.25	0.100	0.200	0.200	0.264
	黄干油	kg	5.15	1.000	1.000	1.500	1.980
	机油	kg	19.66	2.000	2.000	3.000	3.960
	金属清洗剂	kg	8.66	3.033	3.500	4.550	6.007
	聚氯乙烯薄膜	m²	1.37	2.000	2.000	3.000	3.960
	绝缘棒	kg	17.90	0.500	0.700	1.000	1.320
	磷酸三钠	kg	2.63	2.000	2.000	3.000	3.960
	密封胶	kg	19.66	3.000	3.000	7.000	9.240
	棉纱头	kg	6.00	5.450	7.400	9.800	12.936
	面粉	kg	2.34	0.500	0.500	0.800	1.056

续表

定 额 编 号			A2-3-32	A2-3-33	A2-3-34	A2-3-35
项 目 名 称			单机容量（MW）			
			≤6	≤15	≤25	≤35
名 称	单位	单价（元）	消 耗 量			
材 料	尼龙砂轮片 φ100×16×3	片	2.56	4.000	4.000	5.000	6.600
	硼砂	kg	2.68	0.100	0.100	0.100	0.132
	汽轮机油	kg	8.61	2.900	2.900	4.600	6.072
	铅油（厚漆）	kg	6.45	1.000	1.000	1.000	1.320
	石棉橡胶板	kg	9.40	20.250	20.250	29.250	38.610
	手喷漆	kg	15.38	5.000	5.440	6.600	8.712
	天那水	kg	11.11	4.640	4.740	5.960	7.867
	铁砂布	张	0.85	52.000	63.000	63.000	83.160
	脱化剂	kg	20.15	2.000	2.500	4.000	5.280
	无缝钢管	kg	4.44	20.000	20.000	30.000	39.600
	橡胶板	kg	2.91	0.200	0.300	0.300	0.396
	硝基腻子	kg	13.68	1.750	1.800	2.300	3.036
	型钢	kg	3.70	62.000	62.000	91.000	120.120
	羊毛毡 1～5	m²	25.63	2.000	2.200	3.100	4.092
	氧气	m³	3.63	30.000	33.600	40.800	53.856
	乙炔气	kg	10.45	11.400	12.770	15.500	20.460
	油刷 65	把	2.56	3.000	4.000	4.000	5.280
	圆钢（综合）	kg	3.40	10.700	9.700	10.200	13.464
	紫铜电焊条 T107 φ3.2	kg	61.54	0.300	0.300	0.300	0.396
	其他材料费占材料费	%	—	2.000	2.000	2.000	2.000
机 械	电动空气压缩机 1m³/min	台班	50.29	0.476	0.571	0.667	0.880

续表

定　额　编　号			A2-3-32	A2-3-33	A2-3-34	A2-3-35
项　目　名　称			单机容量(MW)			
			≤6	≤15	≤25	≤35
名　称	单位	单价(元)	消　耗　量			
机 械	电动空气压缩机 6m³/min	台班	206.73	3.333	3.333	5.000	6.600
	电焊条烘干箱 60×50×75cm³	台班	26.46	0.267	0.314	0.457	0.603
	交流弧焊机 32kV·A	台班	83.14	2.619	3.095	4.524	5.971
	履带式起重机 15t	台班	757.48	0.078	—	0.676	0.893
	履带式起重机 30t	台班	927.14	—	0.838	0.181	0.239
	履带式起重机 50t	台班	1411.14	—	—	0.238	0.314
	平板拖车组 30t	台班	1243.07	—	0.229	—	—
	平板拖车组 40t	台班	1446.84	—	—	0.676	0.893
	平板拖车组 60t	台班	1611.30	—	—	0.238	0.314
	普通车床 400×1000mm	台班	210.71	0.476	0.476	1.905	2.514
	桥式起重机 20t	台班	375.99	10.781	—	—	—
	桥式起重机 30t	台班	443.74	—	11.810	—	—
	桥式起重机 50t	台班	557.85	—	—	15.238	20.114
	砂轮切割机 350mm	台班	22.38	1.905	2.857	3.810	5.029
	试压泵 60MPa	台班	24.08	1.429	1.429	1.905	2.514
	台式钻床 16mm	台班	4.07	0.952	1.905	2.857	3.771
	外圆磨床 200×500mm	台班	311.01	—	—	0.952	1.257
	载重汽车 15t	台班	779.76	0.171	—	—	—
	载重汽车 5t	台班	430.70	0.457	0.438	—	—
	载重汽车 8t	台班	501.85	0.152	0.171	—	—

四、汽轮发电机组整套空负荷试运

工作内容：各附属机械起动投入，暖管、暖机、升速、超速试验、调速系统动态调整，配合发电机调整，停机后安装问题处理。

计量单位：套

定　额　编　号			A2-3-36	A2-3-37
项　目　名　称			汽轮发电机组整套空负荷试运	
			单、双抽汽式	
			单机容量(MW)	
			≤6	≤15
基　　　价（元）			91100.65	162875.97
其中	人　工　费（元）		17414.74	18168.22
	材　料　费（元）		65931.02	134883.68
	机　械　费（元）		7754.89	9824.07
名　　称	单位	单价（元）	消　　耗　　量	
人工 综合工日	工日	140.00	124.391	129.773
材料 除盐水	t	—	(120.000)	(200.000)
白布	kg	6.67	14.405	22.048
冲压弯头 DN80	个	18.80	6.000	6.000
低碳钢焊条	kg	6.84	23.000	30.000
电	kW·h	0.68	4510.000	10760.000
镀锌薄钢板(综合)	kg	3.79	56.000	84.000
钢锯条	条	0.34	20.000	25.000
钢丝 φ0.7	kg	7.26	20.000	25.000
焊锡丝	kg	54.10	1.000	1.000
黄铜棒 φ7～80	kg	51.28	9.000	10.000
角钢(综合)	kg	3.61	37.700	45.240
金属清洗剂	kg	8.66	13.333	22.222
聚氯乙烯薄膜	m²	1.37	0.500	0.500
六角螺栓带螺母 M8×75	10套	4.27	1.200	1.200
滤油纸 300×300	张	0.46	600.000	700.000
密封胶	kg	19.66	16.000	16.000
棉纱头	kg	6.00	6.000	6.000
面粉	kg	2.34	2.000	2.000
耐油胶管(综合)	m	20.34	10.000	10.000
耐油橡胶板 δ3～6	kg	10.30	15.000	20.000
尼龙砂轮片 φ100×16×3	片	2.56	4.500	4.500
平焊法兰 1.6MPa DN70	片	21.49	6.000	6.000

续表

定 额 编 号			A2-3-36	A2-3-37
项 目 名 称			汽轮发电机组整套空负荷试运	
			单、双抽汽式	
			单机容量(MW)	
			≤6	≤15
名 称	单位	单价(元)	消 耗 量	
材 料	汽轮机油	kg	8.61	237.000	437.000
	溶剂汽油 200号	kg	5.64	20.000	40.000
	石棉橡胶板	kg	9.40	6.000	8.000
	水	t	7.96	80.000	140.000
	铁砂布	张	0.85	20.000	25.000
	铜丝布 16目	m	17.09	2.200	2.200
	无缝钢管 φ51～70×4.7～7	kg	4.44	39.180	39.180
	型钢	kg	3.70	60.000	70.000
	氧气	m³	3.63	14.400	21.600
	乙炔气	kg	10.45	4.750	7.130
	油浸石棉铜丝盘根	kg	11.17	2.500	2.500
	蒸汽	t	182.91	300.000	630.000
	紫铜棒 φ16～80	kg	70.94	9.000	10.000
	其他材料费占材料费	%	—	2.000	2.000
机 械	电动空气压缩机 6m³/min	台班	206.73	1.000	1.000
	电焊机(综合)	台班	118.28	18.500	18.500
	电焊条烘干箱 60×50×75cm³	台班	26.46	1.850	1.850
	普通车床 400×1000mm	台班	210.71	3.000	4.000
	桥式起重机 20t	台班	375.99	4.000	—
	桥式起重机 30t	台班	443.74	—	4.000
	载重汽车 5t	台班	430.70	0.200	0.300
	真空滤油机 6000L/h	台班	257.40	12.000	18.000

工作内容：各附属机械起动投入,暖管、暖机、升速、超速试验、调速系统动态调整,配合发电机调整,停机后安装问题处理。

计量单位：套

定 额 编 号				A2-3-38	A2-3-39
项 目 名 称				汽轮发电机组整套空负荷试运	
				单、双抽汽式	
				单机容量(MW)	
				≤25	≤35
基 价 （元）				261209.18	300390.41
其中	人 工 费 （元）			19005.56	21856.24
	材 料 费 （元）			231605.25	266346.04
	机 械 费 （元）			10598.37	12188.13
名 称		单位	单价（元）	消 耗 量	
人工	综合工日	工日	140.00	135.754	156.116
材料	除盐水	t	—	(300.000)	(345.000)
	白布	kg	6.67	27.048	31.105
	冲压弯头 DN80	个	18.80	6.000	6.900
	低碳钢焊条	kg	6.84	30.000	34.500
	电	kW·h	0.68	18010.000	20711.500
	镀锌薄钢板(综合)	kg	3.79	98.000	112.700
	钢锯条	条	0.34	30.000	34.500
	钢丝 φ0.7	kg	7.26	25.000	28.750
	焊锡丝	kg	54.10	1.000	1.150
	黄铜棒 φ7～80	kg	51.28	10.000	11.500
	角钢(综合)	kg	3.61	45.240	52.026
	金属清洗剂	kg	8.66	22.222	25.556
	聚氯乙烯薄膜	m²	1.37	0.500	0.575
	六角螺栓带螺母 M8×75	10套	4.27	1.200	1.380
	滤油纸 300×300	张	0.46	820.000	943.000
	密封胶	kg	19.66	16.000	18.400
	棉纱头	kg	6.00	7.500	8.625
	面粉	kg	2.34	2.000	2.300
	耐油胶管(综合)	m	20.34	10.000	11.500
	耐油橡胶板 δ3～6	kg	10.30	20.000	23.000
	尼龙砂轮片 φ100×16×3	片	2.56	5.000	5.750

128

续表

定 额 编 号			A2-3-38	A2-3-39
项 目 名 称			汽轮发电机组整套空负荷试运	
			单、双抽汽式	
			单机容量(MW)	
			≤25	≤35
名 称	单位	单价(元)	消 耗 量	
平焊法兰 1.6MPa DN70	片	21.49	6.000	6.900
汽轮机油	kg	8.61	767.000	882.050
溶剂汽油 200号	kg	5.64	40.000	46.000
石棉橡胶板	kg	9.40	8.000	9.200
水	t	7.96	250.000	287.500
铁砂布	张	0.85	30.000	34.500
铜丝布 16目	m	17.09	2.200	2.530
无缝钢管 φ51～70×4.7～7	kg	4.44	41.440	47.656
型钢	kg	3.70	80.000	92.000
氧气	m³	3.63	21.600	24.840
乙炔气	kg	10.45	7.130	8.200
油浸石棉铜丝盘根	kg	11.17	3.000	3.450
蒸汽	t	182.91	1100.000	1265.000
紫铜棒 φ16～80	kg	70.94	10.000	11.500
其他材料费占材料费	%	—	2.000	2.000
电动空气压缩机 6m³/min	台班	206.73	1.000	1.150
电焊机(综合)	台班	118.28	19.000	21.850
电焊条烘干箱 60×50×75cm³	台班	26.46	1.900	2.185
普通车床 400×1000mm	台班	210.71	4.000	4.600
桥式起重机 50t	台班	557.85	4.000	4.600
载重汽车 5t	台班	430.70	0.300	0.345
真空滤油机 6000L/h	台班	257.40	19.000	21.850

材

料

机

械

工作内容：各附属机械起动投入,暖管、暖机、升速、超速试验、调速系统动态调整,配合发电机调整,停机后安装问题处理。

计量单位：套

定　额　编　号				A2-3-40	A2-3-41
项　目　名　称				汽轮发电机组整套空负荷试运	
				背压式	
				单机容量(MW)	
				≤6	≤15
基　　　价（元）				67158.16	122540.84
其中	人　工　费（元）			13019.16	14827.68
	材　料　费（元）			46384.11	97828.63
	机　械　费（元）			7754.89	9884.53
名　　称		单位	单价（元）	消　耗　　量	
人工	综合工日	工日	140.00	92.994	105.912
材料	除盐水	t	—	(100.000)	(180.000)
	白布	kg	6.67	3.524	4.405
	冲压弯头 DN80	个	18.80	6.000	6.000
	低碳钢焊条	kg	6.84	20.000	23.000
	电	kW·h	0.68	2010.000	4010.000
	镀锌薄钢板(综合)	kg	3.79	56.000	84.000
	焊锡丝	kg	54.10	0.500	1.000
	角钢(综合)	kg	3.61	31.160	45.240
	聚氯乙烯薄膜	m²	1.37	0.500	0.500
	六角螺栓带螺母 M8×75	10套	4.27	1.200	1.200
	滤油纸 300×300	张	0.46	550.000	650.000
	密封胶	kg	19.66	12.000	14.000
	棉纱头	kg	6.00	4.000	5.000
	面粉	kg	2.34	2.000	2.000
	尼龙砂轮片 φ100×16×3	片	2.56	4.500	4.500
	平焊法兰 1.6MPa DN70	片	21.49	6.000	6.000
	汽轮机油	kg	8.61	232.000	432.000
	石棉橡胶板	kg	9.40	4.000	8.000

续表

定　额　编　号			A2-3-40	A2-3-41
项　目　名　称			汽轮发电机组整套空负荷试运	
			背压式	
			单机容量(MW)	
			≤6	≤15
名　　称	单位	单价(元)	消　　耗　　量	
材料	水	t	7.96	—	260.000
	铁砂布	张	0.85	10.000	10.000
	铜丝布 16目	m	17.09	1.100	2.200
	无缝钢管	kg	4.44	30.000	45.240
	型钢	kg	3.70	70.000	70.000
	氧气	m³	3.63	14.400	21.600
	乙炔气	kg	10.45	4.750	7.130
	油浸石棉铜丝盘根	kg	11.17	2.000	2.500
	蒸汽	t	182.91	220.000	463.000
	紫铜棒 φ16～80	kg	70.94	—	5.000
	其他材料费占材料费	%	—	2.000	2.000
机械	电动空气压缩机 6m³/min	台班	206.73	1.000	1.000
	电焊机(综合)	台班	118.28	18.500	19.000
	电焊条烘干箱 60×50×75cm³	台班	26.46	1.850	1.900
	普通车床 400×1000mm	台班	210.71	3.000	4.000
	桥式起重机 20t	台班	375.99	4.000	—
	桥式起重机 30t	台班	443.74	—	4.000
	载重汽车 5t	台班	430.70	0.200	0.300
	真空滤油机 6000L/h	台班	257.40	12.000	18.000

工作内容：各附属机械起动投入,暖管、暖机、升速、超速试验、调速系统动态调整,配合发电机调整,停机后安装问题处理。

计量单位：套

定 额 编 号				A2-3-42	A2-3-43
项 目 名 称				汽轮发电机组整套空负荷试运	
				背压式	
				单机容量(MW)	
				≤25	≤35
基 价 （元）				192809.49	221730.89
其中	人 工 费 （元）			16118.90	18536.70
	材 料 费 （元）			166092.22	191006.06
	机 械 费 （元）			10598.37	12188.13
名 称		单位	单价(元)	消 耗 量	
人工	综合工日	工日	140.00	115.135	132.405
材料	除盐水	t	—	(250.000)	(287.500)
	白布	kg	6.67	5.286	6.079
	冲压弯头 DN80	个	18.80	6.000	6.900
	低碳钢焊条	kg	6.84	25.000	28.750
	电	kW·h	0.68	5010.000	5761.500
	镀锌薄钢板(综合)	kg	3.79	98.000	112.700
	焊锡丝	kg	54.10	1.000	1.150
	角钢(综合)	kg	3.61	45.240	52.026
	聚氯乙烯薄膜	m²	1.37	0.500	0.575
	六角螺栓带螺母 M8×75	10套	4.27	1.200	1.380
	滤油纸 300×300	张	0.46	700.000	805.000
	密封胶	kg	19.66	16.000	18.400
	棉纱头	kg	6.00	5.000	5.750
	面粉	kg	2.34	2.000	2.300
	尼龙砂轮片 φ100×16×3	片	2.56	5.000	5.750
	平焊法兰 1.6MPa DN70	片	21.49	6.000	6.900
	汽轮机油	kg	8.61	762.000	876.300
	石棉橡胶板	kg	9.40	8.000	9.200

续表

定　额　编　号			A2-3-42	A2-3-43
项　目　名　称			汽轮发电机组整套空负荷试运	
			背压式	
			单机容量(MW)	
			≤25	≤35
名　称	单位	单价(元)	消　　耗　　量	
材 料	水	t	7.96	470.000	540.500
	铁砂布	张	0.85	20.000	23.000
	铜丝布 16目	m	17.09	2.200	2.530
	无缝钢管	kg	4.44	32.000	36.800
	型钢	kg	3.70	70.000	80.500
	氧气	m³	3.63	21.600	24.840
	乙炔气	kg	10.45	7.130	8.200
	油浸石棉铜丝盘根	kg	11.17	3.000	3.450
	蒸汽	t	182.91	800.000	920.000
	紫铜棒 φ16～80	kg	70.94	5.000	5.750
	其他材料费占材料费	%	—	2.000	2.000
机 械	电动空气压缩机 6m³/min	台班	206.73	1.000	1.150
	电焊机(综合)	台班	118.28	19.000	21.850
	电焊条烘干箱 60×50×75cm³	台班	26.46	1.900	2.185
	普通车床 400×1000mm	台班	210.71	4.000	4.600
	桥式起重机 50t	台班	557.85	4.000	4.600
	载重汽车 5t	台班	430.70	0.300	0.345
	真空滤油机 6000L/h	台班	257.40	19.000	21.850

第四章 汽轮发电机附属、辅助设备安装工程

说　　明

一、本章内容包括电动给水泵、凝结水泵、循环水泵、循环水入口设备、补给水入口设备、凝汽器、除氧器及水箱、热交换器、射水抽气器、油系统设备、胶球清洗装置、减温减压装置、柴油发电机组等安装工程。

二、有关说明：

1. 汽轮发电机附属与辅助设备安装定额包括基础框架、轴瓦冷却水管道、就地一次仪表及附件、设备水位表等安装以及配合灌浆、水位计保护罩制作和安装、对轮保护罩配制与安装。不包括下列工作内容：

电动机检查、接线与空负荷试验；

平台、梯子、栏杆、基础框架、地脚螺栓的配制；

基础灌浆。

2. 轴承冷却水管、一次仪表、表管、阀门及表盘等部件费用按照设备成套供货考虑。

3. 水泵安装定额包括水泵及电动机安装。

4. 循环水、补给水入口设备安装包括旋转滤网、清污机、拦污栅、钢闸门安装。

（1）旋转滤网安装定额包括上部骨架、导轨、减速传动机构、拉紧调节装置、链条与滚轮、网板与链条、喷嘴与排水槽等组装、安装、调整、临时吊笼的制作和安装。

（2）清污机安装定额包括设备解体、组装、安装。

（3）拦污栅安装定额包括轨道、拦污栅组装与安装。

（4）钢闸门安装定额包括钢闸门导槽、钢闸门、配套附件等安装。

5. 凝汽器安装定额是按照壳体整体供货组合安装考虑的。定额中包括凝汽器端盖拆装、管孔板的清扫、冷凝管穿管与胀管及切割翻边与焊接、凝汽器汽侧灌水试验、喉部临时封闭、弹簧座安装与调整、水位调整器安装及支架配制安装、水位计连通管配制安装、热水井安装、凝汽器本体上安全阀的检查与安装及调整等。定额不包括凝汽器水位调整器的汽、水侧连接管道安装，凝汽器水封管及放水管安装。凝汽器整体供货不需要现场穿管时，定额乘以系数 0.65。

6. 除氧器及水箱安装定额是按照大气式除氧器考虑的，当工程采用压力式除氧器时，执行相应的大气式除氧器定额乘以系数 1.05 计算其安装费。定额中包括除氧器水箱托架安装、水箱体组合与安装、人孔盖安装、除氧器本体组装、水位调节阀安装、消音管及水箱内梯子安装、蒸汽压力调节阀检查与安装及调整、水封装置或溢水装置安装。定额不包括蒸汽压力调整阀的自动调整装置安装。

7. 热交换器安装定额适用于不同介质热交换器安装工程。定额包括加热器本体安装、加热器水压试验、疏水器及危机泄水器安装、配套附件与支架安装等。定额不包括疏水器及危机泄水器支架制作、疏水器与加热器间汽与水侧连接管道安装、加热器空气门及空气管的配制与安装、加热器液压保护装置阀门及管道系统安装、加热器水侧出入口自动阀安装、电磁阀与快速电动闸阀电气系统接线与调整。

8. 射水抽气器安装定额包括抽气器本体组装与安装、水侧与混合侧水压试验、逆止阀安装与灌水试验等。定额不包括抽气器的空气管、射水管或蒸汽管安装。

9. 油箱安装定额是按照成品供货安装考虑的，不包括现场配制，工程实际发生时，应参照相应定额计算配制费。定额包括油箱本体安装、油箱支吊架安装、法兰及放油阀门安装、油箱内部及滤网清扫、注油器与过滤阀安装、油位计安装以及油箱支吊架制作与刷油漆。

10. 冷油器安装定额包括冷油器本体安装、放油与放空气阀门安装、冷油器水压试验等。定额不包括排烟风机及风管安装。

11. 滤油器、滤水器安装定额包括设备本体及支架组装与安装、水压试验等。定额不包括滤油器支架制作。

12. 胶球清洗装置安装定额包括装球室与收球网组合安装、液压系统安装、一二次滤网组合安装。定额不包括胶球清洗装置的胶球泵安装、胶球清洗装置与凝汽器连接的管道安装。

13. 减温减压装置安装定额包括由制造厂供应的减压阀、调节阀、安全阀、减温器、扩散管，配套管道、支吊架的组装和安装。

14. 柴油发电机组安装定额包括柴油发电机本体安装、油箱与管道及配件安装、冷却装置安装、基础槽钢框架的制作与安装。定额不包括与设备本体非同一底座的其他设备、启动装置、仪表盘等安装与调试。

工程量计算规则

一、电动给水泵、循环水泵、凝结水泵安装根据泵流量或所配电动机容量，按照设计工艺系统配置安装数量以"台"为计量单位。

二、旋转滤网安装根据网板宽度及安装高度，按照设计工艺系统配置安装数量以"台"为计量单位。

三、清污机安装根据网板清污宽度，按照设计工艺系统配置安装数量以"套"为计量单位。

四、拦污栅、钢闸门安装根据设计图示尺寸，按照成品重量以"t"为计量单位。计算组装、拼装连接螺栓的重量，不计算焊条重量，不计算下料及加工制作损耗量，不计算设备包装材料、临时加固铁构件重量。

1. 计算拦污栅安装重量的范围包括：轨道、拦污栅等。

2. 计算钢闸门安装重量的范围包括：钢闸门导槽、钢闸门、配套附件等。

五、凝汽器、除氧器及水箱、热交换器、射水抽气器、油箱、冷油器、滤油器、滤水器、减温减压器、柴油发电机的安装根据设备出力或规格，按照设计工艺系统配置安装数量以"台"为计量单位。

六、胶球清洗装置根据循环水入口管直径，按照设计工艺系统配置安装数量以"套"为计量单位，一个装球室与一个收球网为一套。

一、电动给水泵安装

工作内容：基础检查；垫铁配置安装；设备检查、测量、调整、组合安装等。 计量单位：台

定 额 编 号				A2-4-1	A2-4-2	A2-4-3
项 目 名 称				流量(t/h)		
				≤50	≤75	≤100
基 价（元）				6200.22	7069.75	8135.50
其中	人 工 费（元）			4121.74	4765.32	5431.16
	材 料 费（元）			718.50	877.89	925.27
	机 械 费（元）			1359.98	1426.54	1779.07
名 称		单位	单价（元）	消 耗 量		
人工	综合工日	工日	140.00	29.441	34.038	38.794
材料	白布	kg	6.67	0.520	0.540	0.591
	不锈钢板	kg	22.00	0.800	0.800	0.800
	低碳钢焊条	kg	6.84	1.000	2.000	2.000
	镀锌钢板(综合)	kg	3.79	2.400	4.000	4.000
	酚醛磁漆	kg	12.00	0.200	0.200	0.200
	钢板	kg	3.17	71.000	96.000	97.000
	钢锯条	条	0.34	5.000	6.000	6.000
	黑铅粉	kg	5.13	0.400	0.500	0.500
	红丹粉	kg	9.23	0.300	0.400	0.400
	金属清洗剂	kg	8.66	0.467	0.467	0.583
	聚氯乙烯薄膜	m²	1.37	2.000	2.000	2.000
	密封胶	kg	19.66	3.000	3.000	3.000
	棉纱头	kg	6.00	2.300	2.600	2.900
	汽轮机油	kg	8.61	8.500	10.500	12.500
	铅油(厚漆)	kg	6.45	0.500	0.500	0.500
	青壳纸 δ0.1~1.0	kg	20.84	6.000	7.000	7.000
	溶剂汽油 200号	kg	5.64	2.000	3.000	3.000
	手喷漆	kg	15.38	0.980	1.200	1.800
	碳钢气焊条	kg	9.06	0.500	0.600	0.600

续表

定 额 编 号				A2-4-1	A2-4-2	A2-4-3
项 目 名 称				流量(t/h)		
				≤50	≤75	≤100
名 称		单位	单价(元)	消 耗 量		
材 料	天那水	kg	11.11	0.800	1.000	1.500
	铁砂布	张	0.85	9.000	9.000	11.000
	橡胶石棉盘根	kg	7.00	3.000	4.300	4.300
	硝基腻子	kg	13.68	0.320	0.400	0.600
	型钢	kg	3.70	6.000	6.000	7.000
	氧气	m³	3.63	6.000	6.000	6.000
	乙炔气	kg	10.45	2.280	2.280	2.280
	紫铜板(综合)	kg	58.97	0.200	0.200	0.200
	其他材料费占材料费	%	—	2.000	2.000	2.000
机 械	电动空气压缩机 6m³/min	台班	206.73	0.038	0.048	0.076
	电焊条烘干箱 60×50×75cm³	台班	26.46	0.029	0.029	0.029
	交流弧焊机 32kV·A	台班	83.14	0.238	0.238	0.238
	牛头刨床 650mm	台班	232.57	1.905	1.905	1.905
	普通车床 400×1000mm	台班	210.71	1.429	1.429	1.905
	汽车式起重机 8t	台班	763.67	0.219	0.219	0.362
	桥式起重机 20t	台班	375.99	0.952	—	—
	桥式起重机 30t	台班	443.74	—	0.952	—
	桥式起重机 50t	台班	557.85	—	—	0.952
	载重汽车 8t	台班	501.85	0.124	0.124	0.181

工作内容：基础检查；垫铁配置安装；设备检查、测量、调整、组合安装等。 计量单位：台

定 额 编 号				A2-4-4	A2-4-5	A2-4-6
项 目 名 称				流量(t/h)		
				≤150	≤200	≤300
基 价（元）				10478.56	13423.65	17288.69
其中	人 工 费（元）			6995.38	8961.40	11541.32
	材 料 费（元）			1191.77	1526.71	1966.24
	机 械 费（元）			2291.41	2935.54	3781.13
名 称		单位	单价（元）	消 耗 量		
人工	综合工日	工日	140.00	49.967	64.010	82.438
材料	白布	kg	6.67	0.761	0.975	1.256
	不锈钢板	kg	22.00	1.030	1.320	1.700
	低碳钢焊条	kg	6.84	2.576	3.300	4.250
	镀锌钢板(综合)	kg	3.79	5.152	6.600	8.500
	酚醛磁漆	kg	12.00	0.258	0.330	0.425
	钢板	kg	3.17	124.936	160.050	206.125
	钢锯条	条	0.34	7.728	9.900	12.750
	黑铅粉	kg	5.13	0.644	0.825	1.063
	红丹粉	kg	9.23	0.515	0.660	0.850
	金属清洗剂	kg	8.66	0.751	0.963	1.240
	聚氯乙烯薄膜	m²	1.37	2.576	3.300	4.250
	密封胶	kg	19.66	3.864	4.950	6.375
	棉纱头	kg	6.00	3.735	4.785	6.163
	汽轮机油	kg	8.61	16.100	20.625	26.563
	铅油(厚漆)	kg	6.45	0.644	0.825	1.063
	青壳纸 δ0.1～1.0	kg	20.84	9.016	11.550	14.875
	溶剂汽油 200号	kg	5.64	3.864	4.950	6.375
	手喷漆	kg	15.38	2.318	2.970	3.825

续表

定 额 编 号			A2-4-4	A2-4-5	A2-4-6
项 目 名 称			流量(t/h)		
			≤150	≤200	≤300
名 称	单位	单价(元)	消	耗	量
材料 碳钢气焊条	kg	9.06	0.773	0.990	1.275
天那水	kg	11.11	1.932	2.475	3.188
铁砂布	张	0.85	14.168	18.150	23.375
橡胶石棉盘根	kg	7.00	5.538	7.095	9.138
硝基腻子	kg	13.68	0.773	0.990	1.275
型钢	kg	3.70	9.016	11.550	14.875
氧气	m³	3.63	7.728	9.900	12.750
乙炔气	kg	10.45	2.937	3.762	4.845
紫铜板(综合)	kg	58.97	0.258	0.330	0.425
其他材料费占材料费	%	—	2.000	2.000	2.000
机械 电动空气压缩机 6m³/min	台班	206.73	0.098	0.126	0.162
电焊条烘干箱 60×50×75cm³	台班	26.46	0.037	0.047	0.061
交流弧焊机 32kV·A	台班	83.14	0.307	0.393	0.506
牛头刨床 650mm	台班	232.57	2.453	3.143	4.048
普通车床 400×1000mm	台班	210.71	2.453	3.143	4.048
汽车式起重机 8t	台班	763.67	0.466	0.597	0.769
桥式起重机 50t	台班	557.85	1.227	1.571	2.024
载重汽车 8t	台班	501.85	0.233	0.299	0.385

二、凝结水泵安装

工作内容：基础检查；垫铁配置安装；检查、测量、调整、组合安装等。　　　　　　　　计量单位：台

定　额　编　号			A2-4-7	A2-4-8	A2-4-9	A2-4-10
项　目　名　称			功率(kW)			
			≤10	≤15	≤25	≤50
基　　　　价（元）			1705.26	2034.87	2382.39	2869.51
其中	人　工　费（元）		1193.22	1266.16	1481.06	1646.12
	材　料　费（元）		224.46	373.60	402.53	467.91
	机　械　费（元）		287.58	395.11	498.80	755.48
名　　　称	单位	单价（元）	消　　耗　　量			
人工	综合工日	工日	140.00	8.523	9.044	10.579	11.758
材料	白布	kg	6.67	0.186	0.186	0.196	0.196
	保险丝 5A	轴	3.85	—	—	—	0.020
	不锈钢板	kg	22.00	0.500	0.800	0.800	1.000
	低碳钢焊条	kg	6.84	0.500	0.500	0.500	0.500
	钢板	kg	3.17	20.000	60.000	60.000	60.000
	钢锯条	条	0.34	2.000	2.000	2.000	2.000
	黑铅粉	kg	5.13	0.100	0.100	0.100	0.100
	红丹粉	kg	9.23	0.100	0.100	0.100	0.100
	金属清洗剂	kg	8.66	0.467	0.350	0.467	0.700
	聚氯乙烯薄膜	m²	1.37	0.500	0.500	0.500	0.500
	密封胶	kg	19.66	2.000	2.000	2.000	2.000
	棉纱头	kg	6.00	—	—	—	1.200
	面粉	kg	2.34	—	—	—	0.500
	汽轮机油	kg	8.61	2.300	4.000	5.400	6.400
	铅油（厚漆）	kg	6.45	0.200	0.200	0.200	0.200
	青壳纸 δ0.1~1.0	kg	20.84	0.200	0.200	0.300	1.400
	溶剂汽油 200号	kg	5.64	2.000	1.500	2.000	3.000
	手喷漆	kg	15.38	0.120	0.160	0.200	0.240
	碳钢气焊条	kg	9.06	1.000	1.000	1.000	2.000

续表

定 额 编 号			A2-4-7	A2-4-8	A2-4-9	A2-4-10
项 目 名 称			功率(kW)			
			≤10	≤15	≤25	≤50
名 称	单位	单价(元)	消 耗 量			
材料	天那水	kg	11.11	0.100	0.150	0.150	0.200

	名 称	单位	单价(元)	消 耗 量			
材料	天那水	kg	11.11	0.100	0.150	0.150	0.200
	铁砂布	张	0.85	4.000	4.000	5.000	6.000
	橡胶板	kg	2.91	3.000	3.000	6.000	6.000
	橡胶石棉盘根	kg	7.00	0.700	0.800	0.800	0.900
	硝基腻子	kg	13.68	0.040	0.050	0.060	0.080
	氧气	m³	3.63	3.000	3.000	3.000	3.000
	乙炔气	kg	10.45	1.140	1.140	1.140	1.140
	紫铜板(综合)	kg	58.97	0.100	0.100	0.100	0.100
	其他材料费占材料费	%	—	2.000	2.000	2.000	2.000
机械	电动空气压缩机 6m³/min	台班	206.73	—	—	—	0.010
	电焊条烘干箱 60×50×75cm³	台班	26.46	0.029	0.029	0.029	0.029
	交流弧焊机 32kV·A	台班	83.14	0.238	0.238	0.238	0.238
	牛头刨床 650mm	台班	232.57	0.476	0.476	0.476	0.476
	普通车床 400×1000mm	台班	210.71	0.476	0.476	0.476	0.476
	汽车式起重机 8t	台班	763.67	0.057	0.057	0.057	0.124
	桥式起重机 20t	台班	375.99	—	0.286	—	—
	桥式起重机 30t	台班	443.74	—	—	0.476	—
	桥式起重机 50t	台班	557.85	—	—	—	0.714
	载重汽车 5t	台班	430.70	0.029	0.029	0.029	0.067

三、循环水泵安装

工作内容：基础检查；垫铁配置安装；检查、测量、调整、组合安装等。　　　　计量单位：台

定　额　编　号			A2-4-11	A2-4-12	A2-4-13
项　目　名　称			流量(t/h)		
			≤500	≤1000	≤2000
基　　　价（元）			2703.56	3710.76	4629.17
其中	人　工　费（元）		1709.26	2167.34	2798.04
	材　料　费（元）		589.00	806.93	914.42
	机　械　费（元）		405.30	736.49	916.71
名　　　称	单位	单价（元）	消　　耗　　　量		
人工 综合工日	工日	140.00	12.209	15.481	19.986
材料 白布	kg	6.67	0.284	0.382	0.392
保险丝 5A	轴	3.85	0.100	0.200	0.200
不锈钢板	kg	22.00	0.100	0.200	0.200
低碳钢焊条	kg	6.84	0.500	0.500	1.000
镀锌钢板(综合)	kg	3.79	0.800	1.600	1.600
镀锌铁丝 φ2.5～4.0	kg	3.57	1.000	1.000	1.000
镀锌弯头 DN20	个	1.79	2.000	4.000	4.000
钢板	kg	3.17	40.000	60.000	70.000
钢锯条	条	0.34	2.000	3.000	4.000
焊接钢管 DN20	m	4.46	3.700	5.000	7.500
黑铅粉	kg	5.13	0.050	0.050	0.100
红丹粉	kg	9.23	0.100	0.100	0.100
黄干油	kg	5.15	1.000	1.000	1.000
金属清洗剂	kg	8.66	0.467	0.467	0.467
聚氯乙烯薄膜	m²	1.37	1.000	1.000	1.000
螺纹截止阀 J11T-16 DN20	个	12.00	2.000	2.000	2.000
密封胶	kg	19.66	2.000	2.000	2.000
棉纱头	kg	6.00	0.900	1.500	1.600
面粉	kg	2.34	0.200	0.200	0.300
汽轮机油	kg	8.61	2.500	2.800	2.800
铅油(厚漆)	kg	6.45	0.500	0.600	0.900
青壳纸 δ0.1～1.0	kg	20.84	0.600	0.600	0.600
溶剂汽油 200号	kg	5.64	2.000	2.000	2.000

续表

定 额 编 号			A2-4-11	A2-4-12	A2-4-13
项 目 名 称			流量(t/h)		
			≤500	≤1000	≤2000
名 称	单位	单价(元)	消	耗	量
材料	手喷漆	kg	15.38	0.300	0.400	0.560
	碳钢气焊条	kg	9.06	0.750	1.000	1.000
	天那水	kg	11.11	0.250	0.300	0.400
	铁砂布	张	0.85	4.000	6.000	6.000
	橡胶板	kg	2.91	1.500	3.000	3.500
	橡胶石棉盘根	kg	7.00	1.700	2.100	2.100
	硝基腻子	kg	13.68	0.100	0.120	1.600
	型钢	kg	3.70	60.000	90.000	90.000
	氧气	m³	3.63	3.000	3.000	7.000
	乙炔气	kg	10.45	1.140	1.140	2.660
	紫铜板(综合)	kg	58.97	0.100	0.150	0.150
	其他材料费占材料费	%	—	2.000	2.000	2.000
机械	电动空气压缩机 6m³/min	台班	206.73	0.010	0.019	0.019
	电焊条烘干箱 60×50×75cm³	台班	26.46	0.029	0.029	0.048
	交流弧焊机 32kV·A	台班	83.14	0.238	0.238	0.476
	牛头刨床 650mm	台班	232.57	—	0.952	0.952
	普通车床 400×1000mm	台班	210.71	0.952	0.952	0.952
	汽车式起重机 8t	台班	763.67	0.124	0.171	0.171
	桥式起重机 20t	台班	375.99	0.143	—	—
	桥式起重机 30t	台班	443.74	—	0.238	—
	桥式起重机 50t	台班	557.85	—	—	0.476
	砂轮切割机 350mm	台班	22.38	—	0.476	0.476
	载重汽车 8t	台班	501.85	0.067	0.086	0.086

工作内容：基础检查；垫铁配置安装；检查、测量、调整、组合安装等。 　　　　　　　　计量单位：台

定　额　编　号				A2-4-14	A2-4-15
项　目　名　称				流量（t/h）	
				≤3500	≤5000
基　　价（元）				5300.43	6181.15
其中	人　工　费（元）			2989.84	3372.74
	材　料　费（元）			1077.87	1183.87
	机　械　费（元）			1232.72	1624.54
名　　称		单位	单价（元）	消　耗　量	
人工	综合工日	工日	140.00	21.356	24.091
材料	白布	kg	6.67	0.402	0.500
	板方材	m³	1800.00	0.050	0.050
	保险丝 5A	轴	3.85	0.200	0.200
	不锈钢板	kg	22.00	0.400	0.700
	低碳钢焊条	kg	6.84	1.000	1.500
	镀锌钢板（综合）	kg	3.79	2.400	2.400
	镀锌铁丝 φ2.5～4.0	kg	3.57	1.000	1.000
	镀锌弯头 DN20	个	1.79	4.000	4.000
	钢板	kg	3.17	80.000	80.000
	钢锯条	条	0.34	4.000	5.000
	焊接钢管 DN20	m	4.46	8.000	9.000
	黑铅粉	kg	5.13	0.100	0.200
	红丹粉	kg	9.23	0.100	0.100
	黄干油	kg	5.15	2.000	3.000
	金属清洗剂	kg	8.66	1.167	1.633
	聚氯乙烯薄膜	m²	1.37	1.500	1.500
	螺纹截止阀 J11T-16 DN20	个	12.00	2.000	2.000
	密封胶	kg	19.66	2.000	2.000
	棉纱头	kg	6.00	1.700	2.000
	面粉	kg	2.34	0.300	0.400
	汽轮机油	kg	8.61	4.000	4.000
	铅油（厚漆）	kg	6.45	0.900	1.600

续表

定 额 编 号				A2-4-14	A2-4-15
项 目 名 称				流量(t/h)	
				≤3500	≤5000
名 称		单位	单价(元)	消 耗 量	
材料	青壳纸 δ0.1～1.0	kg	20.84	0.600	0.600
	溶剂汽油 200号	kg	5.64	5.000	7.000
	手喷漆	kg	15.38	0.800	0.800
	碳钢气焊条	kg	9.06	1.000	1.000
	天那水	kg	11.11	0.600	0.600
	铁砂布	张	0.85	7.000	8.000
	橡胶板	kg	2.91	4.000	6.000
	橡胶石棉盘根	kg	7.00	2.100	3.400
	硝基腻子	kg	13.68	0.200	0.240
	型钢	kg	3.70	90.000	100.000
	氧气	m³	3.63	7.000	8.000
	乙炔气	kg	10.45	2.660	3.040
	紫铜板(综合)	kg	58.97	0.150	0.150
	其他材料费占材料费	%	—	2.000	2.000
机械	电动空气压缩机 6m³/min	台班	206.73	0.029	0.029
	电焊条烘干箱 60×50×75cm³	台班	26.46	0.048	0.076
	交流弧焊机 32kV·A	台班	83.14	0.476	0.714
	牛头刨床 650mm	台班	232.57	1.429	1.905
	普通车床 400×1000mm	台班	210.71	0.952	0.952
	汽车式起重机 8t	台班	763.67	0.238	0.362
	桥式起重机 50t	台班	557.85	0.714	0.952
	砂轮切割机 350mm	台班	22.38	0.476	0.476
	载重汽车 8t	台班	501.85	0.124	0.190

四、循环水、补给水入口设备安装

1. 旋转滤网安装

工作内容：骨架校正、安装；导轨安装；减速传动机构检查及安装，拉紧调节装置组装及调整；相关附件组合安装等。

计量单位：台

定　额　编　号			A2-4-16	A2-4-17	A2-4-18
项　目　名　称			网板宽度		
			2m	2.5m	3m
			高度10m		
基　　　　价（元）			13241.64	13656.37	14052.17
其中	人　工　费（元）		7330.12	7630.42	7930.86
	材　料　费（元）		1220.26	1270.78	1324.97
	机　械　费（元）		4691.26	4755.17	4796.34
名　　　称	单位	单价（元）	消　　耗　　量		
人工 综合工日	工日	140.00	52.358	54.503	56.649
材料 不锈钢板	kg	22.00	0.300	0.300	—
不锈钢焊条	kg	38.46	2.820	2.900	2.980
低碳钢焊条	kg	6.84	12.750	12.750	12.750
酚醛防锈漆	kg	6.15	3.000	3.800	4.600
酚醛调和漆	kg	7.90	3.000	3.800	4.600
黄干油	kg	5.15	3.000	3.000	3.000
机油	kg	19.66	5.000	5.000	5.000
金属清洗剂	kg	8.66	2.473	2.473	2.473
聚氯乙烯板 δ8	m²	112.82	1.740	1.740	1.740
聚酰胺树脂	kg	47.38	0.740	0.740	0.740
密封胶	kg	19.66	0.800	0.800	0.800
棉纱头	kg	6.00	5.600	5.600	5.700
铁砂布	张	0.85	6.777	6.113	6.395
型钢	kg	3.70	114.400	124.000	134.400
羊毛毡 6～8	m²	38.03	0.020	0.020	0.020
氧气	m³	3.63	14.400	14.400	15.200
乙炔气	kg	10.45	5.040	5.040	5.320
油漆溶剂油	kg	2.62	0.500	0.600	0.700
其他材料费占材料费	%	—	2.000	2.000	2.000
机械 电动单筒慢速卷扬机 50kN	台班	215.57	12.667	12.857	13.048
交流弧焊机 32kV·A	台班	83.14	9.495	9.771	9.771
普通车床 400×2000mm	台班	223.47	0.952	0.952	0.952
汽车式起重机 8t	台班	763.67	0.981	0.981	0.981
载重汽车 5t	台班	430.70	0.486	0.486	0.486

工作内容：骨架校正、安装；导轨安装；减速传动机构检查及安装,拉紧调节装置组装及调整；相关附件组合安装等。

计量单位：台

定 额 编 号			A2-4-19	A2-4-20
项 目 名 称			网板宽度	
			3.5m	4m
			高度10m	
基 价 （元）			14329.60	15021.98
其中	人 工 费 （元）		8051.12	8471.54
	材 料 费 （元）		1396.03	1447.91
	机 械 费 （元）		4882.45	5102.53
名 称	单位	单价（元）	消 耗 量	
人工 综合工日	工日	140.00	57.508	60.511
材料 不锈钢板	kg	22.00	0.300	0.300
不锈钢焊条	kg	38.46	3.000	3.000
低碳钢焊条	kg	6.84	12.750	12.750
酚醛防锈漆	kg	6.15	5.400	6.000
酚醛调和漆	kg	7.90	5.400	6.000
黄干油	kg	5.15	3.000	3.000
机油	kg	19.66	5.000	5.000
金属清洗剂	kg	8.66	2.613	2.707
聚氯乙烯板 δ8	m²	112.82	1.740	1.740
聚酰胺树脂	kg	47.38	0.740	0.740
密封胶	kg	19.66	0.800	0.800
棉纱头	kg	6.00	6.400	6.400
铁砂布	张	0.85	18.000	18.000
型钢	kg	3.70	144.000	153.600
羊毛毡 6～8	m²	38.03	0.020	0.020
氧气	m³	3.63	15.200	16.000
乙炔气	kg	10.45	5.320	5.600
油漆溶剂油	kg	2.62	0.800	0.900
其他材料费占材料费	%	—	2.000	2.000
机械 电动单筒慢速卷扬机 50kN	台班	215.57	13.238	13.429
交流弧焊机 32kV·A	台班	83.14	10.314	10.676
普通车床 400×2000mm	台班	223.47	0.952	0.952
汽车式起重机 8t	台班	763.67	0.981	1.133
载重汽车 5t	台班	430.70	0.486	0.562

2.清污机安装

工作内容：清污机及其附件检查、检修、安装等。

计量单位：套

定 额 编 号			A2-4-21	A2-4-22
项 目 名 称			清污宽度(m)	
			≤2.5	≤4
基 价 （元）			20446.04	25476.39
其中	人 工 费 （元）		9080.82	13032.18
	材 料 费 （元）		1006.64	1186.61
	机 械 费 （元）		10358.58	11257.60
名 称	单位	单价(元)	消 耗 量	
人工	综合工日	工日	140.00	64.863	93.087
材料	白布	m	6.14	0.855	1.283
	镀锌铁丝 16号	kg	3.57	0.760	0.950
	黄油钙基脂	kg	5.15	1.900	1.900
	棉纱头	kg	6.00	3.800	4.750
	普低钢焊条 J507 φ3.2	kg	6.84	24.220	24.220
	清洁剂 500mL	瓶	8.66	3.705	4.275
	热轧薄钢板 δ1.0～1.5	kg	3.93	4.750	4.750
	型钢	kg	3.70	50.000	55.000
	氧气	m³	3.63	48.640	68.115
	乙炔气	kg	10.45	19.918	23.836
	枕木 2500×200×160	根	82.05	1.140	1.235
	中厚钢板 δ15以外	kg	3.51	19.000	26.000
	其他材料费占材料费	%	—	2.000	2.000
机械	汽车式起重机 20t	台班	1030.31	7.619	8.095
	载重汽车 15t	台班	779.76	2.619	3.143
	直流弧焊机 40kV·A	台班	93.03	5.014	5.014

3.拦污栅、钢闸门安装

工作内容：清理、吊装、就位；配套附件安装等。

计量单位：t

定 额 编 号				A2-4-23	A2-4-24
项 目 名 称				拦污栅	钢闸门
基 价（元）				307.88	236.95
其中	人 工 费（元）			173.32	104.02
	材 料 费（元）			29.47	27.84
	机 械 费（元）			105.09	105.09
名 称		单位	单价（元）	消 耗 量	
人工	综合工日	工日	140.00	1.238	0.743
材料	普低钢焊条 J507 φ3.2	kg	6.84	0.250	0.250
	型钢	kg	3.70	2.850	2.850
	氧气	m³	3.63	0.285	0.095
	乙炔气	kg	10.45	0.105	0.019
	枕木 2500×200×160	根	82.05	0.010	0.010
	中厚钢板 δ15以内	kg	3.60	3.800	3.800
	其他材料费占材料费	%	—	2.000	2.000
机械	交流弧焊机 32kV·A	台班	83.14	0.043	0.043
	汽车式起重机 20t	台班	1030.31	0.048	0.048
	载重汽车 10t	台班	547.99	0.095	0.095

五、凝汽器安装

1.铜管凝汽器安装

工作内容：基础检查；设备就位,找正；与汽缸连接；相关配套附件安装等。　　　　　计量单位：台

定　额　编　号			A2-4-25	A2-4-26	A2-4-27
项　目　名　称			冷凝面积（m²）		
			≤600	≤1000	≤1200
基　　价（元）			6763.36	17919.65	20159.44
其中	人　工　费（元）		3269.98	12108.18	13621.72
	材　料　费（元）		1640.63	2583.15	2906.45
	机　械　费（元）		1852.75	3228.32	3631.27
名　　称		单位	单价（元）	消　耗　量	
人工	综合工日	工日	140.00	23.357	86.487	97.298
材料	白布	kg	6.67	0.530	0.558	0.627
	低碳钢焊条	kg	6.84	10.005	12.495	14.057
	镀锌钢管 DN50	m	21.00	0.713	1.658	1.865
	镀锌铁丝 φ2.5～4.0	kg	3.57	6.440	6.630	7.459
	酚醛调和漆	kg	7.90	5.750	5.950	6.694
	钢板	kg	3.17	92.000	157.250	176.906
	钢丝刷	把	2.56	—	15.300	17.213
	黑铅粉	kg	5.13	1.323	1.233	1.387
	红丹粉	kg	9.23	0.748	0.723	0.813
	黄干油	kg	5.15	—	15.300	17.213
	金属清洗剂	kg	8.66	2.952	2.440	2.745
	棉纱头	kg	6.00	2.645	9.095	10.232
	木板	m³	1634.16	—	0.102	0.115
	汽轮机油	kg	8.61	0.173	1.700	1.913
	铅油(厚漆)	kg	6.45	2.300	3.145	3.538
	石棉绳	kg	3.50	1.265	1.360	1.530
	石棉橡胶板	kg	9.40	10.350	24.650	27.731
	水	m³	7.96	92.000	119.000	133.875
	松节油	kg	3.39	0.460	0.459	0.516
	碳钢气焊条	kg	9.06	0.805	0.680	0.765
	铁砂布	张	0.85	92.000	107.950	121.444

续表

定 额 编 号				A2-4-25	A2-4-26	A2-4-27
项 目 名 称				冷凝面积（m²）		
				≤600	≤1000	≤1200
名 称		单位	单价（元）	消	耗	量
材料	型钢	kg	3.70	5.750	8.500	9.563
	氧气	m³	3.63	17.250	13.175	14.822
	乙炔气	kg	10.45	6.555	5.007	5.632
	鱼油	kg	9.58	1.725	1.700	1.913
	其他材料费占材料费	%	—	2.000	2.000	2.000
机械	电动单级离心清水泵 50mm	台班	27.04	—	1.457	1.639
	电动空气压缩机 6m³/min	台班	206.73	0.729	1.133	1.275
	电焊条烘干箱 60×50×75cm³	台班	26.46	0.022	0.024	0.027
	交流弧焊机 32kV·A	台班	83.14	1.643	2.429	2.732
	牛头刨床 650mm	台班	232.57	0.548	0.405	0.455
	平板拖车组 20t	台班	1081.33	—	0.219	0.246
	普通车床 400×1000mm	台班	210.71	0.548	0.405	0.455
	汽车式起重机 16t	台班	958.70	0.504	—	—
	汽车式起重机 20t	台班	1030.31	—	0.429	0.483
	汽车式起重机 8t	台班	763.67	—	1.214	1.366
	桥式起重机 20t	台班	375.99	1.643	—	—
	桥式起重机 30t	台班	443.74	—	1.700	1.912
	砂轮切割机 350mm	台班	22.38	1.095	1.619	1.821
	台式钻床 16mm	台班	4.07	—	0.405	0.455
	载重汽车 15t	台班	779.76	0.252	—	—
	载重汽车 5t	台班	430.70	—	0.405	0.455

工作内容：基础检查；设备就位，找正；与汽缸连接；相关配套附件安装等。　　　　　　　计量单位：台

定　额　编　号			A2-4-28	A2-4-29
项　目　名　称			冷凝面积(m²)	
			≤2000	≤2500
基　　　价（元）			23679.65	28413.22
其中	人　工　费（元）		14744.52	17693.34
	材　料　费（元）		4186.77	5022.43
	机　械　费（元）		4748.36	5697.45
名　　　称	单位	单价（元）	消　　耗　　量	
人工	综合工日	工日	140.00	105.318	126.381
材料	白布	kg	6.67	0.618	0.742
	低碳钢焊条	kg	6.84	58.650	70.380
	镀锌钢管 DN50	m	21.00	1.658	1.989
	镀锌铁丝 φ2.5～4.0	kg	3.57	7.565	9.078
	酚醛调和漆	kg	7.90	8.713	10.455
	钢板	kg	3.17	266.050	319.260
	钢丝刷	把	2.56	17.000	20.400
	黑铅粉	kg	5.13	0.638	0.765
	红丹粉	kg	9.23	0.043	0.051
	黄干油	kg	5.15	17.000	20.400
	金属清洗剂	kg	8.66	2.638	3.165
	棉纱头	kg	6.00	10.965	13.158
	木板	m³	1634.16	0.145	0.173
	汽轮机油	kg	8.61	1.955	2.346
	铅油(厚漆)	kg	6.45	3.655	4.386
	石棉绳	kg	3.50	1.785	2.142
	石棉橡胶板	kg	9.40	16.448	19.737
	水	m³	7.96	212.500	255.000

续表

定　额　编　号			A2-4-28	A2-4-29
项　目　名　称			冷凝面积（m²）	
			≤2000	≤2500
名　　称	单位	单价（元）	消　　耗　　量	
材 料	松节油	kg	3.39	0.680	0.816
	碳钢气焊条	kg	9.06	0.850	1.020
	铁砂布	张	0.85	119.850	143.820
	型钢	kg	3.70	12.750	15.300
	氧气	m³	3.63	28.050	33.660
	乙炔气	kg	10.45	10.659	12.791
	其他材料费占材料费	%	—	2.000	2.000
机 械	电动单级离心清水泵 50mm	台班	27.04	1.619	1.943
	电动空气压缩机 6m³/min	台班	206.73	1.133	1.360
	电焊条烘干箱 60×50×75cm³	台班	26.46	0.931	1.117
	交流弧焊机 32kV·A	台班	83.14	9.310	11.171
	履带式起重机 25t	台班	818.95	0.332	0.398
	牛头刨床 650mm	台班	232.57	0.405	0.486
	平板拖车组 40t	台班	1446.84	0.615	0.738
	普通车床 400×1000mm	台班	210.71	0.405	0.486
	汽车式起重机 8t	台班	763.67	1.376	1.651
	桥式起重机 50t	台班	557.85	2.226	2.671
	砂轮切割机 350mm	台班	22.38	1.619	1.943
	台式钻床 16mm	台班	4.07	0.405	0.486

2.不锈铜管凝汽器安装

工作内容：基础检查；设备就位,找正；与汽缸连接；相关配套附件安装等。计量单位：台

定 额 编 号				A2-4-30	A2-4-31	A2-4-32
项 目 名 称				冷凝面积（m²）		
				≤600	≤1000	≤1200
基 价 （元）				6361.76	21799.52	24625.37
其中	人 工 费 （元）			3120.60	14522.34	16414.86
	材 料 费 （元）			1525.25	3253.70	3695.78
	机 械 费 （元）			1715.91	4023.48	4514.73
名 称		单位	单价（元）	消 耗 量		
人工	综合工日	工日	140.00	22.290	103.731	117.249
材料	白布	kg	6.67	0.461	0.656	0.740
	不锈钢焊条	kg	38.46	0.600	0.800	1.000
	低碳钢焊条	kg	6.84	8.700	14.700	16.582
	镀锌钢管 DN50	m	21.00	0.620	1.950	2.200
	镀锌铁丝 φ2.5～4.0	kg	3.57	5.600	7.800	8.798
	酚醛调和漆	kg	7.90	5.000	7.000	7.896
	钢板	kg	3.17	80.000	185.000	208.680
	钢丝刷	把	2.56	—	18.000	20.304
	黑铅粉	kg	5.13	1.150	1.450	1.636
	红丹粉	kg	9.23	0.650	0.850	0.959
	黄干油	kg	5.15	—	18.000	20.304
	金属清洗剂	kg	8.66	2.567	2.870	3.237
	棉纱头	kg	6.00	2.300	10.700	12.070
	木板	m³	1634.16	—	0.120	0.135
	汽轮机油	kg	8.61	0.150	2.000	2.256
	铅油(厚漆)	kg	6.45	2.000	3.700	4.174
	石棉绳	kg	3.50	1.100	1.600	1.805
	石棉橡胶板	kg	9.40	9.000	29.000	32.712
	铈钨棒	g	0.38	30.000	40.000	50.000
	水	m³	7.96	80.000	140.000	157.920
	松节油	kg	3.39	0.400	0.540	0.609
	碳钢气焊条	kg	9.06	0.700	0.800	0.902
	铁砂布	张	0.85	8.000	127.000	143.256

续表

定 额 编 号				A2-4-30	A2-4-31	A2-4-32
项 目 名 称				冷凝面积（㎡）		
				≤600	≤1000	≤1200
名 称		单位	单价（元）	消	耗	量
材料	型钢	kg	3.70	5.000	10.000	11.280
	氩气	㎥	19.59	6.300	8.400	10.500
	氧气	㎥	3.63	15.000	15.500	17.484
	乙炔气	kg	10.45	5.700	5.890	6.644
	鱼油	kg	9.58	1.500	2.000	2.256
	其他材料费占材料费	%	—	2.000	2.000	2.000
机械	电动单级离心清水泵 50mm	台班	27.04	—	1.714	1.934
	电动空气压缩机 6㎥/min	台班	206.73	0.286	1.333	1.504
	电焊条烘干箱 60×50×75cm³	台班	26.46	0.019	0.029	0.032
	交流弧焊机 32kV·A	台班	83.14	1.429	2.857	3.223
	牛头刨床 650mm	台班	232.57	0.476	0.476	0.537
	平板拖车组 20t	台班	1081.33	—	0.257	0.290
	普通车床 400×1000mm	台班	210.71	0.476	0.476	0.537
	汽车式起重机 16t	台班	958.70	0.438	—	—
	汽车式起重机 20t	台班	1030.31	—	0.505	0.569
	汽车式起重机 8t	台班	763.67	—	1.429	1.611
	桥式起重机 20t	台班	375.99	1.429	—	—
	桥式起重机 30t	台班	443.74	—	2.000	2.256
	砂轮切割机 350mm	台班	22.38	0.952	1.905	2.149
	台式钻床 16mm	台班	4.07	—	0.476	0.537
	氩弧焊机 500A	台班	92.58	1.914	2.438	2.505
	载重汽车 15t	台班	779.76	0.219	—	—
	载重汽车 5t	台班	430.70	—	0.476	0.537

工作内容：基础检查；设备就位，找正；与汽缸连接；相关配套附件安装等。 计量单位：台

定 额 编 号				A2-4-33	A2-4-34
项 目 名 称				冷凝面积（m²）	
				≤2000	≤2500
基 价（元）				28850.31	34578.02
其中	人 工 费（元）			17762.36	21301.00
	材 料 费（元）			5246.70	6285.30
	机 械 费（元）			5841.25	6991.72
名 称		单位	单价（元）	消 耗 量	
人工	综合工日	工日	140.00	126.874	152.150
材料	白布	kg	6.67	0.727	0.872
	不锈钢焊条	kg	38.46	1.200	1.400
	低碳钢焊条	kg	6.84	69.000	82.800
	镀锌钢管 DN50	m	21.00	1.950	2.340
	镀锌铁丝 φ2.5～4.0	kg	3.57	8.900	10.680
	酚醛调和漆	kg	7.90	10.250	12.300
	钢板	kg	3.17	313.000	375.600
	钢丝刷	把	2.56	20.000	24.000
	黑铅粉	kg	5.13	0.750	0.900
	红丹粉	kg	9.23	0.050	0.060
	黄干油	kg	5.15	20.000	24.000
	金属清洗剂	kg	8.66	3.103	3.724
	棉纱头	kg	6.00	12.900	15.480
	木板	m³	1634.16	0.170	0.204
	汽轮机油	kg	8.61	2.300	2.760
	铅油（厚漆）	kg	6.45	4.300	5.160
	石棉绳	kg	3.50	2.100	2.520
	石棉橡胶板	kg	9.40	19.350	23.220
	铈钨棒	g	0.38	60.000	70.000
	水	m³	7.96	250.000	300.000

161

续表

定 额 编 号				A2-4-33	A2-4-34
项 目 名 称				冷凝面积(m²)	
				≤2000	≤2500
名 称		单位	单价(元)	消 耗 量	
材料	松节油	kg	3.39	0.800	0.960
	碳钢气焊条	kg	9.06	1.000	1.200
	铁砂布	张	0.85	141.000	169.200
	型钢	kg	3.70	15.000	18.000
	氩气	m³	19.59	12.600	14.700
	氧气	m³	3.63	33.000	39.600
	乙炔气	kg	10.45	12.540	15.048
	其他材料费占材料费	%	—	2.000	2.000
机械	电动单级离心清水泵 50mm	台班	27.04	1.905	2.286
	电动空气压缩机 6m³/min	台班	206.73	1.333	1.600
	电焊条烘干箱 60×50×75cm³	台班	26.46	1.095	1.314
	交流弧焊机 32kV·A	台班	83.14	10.952	13.143
	履带式起重机 25t	台班	818.95	0.390	0.469
	牛头刨床 650mm	台班	232.57	0.476	0.571
	平板拖车组 40t	台班	1446.84	0.724	0.869
	普通车床 400×1000mm	台班	210.71	0.476	0.571
	汽车式起重机 8t	台班	763.67	1.619	1.943
	桥式起重机 50t	台班	557.85	2.619	3.143
	砂轮切割机 350mm	台班	22.38	1.905	2.286
	台式钻床 16mm	台班	4.07	0.476	0.571
	氩弧焊机 500A	台班	92.58	2.752	3.095

六、除氧器及水箱安装

工作内容：基础检查；设备组合、起吊、拖运、就位、固定、附件安装等。　　　　　　　　计量单位：台

定　额　编　号				A2-4-35	A2-4-36	A2-4-37
项　目　名　称				大气式		
				水箱容积(m³)		
				≤25	≤40	≤55
基　　　　价（元）				7525.50	9115.93	10938.53
其中	人　工　费（元）			4646.32	5464.62	6557.60
	材　料　费（元）			1112.60	1321.82	1586.19
	机　械　费（元）			1766.58	2329.49	2794.74
名　　称		单位	单价(元)	消　　耗　　量		
人工	综合工日	工日	140.00	33.188	39.033	46.840
材料	白布	kg	6.67	0.330	0.400	0.480
	低碳钢焊条	kg	6.84	17.500	20.000	24.000
	镀锌钢管 DN15	m	6.00	12.300	12.300	14.760
	镀锌铁丝 φ2.5~4.0	kg	3.57	15.000	17.000	20.400
	凡尔砂	kg	15.38	0.030	0.030	0.036
	钢板	kg	3.17	60.000	70.000	84.000
	黑铅粉	kg	5.13	0.200	0.250	0.300
	红丹粉	kg	9.23	0.050	0.050	0.060
	金属清洗剂	kg	8.66	0.887	1.073	1.288
	棉纱头	kg	6.00	2.900	3.200	3.840
	汽包漆	kg	26.51	15.000	18.800	22.560
	汽轮机油	kg	8.61	0.050	0.050	0.060
	铅油(厚漆)	kg	6.45	0.150	0.150	0.180
	溶剂汽油 200号	kg	5.64	0.300	0.380	0.456
	石棉绳	kg	3.50	0.300	0.300	0.360
	石棉橡胶板	kg	9.40	3.600	4.500	5.400

续表

定 额 编 号			A2-4-35	A2-4-36	A2-4-37
项 目 名 称			大气式		
			水箱容积(m³)		
			≤25	≤40	≤55
名 称	单位	单价(元)	消	耗	量
材料	碳钢气焊条	kg	9.06	0.300	0.400	0.480
	无缝钢管 φ25×4	m	11.28	1.240	1.620	1.944
	型钢	kg	3.70	9.500	11.500	13.800
	氧气	m³	3.63	18.000	21.000	25.200
	乙炔气	kg	10.45	6.840	7.980	9.576
	其他材料费占材料费	%	—	2.000	2.000	2.000
机械	电动单筒慢速卷扬机 50kN	台班	215.57	2.619	2.619	3.143
	电动空气压缩机 6m³/min	台班	206.73	0.238	0.238	0.286
	电焊条烘干箱 60×50×75cm³	台班	26.46	0.333	0.476	0.571
	履带式起重机 10t	台班	642.86	0.467	—	—
	履带式起重机 15t	台班	757.48	—	0.562	0.674
	平板拖车组 30t	台班	1243.07	—	0.276	0.331
	普通车床 400×1000mm	台班	210.71	0.476	0.714	0.857
	汽车式起重机 20t	台班	1030.31	0.238	0.476	0.571
	砂轮切割机 350mm	台班	22.38	0.952	0.952	1.143
	载重汽车 8t	台班	501.85	0.476	—	—
	直流弧焊机 20kV·A	台班	71.43	3.333	3.810	4.571

工作内容：基础检查；设备组合、起吊、拖运、就位、固定、附件安装等。 计量单位：台

定 额 编 号				A2-4-38	A2-4-39
项 目 名 称				大气式	
				水箱容积(m³)	
				≤75	≤110
基 价（元）				11361.94	13634.80
其中	人 工 费（元）			7032.06	8438.50
	材 料 费（元）			2075.59	2490.71
	机 械 费（元）			2254.29	2705.59
名 称		单位	单价（元）	消 耗 量	
人工	综合工日	工日	140.00	50.229	60.275
材料	白布	kg	6.67	0.740	0.888
	低碳钢焊条	kg	6.84	25.000	30.000
	镀锌钢管 DN15	m	6.00	11.300	13.560
	镀锌铁丝 φ2.5～4.0	kg	3.57	20.000	24.000
	凡尔砂	kg	15.38	0.030	0.036
	钢板	kg	3.17	80.000	96.000
	黑铅粉	kg	5.13	0.300	0.360
	红丹粉	kg	9.23	0.050	0.060
	金属清洗剂	kg	8.66	1.867	2.240
	棉纱头	kg	6.00	5.000	6.000
	汽包漆	kg	26.51	38.800	46.560
	汽轮机油	kg	8.61	1.000	1.200
	铅油(厚漆)	kg	6.45	0.200	0.240
	溶剂汽油 200号	kg	5.64	0.680	0.816
	石棉绳	kg	3.50	0.400	0.480

续表

定　额　编　号			A2-4-38	A2-4-39
项　目　名　称			大气式	
			水箱容积(m³)	
			≤75	≤110
名　　称	单位	单价(元)	消　耗　　量	
材料	石棉橡胶板	kg	9.40	5.400	6.480
	碳钢气焊条	kg	9.06	0.500	0.600
	无缝钢管 φ25×4	m	11.28	1.900	2.280
	型钢	kg	3.70	12.500	15.000
	氧气	m³	3.63	33.000	39.600
	乙炔气	kg	10.45	12.540	15.048
	其他材料费占材料费	%	—	2.000	2.000
机械	电动单筒慢速卷扬机 50kN	台班	215.57	2.857	3.429
	电动空气压缩机 6m³/min	台班	206.73	0.238	0.286
	电焊条烘干箱 60×50×75cm³	台班	26.46	0.476	0.571
	履带式起重机 15t	台班	757.48	0.571	0.686
	平板拖车组 30t	台班	1243.07	0.286	0.343
	普通车床 400×1000mm	台班	210.71	0.714	0.857
	砂轮切割机 350mm	台班	22.38	1.429	1.714
	直流弧焊机 20kV·A	台班	71.43	4.762	5.714
	自升式塔式起重机 400kN·m	台班	558.80	0.476	0.571

七、热交换器安装

1.高压热交换器安装

工作内容：基础检查；设备检查、拖运、起吊就位、安装；水压试验等。　　　　　　　计量单位：台

定 额 编 号			A2-4-40	A2-4-41	A2-4-42	A2-4-43
项 目 名 称			热交换面积(m²)			
			≤65	≤100	≤200	≤260
基 价 （元）			2834.06	3377.25	5067.86	5720.51
其中	人 工 费 （元）		1488.62	1854.16	2710.68	3206.56
	材 料 费 （元）		327.83	361.98	428.62	472.13
	机 械 费 （元）		1017.61	1161.11	1928.56	2041.82
名 称	单位	单价(元)	消 耗 量			
人工	综合工日	工日	140.00	10.633	13.244	19.362	22.904
材料	低碳钢焊条	kg	6.84	2.600	2.600	2.600	2.600
	镀锌铁丝 φ2.5~4.0	kg	3.57	1.000	1.500	2.000	2.000
	凡尔砂	kg	15.38	0.010	0.010	0.010	0.010
	钢板	kg	3.17	26.000	36.000	48.000	49.000
	黑铅粉	kg	5.13	0.600	0.600	1.150	1.150
	红丹粉	kg	9.23	0.100	0.100	0.150	0.150
	金属清洗剂	kg	8.66	0.140	0.140	0.280	0.280
	棉纱头	kg	6.00	1.000	1.000	2.000	2.000
	汽轮机油	kg	8.61	0.250	0.250	0.500	0.500
	石棉橡胶板	kg	9.40	13.100	13.100	14.200	18.400
	碳钢气焊条	kg	9.06	0.800	0.800	0.800	0.800
	氧气	m³	3.63	7.500	7.500	7.500	7.500
	乙炔气	kg	10.45	2.850	2.850	2.850	2.850
	油浸石棉盘根	kg	10.09	0.250	0.250	0.500	0.500

续表

定 额 编 号			A2-4-40	A2-4-41	A2-4-42	A2-4-43
项 目 名 称			热交换面积（m²）			
			≤65	≤100	≤200	≤260
名　　称	单位	单价（元）	消　　耗　　量			
材料 紫铜棒 φ16～80	kg	70.94	0.200	0.200	0.200	0.200
其他材料费占材料费	%	—	2.000	2.000	2.000	2.000
机械 电动空气压缩机 6m³/min	台班	206.73	0.238	0.238	0.476	0.476
电焊条烘干箱 60×50×75cm³	台班	26.46	0.076	0.076	0.076	0.076
交流弧焊机 32kV·A	台班	83.14	0.714	0.714	0.714	0.714
履带式起重机 10t	台班	642.86	0.219	0.229	—	—
履带式起重机 20t	台班	775.82	—	—	0.343	0.390
平板拖车组 20t	台班	1081.33	—	0.114	—	—
平板拖车组 30t	台班	1243.07	—	—	0.171	—
平板拖车组 40t	台班	1446.84	—	—	—	0.200
普通车床 400×1000mm	台班	210.71	1.429	1.429	1.905	1.905
桥式起重机 30t	台班	443.74	0.838	—	—	—
桥式起重机 50t	台班	557.85	—	0.838	1.552	1.552
试压泵 60MPa	台班	24.08	0.476	0.476	0.952	0.952
载重汽车 5t	台班	430.70	0.190	—	—	—

2. 低压热交换器安装

工作内容：基础检查；设备检查、拖运、起吊就位、安装；水压试验等。　　　　　　　　　　　计量单位：台

定　额　编　号				A2-4-44	A2-4-45	A2-4-46	A2-4-47
项　目　名　称				热交换面积（m²）			
				≤40	≤60	≤90	≤130
基　　　价（元）				2608.55	2788.60	2958.50	3456.05
其中	人　工　费（元）			1168.44	1258.32	1305.78	1678.46
	材　料　费（元）			440.26	473.54	512.83	564.35
	机　械　费（元）			999.85	1056.74	1139.89	1213.24
名　　　称	单位	单价（元）		消　　耗　　量			
人工	综合工日	工日	140.00	8.346	8.988	9.327	11.989
材料	低碳钢焊条	kg	6.84	1.500	1.500	1.500	1.500
	镀锌钢管 DN32	m	14.00	0.720	0.720	0.720	1.200
	镀锌铁丝 φ2.5～4.0	kg	3.57	2.000	3.000	3.000	4.000
	凡尔砂	kg	15.38	0.030	0.030	0.030	0.030
	钢板	kg	3.17	60.000	65.000	75.000	78.000
	黑铅粉	kg	5.13	0.400	0.400	0.400	0.500
	红丹粉	kg	9.23	0.050	0.050	0.050	0.050
	金属清洗剂	kg	8.66	0.280	0.350	0.373	0.420
	棉纱头	kg	6.00	1.050	1.050	1.150	1.400
	硼砂	kg	2.68	0.200	0.200	0.200	0.200
	汽轮机油	kg	8.61	0.150	0.200	0.200	0.200
	铅油（厚漆）	kg	6.45	0.050	0.100	0.100	0.100
	石棉绳	kg	3.50	0.050	0.500	0.050	0.050
	石棉橡胶板	kg	9.40	8.100	9.000	9.000	9.500
	碳钢气焊条	kg	9.06	0.300	0.500	0.500	0.500
	氧气	m³	3.63	8.000	8.000	9.000	9.000
	乙炔气	kg	10.45	3.040	3.040	3.420	3.420
	紫铜板（综合）	kg	58.97	0.500	0.500	0.500	0.900
	紫铜电焊条 T107 φ3.2	kg	61.54	0.500	0.500	0.500	0.500
	其他材料费占材料费	%	—	2.000	2.000	2.000	2.000
机械	电动空气压缩机 6m³/min	台班	206.73	0.238	0.238	0.238	0.238
	电焊条烘干箱 60×50×75cm³	台班	26.46	0.076	0.076	0.076	0.076
	交流弧焊机 32kV·A	台班	83.14	0.714	0.714	0.714	0.714
	履带式起重机 10t	台班	642.86	0.162	0.219	0.162	0.229
	平板拖车组 20t	台班	1081.33	—	—	0.086	0.114
	普通车床 400×1000mm	台班	210.71	1.429	1.429	1.429	1.429
	桥式起重机 30t	台班	443.74	0.952	0.952	—	—
	桥式起重机 50t	台班	557.85	—	—	0.952	0.952
	载重汽车 5t	台班	430.70	0.143	0.190	—	—

3.其他热交换器安装

工作内容：基础检查；设备检查、拖运、起吊就位、安装；水压试验等。 计量单位：台

定 额 编 号			A2-4-48	A2-4-49	A2-4-50	A2-4-51
项 目 名 称			热交换面积(m²)			
			≤20	≤50	≤80	≤120
基 价（元）			1888.99	2075.74	2368.17	2652.02
其中	人 工 费（元）		813.12	834.26	1056.44	1183.14
	材 料 费（元）		266.77	314.96	291.78	326.79
	机 械 费（元）		809.10	926.52	1019.95	1142.09
名 称	单位	单价（元）	消 耗 量			
人工 综合工日	工日	140.00	5.808	5.959	7.546	8.451
材料 低碳钢焊条	kg	6.84	1.500	1.500	1.500	1.680
镀锌钢管 DN32	m	14.00	0.720	0.720	0.720	0.806
镀锌铁丝 φ2.5～4.0	kg	3.57	2.000	2.000	2.000	2.240
钢板	kg	3.17	40.000	45.000	45.000	50.400
黑铅粉	kg	5.13	0.300	0.400	0.450	0.504
红丹粉	kg	9.23	0.050	0.100	0.100	0.112
金属清洗剂	kg	8.66	0.233	0.257	0.327	0.366
棉纱头	kg	6.00	1.050	1.450	1.450	1.624
汽轮机油	kg	8.61	0.200	0.200	0.200	0.224
铅油(厚漆)	kg	6.45	0.150	0.150	0.150	0.168
石棉橡胶板	kg	9.40	1.580	2.030	2.030	2.274
碳钢气焊条	kg	9.06	0.500	0.500	0.500	0.560
橡胶板	kg	2.91	3.360	3.360	3.360	3.763
橡胶石棉盘根	kg	7.00	0.200	0.200	0.200	0.224
氧气	m³	3.63	4.500	4.500	4.500	5.040
乙炔气	kg	10.45	1.710	1.710	1.710	1.915
紫铜板(综合)	kg	58.97	0.500	0.900	0.500	0.560
其他材料费占材料费	%	—	2.000	2.000	2.000	2.000
机械 电动单筒慢速卷扬机 50kN	台班	215.57	0.238	0.238	0.238	0.267
电动空气压缩机 6m³/min	台班	206.73	0.124	0.238	0.238	0.267
电焊条烘干箱 60×50×75cm³	台班	26.46	0.076	0.076	0.076	0.085
交流弧焊机 32kV·A	台班	83.14	0.714	0.714	0.714	0.800
履带式起重机 10t	台班	642.86	0.162	0.219	0.305	0.341
普通车床 400×1000mm	台班	210.71	1.429	1.429	1.429	1.600
桥式起重机 50t	台班	557.85	0.476	0.476	0.476	0.533
载重汽车 8t	台班	501.85	—	0.114	0.190	0.213

工作内容：基础检查；设备检查、拖运、起吊就位、安装；水压试验等。 计量单位：台

定 额 编 号			A2-4-52	A2-4-53	A2-4-54	A2-4-55
项 目 名 称			热交换面积（㎡）			
			≤180	≤240	≤350	≤500
基 价 （元）			3050.47	3316.05	3580.97	3978.64
其中	人 工 费 （元）		1360.66	1478.96	1597.26	1774.64
	材 料 费 （元）		375.82	408.49	441.17	490.20
	机 械 费 （元）		1313.99	1428.60	1542.54	1713.80
名 称	单位	单价（元）	消 耗 量			
人工	综合工日	工日	140.00	9.719	10.564	11.409	12.676
材料	低碳钢焊条	kg	6.84	1.932	2.100	2.268	2.520
	镀锌钢管 DN32	m	14.00	0.927	1.008	1.089	1.210
	镀锌铁丝 φ2.5～4.0	kg	3.57	2.576	2.800	3.024	3.360
	钢板	kg	3.17	57.960	63.000	68.040	75.600
	黑铅粉	kg	5.13	0.580	0.630	0.680	0.756
	红丹粉	kg	9.23	0.129	0.140	0.151	0.168
	金属清洗剂	kg	8.66	0.421	0.457	0.494	0.549
	棉纱头	kg	6.00	1.868	2.030	2.192	2.436
	汽轮机油	kg	8.61	0.258	0.280	0.302	0.336
	铅油（厚漆）	kg	6.45	0.193	0.210	0.227	0.252
	石棉橡胶板	kg	9.40	2.615	2.842	3.069	3.410
	碳钢气焊条	kg	9.06	0.644	0.700	0.756	0.840
	橡胶板	kg	2.91	4.328	4.704	5.080	5.645
	橡胶石棉盘根	kg	7.00	0.258	0.280	0.302	0.336
	氧气	m³	3.63	5.796	6.300	6.804	7.560
	乙炔气	kg	10.45	2.202	2.394	2.586	2.873
	紫铜板（综合）	kg	58.97	0.644	0.700	0.756	0.840
	其他材料费占材料费	%	—	2.000	2.000	2.000	2.000
机械	电动单筒慢速卷扬机 50kN	台班	215.57	0.307	0.333	0.360	0.400
	电动空气压缩机 6m³/min	台班	206.73	0.307	0.333	0.360	0.400
	电焊条烘干箱 60×50×75cm³	台班	26.46	0.098	0.107	0.115	0.128
	交流弧焊机 32kV·A	台班	83.14	0.920	1.000	1.080	1.200
	履带式起重机 10t	台班	642.86	0.393	0.427	0.461	0.512
	普通车床 400×1000mm	台班	210.71	1.840	2.000	2.160	2.400
	桥式起重机 50t	台班	557.85	0.613	0.667	0.720	0.800
	载重汽车 8t	台班	501.85	0.245	0.267	0.288	0.320

八、射水抽气器安装

工作内容：设备检查、组装、起吊就位；水压试验等。 计量单位：台

定 额 编 号			A2-4-56	A2-4-57
项 目 名 称			抽气量(kg)	
			≤8.5	≤12.5
基 价 （元）			1328.28	1703.67
其中	人 工 费（元）		768.60	892.36
	材 料 费（元）		272.28	402.18
	机 械 费（元）		287.40	409.13
名 称	单位	单价(元)	消 耗 量	
人工 综合工日	工日	140.00	5.490	6.374
材料 低碳钢焊条	kg	6.84	2.000	2.000
酚醛调和漆	kg	7.90	—	2.000
钢板	kg	3.17	45.000	65.000
黑铅粉	kg	5.13	0.400	0.600
红丹粉	kg	9.23	0.400	0.500
金属清洗剂	kg	8.66	0.233	0.233
棉纱头	kg	6.00	0.500	0.800
铅油（厚漆）	kg	6.45	0.250	0.200
石棉橡胶板	kg	9.40	5.400	9.900
松节油	kg	3.39	—	0.150
碳钢气焊条	kg	9.06	0.200	0.200
氧气	m³	3.63	5.000	5.000
乙炔气	kg	10.45	1.900	1.900
鱼油	kg	9.58	0.800	1.000
其他材料费占材料费	%	—	2.000	2.000
机械 电动空气压缩机 6m³/min	台班	206.73	0.124	0.124
电焊条烘干箱 60×50×75cm³	台班	26.46	0.048	0.048
交流弧焊机 32kV·A	台班	83.14	0.476	0.476
履带式起重机 10t	台班	642.86	0.029	0.029
普通车床 400×1000mm	台班	210.71	0.476	0.476
桥式起重机 20t	台班	375.99	0.238	—
桥式起重机 30t	台班	443.74	—	0.476
载重汽车 5t	台班	430.70	0.029	0.029

九、油系统设备安装

1. 油箱安装

工作内容：基础检查；设备检查、拖运、就位、安装；配套附件安装；内部清扫等。　　计量单位：台

定　额　编　号			A2-4-58	A2-4-59	A2-4-60	A2-4-61
项　目　名　称			油箱容积（m³）			
			≤2	≤5	≤10	≤15
基　　　价（元）			1579.46	2437.23	3364.72	4045.64
其中	人　工　费（元）		951.86	1443.68	1983.52	2433.48
	材　料　费（元）		266.02	387.42	479.60	657.25
	机　械　费（元）		361.58	606.13	901.60	954.91
名　　　称	单位	单价（元）	消　　耗　　量			
人工	综合工日	工日	140.00	6.799	10.312	14.168	17.382
材料	白布	kg	6.67	1.281	2.122	3.112	3.553
	低碳钢焊条	kg	6.84	2.000	2.000	2.000	2.000
	镀锌铁丝 φ2.5~4.0	kg	3.57	2.000	3.000	4.000	5.000
	酚醛调和漆	kg	7.90	0.630	1.900	3.400	4.500
	钢板	kg	3.17	32.000	47.000	47.000	80.000
	红丹粉	kg	9.23	0.100	0.200	0.200	0.200
	金属清洗剂	kg	8.66	0.700	1.167	1.867	2.100
	密封胶	kg	19.66	2.000	3.000	4.000	5.000
	棉纱头	kg	6.00	1.500	2.500	3.500	4.000
	汽轮机油	kg	8.61	2.000	2.500	3.500	3.500
	青壳纸 δ0.1~1.0	kg	20.84	0.150	0.200	0.200	0.300
	松节油	kg	3.39	0.060	0.150	0.270	0.360
	脱化剂	kg	20.15	0.600	1.000	1.500	2.000
	橡胶板	kg	2.91	1.920	2.880	3.480	4.000
	羊毛毡 1~5	m²	25.63	0.400	0.600	0.800	1.000
	氧气	m³	3.63	3.000	3.000	4.500	6.000
	乙炔气	kg	10.45	0.990	0.990	1.490	1.980
	其他材料费占材料费	%	—	2.000	2.000	2.000	2.000
机械	电动空气压缩机 6m³/min	台班	206.73	0.238	0.238	0.238	0.238
	电焊条烘干箱 60×50×75cm³	台班	26.46	0.048	0.048	0.048	0.048
	交流弧焊机 32kV·A	台班	83.14	0.476	0.476	0.476	0.476
	履带式起重机 10t	台班	642.86	0.095	0.124	0.171	0.190
	平板拖车组 20t	台班	1081.33	—	—	0.095	0.133
	普通车床 400×1000mm	台班	210.71	0.476	0.952	0.952	0.952
	桥式起重机 20t	台班	375.99	0.238	—	—	—
	桥式起重机 30t	台班	443.74	—	0.476	—	—
	桥式起重机 50t	台班	557.85	—	—	0.714	0.714
	载重汽车 5t	台班	430.70	0.048	0.057	—	—

2.冷油器安装

工作内容：基础检查；设备检查、就位、安装；水压试验等。

计量单位：台

定 额 编 号			A2-4-62	A2-4-63	A2-4-64	A2-4-65
项 目 名 称			冷却面积（m²）			
			≤12.5	≤20	≤40	≤50
基 价（元）			1904.11	2132.03	2701.69	2832.88
其中	人 工 费（元）		989.80	1112.86	1391.60	1497.72
	材 料 费（元）		245.22	285.58	364.96	390.03
	机 械 费（元）		669.09	733.59	945.13	945.13
名 称	单位	单价（元）	消 耗 量			
人工	综合工日	工日	140.00	7.070	7.949	9.940	10.698
材料	白布	kg	6.67	0.829	0.917	1.181	1.181
	低碳钢焊条	kg	6.84	1.000	1.000	1.000	1.000
	酚醛调和漆	kg	7.90	0.600	1.000	1.600	1.800
	钢板	kg	3.17	25.000	30.000	35.000	40.000
	红丹粉	kg	9.23	0.030	0.030	0.050	0.050
	金属清洗剂	kg	8.66	0.933	1.050	1.167	1.167
	密封胶	kg	19.66	2.000	2.000	3.000	3.000
	棉纱头	kg	6.00	1.000	1.500	2.000	2.000
	汽轮机油	kg	8.61	1.200	1.500	2.000	2.000
	铅油（厚漆）	kg	6.45	0.400	0.500	0.600	0.600
	青壳纸 δ0.1～1.0	kg	20.84	1.000	1.200	1.500	1.500
	石棉橡胶板	kg	9.40	4.500	5.400	6.800	6.800
	松节油	kg	3.39	0.050	0.080	0.130	0.150
	氧气	m³	3.63	2.000	2.000	3.000	4.000
	乙炔气	kg	10.45	0.660	0.660	0.990	1.320
	其他材料费占材料费	%	—	2.000	2.000	2.000	2.000
机械	电动空气压缩机 6m³/min	台班	206.73	0.238	0.238	0.238	0.238
	电焊条烘干箱 60×50×75cm³	台班	26.46	0.029	0.029	0.029	0.029
	交流弧焊机 32kV·A	台班	83.14	0.238	0.238	0.238	0.238
	履带式起重机 10t	台班	642.86	0.038	0.038	0.029	0.029
	普通车床 400×1000mm	台班	210.71	0.952	0.952	1.429	1.429
	桥式起重机 20t	台班	375.99	0.952	—	—	—
	桥式起重机 30t	台班	443.74	—	0.952	—	—
	桥式起重机 50t	台班	557.85	—	—	0.952	0.952
	载重汽车 5t	台班	430.70	0.038	0.038	0.057	0.057

3.滤油器、滤水器安装

工作内容：基础检查；设备解体、检查,水压试验,就位安装等。　　　　　　　　　　计量单位：台

定　额　编　号			A2-4-66
项　目　名　称			滤油器
基　　价（元）			537.31
其中	人　工　费（元）		357.56
	材　料　费（元）		69.77
	机　械　费（元）		109.98
	名　　称	单位	单价（元）	消　耗　量
人工	综合工日	工日	140.00	2.554
材料	白布	kg	6.67	0.891
	低碳钢焊条	kg	6.84	0.300
	镀锌薄钢板 δ0.75	m²	25.60	0.100
	凡尔砂	kg	15.38	0.020
	酚醛调和漆	kg	7.90	0.400
	红丹粉	kg	9.23	0.100
	金属清洗剂	kg	8.66	0.467
	密封胶	kg	19.66	2.000
	棉纱头	kg	6.00	0.500
	耐油石棉橡胶板 δ0.8	kg	7.95	0.230
	汽轮机油	kg	8.61	0.600
	松节油	kg	3.39	0.030
	其他材料费占材料费	%	—	2.000
机械	电动空气压缩机 6m³/min	台班	206.73	0.190
	电焊条烘干箱 60×50×75cm³	台班	26.46	0.029
	交流弧焊机 32kV·A	台班	83.14	0.238
	普通车床 400×1000mm	台班	210.71	0.238

工作内容：基础检查；设备解体、检查，水压试验，就位安装等。 计量单位：台

定　额　编　号			A2-4-67	A2-4-68	A2-4-69
项　目　名　称			滤水器		
			L-100	L-150	L-200
基　　　　价（元）			303.58	412.47	482.74
其中	人　工　费（元）		207.06	226.10	275.24
	材　料　费（元）		35.80	35.80	56.93
	机　械　费（元）		60.72	150.57	150.57
名　　称	单位	单价（元）	消　　耗　　量		
人工	综合工日	工日	140.00	1.479	1.615	1.966
材料	白布	kg	6.67	0.100	0.100	0.100
	低碳钢焊条	kg	6.84	0.500	0.500	0.500
	酚醛调和漆	kg	7.90	0.500	0.500	0.630
	钢板	kg	3.17	5.000	5.000	10.000
	金属清洗剂	kg	8.66	0.070	0.070	0.117
	棉纱头	kg	6.00	0.100	0.100	0.200
	松节油	kg	3.39	0.040	0.040	0.050
	橡胶板	kg	2.91	0.960	0.960	1.920
	氧气	m³	3.63	1.000	1.000	1.000
	乙炔气	kg	10.45	0.330	0.330	0.330
	其他材料费占材料费	%	—	2.000	2.000	2.000
机械	电焊条烘干箱 60×50×75cm³	台班	26.46	0.010	0.010	0.010
	交流弧焊机 32kV·A	台班	83.14	0.124	0.124	0.124
	普通车床 400×1000mm	台班	210.71	0.238	0.238	0.238
	桥式起重机 50t	台班	557.85	—	0.124	0.124
	载重汽车 5t	台班	430.70	—	0.048	0.048

十、胶球清洗装置安装

工作内容：装球室、收球网检查,组合安装,液压系统安装等。　　　　　　　　计量单位：套

定　额　编　号				A2-4-70	A2-4-71
项　目　名　称				循环水入口管直径(mm)	
				≤400	≤600
基　　　价（元）				636.19	782.80
其中	人　工　费（元）			204.26	272.30
	材　料　费（元）			14.68	23.30
	机　械　费（元）			417.25	487.20
名　　称		单位	单价（元）	消　耗　量	
人工	综合工日	工日	140.00	1.459	1.945
材料	普低钢焊条 J507 φ3.2	kg	6.84	0.399	0.399
	清洁剂 500mL	瓶	8.66	0.057	0.043
	橡胶板	kg	2.91	2.185	5.130
	氧气	m³	3.63	0.608	0.608
	乙炔气	kg	10.45	0.249	0.249
	其他材料费占材料费	%	—	2.000	2.000
机械	交流弧焊机 21kV·A	台班	57.35	0.109	0.109
	汽车式起重机 25t	台班	1084.16	0.190	0.190
	桥式起重机 15t	台班	293.90	—	0.238
	载重汽车 5t	台班	430.70	0.476	0.476

十一、减温减压装置安装

工作内容：设备检查；就位安装；配套管道、支吊架配制安装等。 计量单位：台

定 额 编 号				A2-4-72	A2-4-73	A2-4-74
项 目 名 称				出口流量(t/h)		
				≤10	≤20	≤40
基 价 （元）				2943.35	3238.12	3532.70
其中	人 工 费 （元）			1594.32	1753.78	1913.10
	材 料 费 （元）			411.63	452.84	494.03
	机 械 费 （元）			937.40	1031.50	1125.57
名 称		单位	单价(元)	消 耗 量		
人工	综合工日	工日	140.00	11.388	12.527	13.665
材料	镀锌铁丝 16号	kg	3.57	1.169	1.286	1.403
	合金钢焊丝	kg	7.69	0.590	0.649	0.708
	普低钢焊条 J507 φ3.2	kg	6.84	19.330	21.263	23.196
	清洁剂 500mL	瓶	8.66	0.570	0.627	0.684
	石棉橡胶板	kg	9.40	3.420	3.762	4.104
	钨棒	kg	341.88	0.029	0.032	0.035
	型钢	kg	3.70	36.000	39.600	43.200
	氩气	m³	19.59	1.767	1.944	2.120
	氧气	m³	3.63	6.193	6.812	7.432
	乙炔气	kg	10.45	2.168	2.385	2.602
	油浸石棉盘根	kg	10.09	0.266	0.293	0.319
	其他材料费占材料费	%	—	2.000	2.000	2.000
机械	单速电动葫芦 5t	台班	40.03	0.995	1.095	1.194
	电动空气压缩机 6m³/min	台班	206.73	1.530	1.682	1.835
	汽车式起重机 8t	台班	763.67	0.157	0.173	0.189
	桥式起重机 15t	台班	293.90	0.073	0.081	0.088
	载重汽车 5t	台班	430.70	0.157	0.173	0.189
	直流弧焊机 40kV·A	台班	93.03	4.002	4.402	4.803

十二、柴油发电机组安装

工作内容：基础检查；设备检查、就位、安装等。 计量单位：台

定 额 编 号				A2-4-75	A2-4-76	A2-4-77
项 目 名 称				单台容量(kW)		
				≤75	≤120	≤200
基 价（元）				5012.55	5835.76	6540.88
其中	人 工 费（元）			3784.62	4483.64	5066.04
	材 料 费（元）			315.72	347.29	378.86
	机 械 费（元）			912.21	1004.83	1095.98
名 称		单位	单价（元）	消 耗 量		
人工	综合工日	工日	140.00	27.033	32.026	36.186
材料	棉纱头	kg	6.00	0.950	1.045	1.140
	普低钢焊条 J507 φ3.2	kg	6.84	3.560	3.916	4.272
	清洁剂 500mL	瓶	8.66	0.430	0.473	0.516
	型钢	kg	3.70	55.000	60.500	66.000
	氧气	m³	3.63	3.650	4.015	4.380
	乙炔气	kg	10.45	1.280	1.408	1.536
	中厚钢板 δ15以外	kg	3.51	13.000	14.300	15.600
	其他材料费占材料费	%	—	2.000	2.000	2.000
机械	电动单筒慢速卷扬机 50kN	台班	215.57	0.952	1.048	1.143
	电动空气压缩机 3m³/min	台班	118.19	0.952	1.048	1.143
	汽车式起重机 20t	台班	1030.31	0.390	0.430	0.469
	载重汽车 5t	台班	430.70	0.238	0.262	0.286
	直流弧焊机 40kV·A	台班	93.03	0.969	1.066	1.162

第五章 燃煤供应设备安装工程

说　　明

一、本章内容包括抓斗上煤机、煤场机械设备、碎煤机械设备、煤计量设备、胶带机、输煤附属设备等安装工程。

二、有关说明：

1. 设备安装定额中包括电动机安装、随设备供货的金属构件（如：支吊架、构架、附件、管道基础框架、地脚螺栓）安装、设备安装后补漆、配合灌浆、分部试运、对轮保护罩配制与安装、就地一次仪表安装。就地一次仪表的表计、表管、玻璃管、阀门等均按照设备成套供货考虑。不包括下列工作内容，工程实际发生时，执行相应定额。

电动机的检查、接线及空载试转；

油箱、支架、平台、扶梯、栏杆、基础框架及地脚螺栓等金属结构配制、安装与油漆及主材费；

设备轨道安装；

设备保温、油漆、衬里、灌浆。

2. 卸煤机安装包括桥式抓斗、桁架式龙门抓斗、箱式龙门抓斗安装。

（1）桥式抓斗机安装定额包括大车及小车的车轮、减速机、抓斗卷筒安装，车梁、行走机构、小车、小车轨道、抓斗、司机室、平台扶梯及附件安装。定额中桥式抓斗是按照起重量10t、跨距31.5m、双箱型大车梁，双轨小车结构考虑的，其他结构桥式抓斗执行本定额时不做调整。

（2）龙门式抓斗机安装定额包括大车及小车的车轮、减速机、抓斗卷筒、大车构架、柱梁、行走机构、小车、小车轨道、抓斗、司机室、平台扶梯及附件安装。定额中桁架式龙门抓斗是按照两端悬臂、桁架构架、双轨小车结构考虑，箱式龙门抓斗是按照两端悬臂、单箱型梁及支柱、单轨小车结构考虑，其他结构龙门抓斗执行本定额时不做调整。

3. 斗轮堆取料机安装定额包括下列工作内容：

门座架、回转盘、门柱架、悬臂架、尾部配重架及进料皮带机的组合；

行走机构、门座架、悬臂架、配重块、斗轮（液压马达、活动挡板、煤位指示器）及回转盘安装；

悬臂皮带机的金属构架、电动滚筒转动与导向滚筒、各种托辊、缓冲器、俯仰缸、落煤管、清扫器安装及传输皮带安装及搭接；

包进料皮带机的构架、电动滚筒、转动与导向滚筒、各种托辊、平稳装置、行走机构、尾部落煤管安装、传输皮带安装、搭接；

油箱、油泵、油管的清理和安装；

各种阀门及液压件安装；

安装用组装平台搭拆；

4. 碎煤机安装定额适用于反击式碎煤机、锤击式碎煤机、环锤式碎煤机安装。定额包括转子轴承、皮带轮支承座、反击板、锤击镶块、锤头的清扫与安装以及上机体、下机体、进料斗、转子、皮带轮、锤击部件、格板及链条、皮带及电动机安装。

5. 共振筛安装定额包括底座架、筛框、轴、板弹簧、弹簧座、轴承座、橡胶缓冲器及电动机安装。

6. 汽车衡安装定额包括机械式皮带秤、电子式皮带秤安装。

（1）机械式皮带秤安装定额包括机体检查与安装、杠杆装置检查与安装、记录装置安装、配合校验。

（2）电子皮带秤安装定额包括活动架、底座、秤量托辊、十字弹簧片、传感器、标准砝码秤框、平衡重块安装及配合校验。定额中不包括电子设备及其他电气装置的安装调试。

7. 胶带机安装定额包括下列工作内容：

头部及尾部导向滚筒、减速机、电动机、制动器、清扫器、防尘帘及其支架安装；

中部标准金属构架、槽型托辊、调整托辊、平型托辊安装；

拉紧装置构架、滑槽、滚筒、小车、固定滑轮、重锤、钢丝绳、弹簧、保护栅安装；

皮带敷设及胶接、导煤槽安装。

（1）定额中胶带机整台安装是按照10m长度考虑的；实际安装长度不同时，可按照胶带机中间构架定额进行调整。

（2）定额综合考虑了胶带机的安装弧度及斜度因素，执行定额时不做调整。

（3）胶带机非标准中间构架均按照设备成套供货考虑，当设计要求现场配制时，应另行计算其材料、制作费用。

8. 胶带机中间构架安装定额包括下列工作内容：

中部非标准金属构架、槽型托辊、平型托辊安装与调整；

拉紧装置构架、滑槽、滚筒、小车、固定滑轮、重锤、钢丝绳、弹簧、保护栅安装；

皮带敷设及胶接、导煤槽安装；

压轮装置安装与调整。

9. 胶带机伸缩装置安装定额适用于不同宽度的二工位、三工位伸缩装置安装。定额包括电动机、减速机、联轴器安装；包括地锚及锚锭、移动机架、传动轨道、行车轮、传动滚筒固定支架、移动托辊架、落煤斗、受料斗安装以及煤流挡板、调节机构安装与调整。

10. 电动卸料车安装定额包括卸料车、滚筒、减速机、电动机、三通落煤管及导煤槽安装。

定额中卸料车是按照轻型卸料车考虑，当工程采用重型卸料车时，定额乘以系数1.5。

11. 犁式卸煤器安装定额包括犁煤器及犁煤器落煤斗安装。

12. 落煤装置（煤导流装置）安装定额适用于输煤转运站落煤管设备，不适用于煤斗与煤管、煤管与煤管、煤管与磨煤机间安装的煤导流装置安装。定额包括落煤管、挡板安装，但不包括配制。

13. 机械采样装置安装定额包括构架、链子、链轮、链斗、外壳、链轮制动装置、拉紧装置、减速机及电动机安装。

14. 电磁除铁器安装包括悬挂式、传动式、带式电磁除铁器安装。定额包括不同除铁方式的设备及附件安装。如：单轨吊车、分离器本体、电动滚筒、导向滚筒、上托辊、下托辊、电磁铁、电动机、减速机、主（从）动滚筒、冷却风机、弃铁皮带、支撑托辊等安装。

15. 除木器安装定额包括传动装置、除木轴、拨煤轴、减速器、振打器等安装与调整。

16. 储气罐空气炮安装定额包括贮气罐、油雾器、分水滤气器的清扫与安装及调整以及支架、附件安装。定额不包括空气炮的压缩空气气源管道安装。

工程量计算规则

一、抓斗上煤机、斗轮堆取料机、碎煤机、筛煤设备、汽车衡安装根据工艺系统设计流程及设备出力，按照设计安装数量以"台"为计量单位。

二、皮带秤安装根据工艺系统设计流程及设备性能，按照设计安装数量以"台"为计量单位。

三、胶带机安装根据工艺系统设计流程及带宽，按照设计安装数量以"套"为计量单位。一套安装长度为10m，长度＞10m计算胶带机中间构架工程量。胶带机中间构架根据胶带机安装长度，以节为计量单位。长度＞10m的胶带机，每增加12m为1节，增加长度＜12m时计算1节。

四、胶带机伸缩装置、电动卸料车、犁式卸煤器、机械采样装置、电磁除铁器、除木器、储气罐空气炮安装根据工艺系统设计流程及布置，按照设计安装数量以"台"为计量单位。

五、落煤装置（煤导流装置）安装根据工艺系统设计流程及布置，按照设计图示尺寸的成品重量以"t"为计量单位。不计算下料及加工制作损耗量。计算重量时，包括落煤管及挡板等重量。

一、抓斗上煤机安装

工作内容：基础检查、设备检查、安装；平台扶梯及其他附件安装等。　　　　　　计量单位：台

定　额　编　号			A2-5-1
项　目　名　称			桥式抓斗
			卸煤量10t/h
基　　价（元）			21778.87
其中	人　工　费（元）		9454.90
	材　料　费（元）		7863.72
	机　械　费（元）		4460.25
名　　称	单位	单价（元）	消　耗　量
人工	综合工日	工日	140.00	67.535

	名　　称	单位	单价（元）	消　耗　量
材料	白布	kg	6.67	4.000
	低碳钢焊条	kg	6.84	12.000
	镀锌钢板(综合)	kg	3.79	1.000
	镀锌铁丝 φ2.5～4.0	kg	3.57	13.000
	酚醛磁漆	kg	12.00	0.500
	酚醛调和漆	kg	7.90	119.000
	钢板	kg	3.17	30.000
	红丹粉	kg	9.23	0.500
	黄干油	kg	5.15	8.000
	机油	kg	19.66	250.000
	金属清洗剂	kg	8.66	7.934
	聚氯乙烯薄膜	m²	1.37	2.000
	密封胶	kg	19.66	10.000
	棉纱头	kg	6.00	12.000
	描图纸	m²	0.77	2.000
	耐油石棉橡胶板 δ0.8	kg	7.95	2.000
	青壳纸 δ0.1～1.0	kg	20.84	2.000

续表

定　额　编　号				A2-5-1
项　目　名　称				桥式抓斗
				卸煤量10t/h
名　　　称	单位	单价(元)	消　　耗　　量	

	名　　　称	单位	单价(元)	消　　耗　　量
材料	溶剂汽油 200号	kg	5.64	52.000
	手喷漆	kg	15.38	0.840
	松节油	kg	3.39	13.500
	碳钢气焊条	kg	9.06	1.000
	型钢	kg	3.70	20.000
	羊毛毡 6～8	m²	38.03	0.100
	氧气	m³	3.63	39.000
	乙炔气	kg	10.45	14.820
	枕木 2500×250×200	根	128.21	3.000
	紫铜板(综合)	kg	58.97	0.500
	其他材料费占材料费	%	—	2.000
机械	电动单筒慢速卷扬机 50kN	台班	215.57	1.905
	电动空气压缩机 6m³/min	台班	206.73	0.038
	电焊条烘干箱 60×50×75cm³	台班	26.46	0.667
	交流弧焊机 32kV·A	台班	83.14	6.667
	履带式起重机 15t	台班	757.48	0.952
	履带式起重机 25t	台班	818.95	1.333
	平板拖车组 30t	台班	1243.07	1.333

工作内容：基础检查、设备检查、安装；平台扶梯及其他附件安装等。　　　　　　　　计量单位：台

定　额　编　号				A2-5-2	A2-5-3
项　目　名　称				桁架式龙门抓斗	
				卸煤量5t/h	
				跨距20m	跨距40m
基　　　价（元）				29830.63	39128.52
其中	人　工　费（元）			14067.20	19441.38
	材　料　费（元）			8635.06	10487.82
	机　械　费（元）			7128.37	9199.32
名　　　称		单位	单价（元）	消　耗　　量	
人工	综合工日	工日	140.00	100.480	138.867
材料	白布	kg	6.67	4.000	5.000
	低碳钢焊条	kg	6.84	18.000	22.000
	镀锌钢板(综合)	kg	3.79	0.800	0.800
	镀锌铁丝 φ2.5～4.0	kg	3.57	14.000	17.000
	酚醛磁漆	kg	12.00	0.500	0.500
	酚醛调和漆	kg	7.90	188.600	269.700
	钢板	kg	3.17	40.000	60.000
	红丹粉	kg	9.23	0.500	0.500
	黄干油	kg	5.15	7.000	10.000
	机油	kg	19.66	240.000	260.000
	金属清洗剂	kg	8.66	6.534	7.001
	聚氯乙烯薄膜	m²	1.37	0.300	0.300
	密封胶	kg	19.66	10.000	10.000
	棉纱头	kg	6.00	12.000	15.000
	描图纸	m²	0.77	2.000	2.000
	耐油石棉橡胶板 δ0.8	kg	7.95	2.000	2.000
	青壳纸 δ0.1～1.0	kg	20.84	2.000	2.000
	溶剂汽油 200号	kg	5.64	42.000	62.000

续表

定 额 编 号				A2-5-2	A2-5-3
项 目 名 称				桁架式龙门抓斗	
				卸煤量5t/h	
				跨距20m	跨距40m
名 称	单位	单价(元)		消 耗 量	
材 料	手喷漆	kg	15.38	0.380	0.680
	松节油	kg	3.39	29.600	42.340
	碳钢气焊条	kg	9.06	1.000	2.000
	型钢	kg	3.70	30.000	50.000
	羊毛毡 6～8	m²	38.03	0.100	0.100
	氧气	m³	3.63	48.000	66.000
	乙炔气	kg	10.45	18.240	25.080
	枕木 2500×250×200	根	128.21	5.000	7.000
	紫铜板(综合)	kg	58.97	0.400	0.400
	其他材料费占材料费	%	—	2.000	2.000
机 械	电动单筒慢速卷扬机 50kN	台班	215.57	5.714	5.714
	电动空气压缩机 6m³/min	台班	206.73	0.019	0.029
	电焊条烘干箱 60×50×75cm³	台班	26.46	0.952	0.952
	交流弧焊机 32kV·A	台班	83.14	9.524	10.476
	履带式起重机 15t	台班	757.48	2.952	3.810
	履带式起重机 25t	台班	818.95	0.952	1.143
	平板拖车组 20t	台班	1081.33	1.905	1.905
	平板拖车组 30t	台班	1243.07	—	0.952

工作内容：基础检查、设备检查、安装；平台扶梯及其他附件安装等。 计量单位：台

定 额 编 号				A2-5-4	A2-5-5
项 目 名 称				箱式龙门抓斗	
				卸煤量5t/h	
				跨距20m	跨距40m
基 价（元）				25997.41	36700.18
其中	人 工 费（元）			10691.80	16740.36
	材 料 费（元）			8023.84	10607.50
	机 械 费（元）			7281.77	9352.32
名 称		单位	单价（元）	消 耗 量	
人工	综合工日	工日	140.00	76.370	119.574
材料	白布	kg	6.67	4.000	5.000
	低碳钢焊条	kg	6.84	14.000	18.000
	镀锌钢板（综合）	kg	3.79	0.800	0.800
	镀锌铁丝 φ2.5～4.0	kg	3.57	14.000	16.000
	酚醛磁漆	kg	12.00	0.500	0.500
	酚醛调和漆	kg	7.90	131.700	312.200
	钢板	kg	3.17	40.000	50.000
	红丹粉	kg	9.23	0.500	0.500
	黄干油	kg	5.15	7.000	10.000
	机油	kg	19.66	240.000	260.000
	金属清洗剂	kg	8.66	6.534	7.001
	聚氯乙烯薄膜	m²	1.37	0.300	0.300
	密封胶	kg	19.66	10.000	10.000
	棉纱头	kg	6.00	12.000	15.000
	描图纸	m²	0.77	2.000	2.000
	耐油石棉橡胶板 δ0.8	kg	7.95	2.000	2.000
	青壳纸 δ0.1～1.0	kg	20.84	2.000	2.000
	溶剂汽油 200号	kg	5.64	42.000	62.000

续表

定 额 编 号				A2-5-4	A2-5-5
项 目 名 称				箱式龙门抓斗	
				卸煤量5t/h	
				跨距20m	跨距40m
名 称		单位	单价(元)	消 耗 量	
材料	手喷漆	kg	15.38	0.320	0.380
	松节油	kg	3.39	20.680	49.020
	碳钢气焊条	kg	9.06	1.000	2.000
	型钢	kg	3.70	30.000	40.000
	羊毛毡 6~8	m²	38.03	0.100	0.100
	氧气	m³	3.63	36.000	48.000
	乙炔气	kg	10.45	13.680	18.240
	枕木 2500×250×200	根	128.21	5.000	7.000
	紫铜板(综合)	kg	58.97	0.400	0.400
	其他材料费占材料费	%	—	2.000	2.000
机械	电动单筒慢速卷扬机 50kN	台班	215.57	5.714	5.714
	电动空气压缩机 6m³/min	台班	206.73	0.095	0.019
	电焊条烘干箱 60×50×75cm³	台班	26.46	0.762	0.952
	交流弧焊机 32kV·A	台班	83.14	7.619	9.524
	履带式起重机 15t	台班	757.48	3.143	3.810
	履带式起重机 25t	台班	818.95	1.143	1.429
	平板拖车组 20t	台班	1081.33	1.905	1.905
	平板拖车组 30t	台班	1243.07	—	0.952

二、煤场机械设备安装

工作内容：设备开箱、清点、检查；基础检查；设备及附件组合、就位、安装等。 计量单位：台

定 额 编 号			A2-5-6	A2-5-7
项 目 名 称			斗轮堆取料机	
			≤DQ2010	≤DQ3025
基 价（元）			116576.50	146123.47
其中	人 工 费（元）		56666.82	70949.20
	材 料 费（元）		14314.29	21269.05
	机 械 费（元）		45595.39	53905.22
名 称		单位	单价（元）	消 耗 量	
人工	综合工日	工日	140.00	404.763	506.780
材料	保险丝 5A	轴	3.85	3.000	3.000
	低碳钢焊条	kg	6.84	176.600	270.900
	镀锌钢板（综合）	kg	3.79	2.400	2.600
	防锈漆	kg	5.62	0.500	0.500
	酚醛调和漆	kg	7.90	320.000	500.000
	钢板	kg	3.17	200.000	270.000
	黑铅粉	kg	5.13	0.500	0.600
	红丹粉	kg	9.23	0.400	0.400
	黄干油	kg	5.15	29.000	33.000
	机油	kg	19.66	280.000	460.000
	金属清洗剂	kg	8.66	23.335	26.369
	聚氯乙烯薄膜	kg	15.52	0.800	1.000
	密封胶	kg	19.66	2.000	2.000
	棉纱头	kg	6.00	54.000	65.000
	面粉	kg	2.34	10.000	10.500
	描图纸	m²	0.77	5.000	5.000
	耐油石棉橡胶板 δ1	kg	7.95	2.000	2.500
	青壳纸 δ0.1～1.0	kg	20.84	3.000	4.000
	石棉绳	kg	3.50	1.000	1.500
	手喷漆	kg	15.38	0.920	1.200
	塑料胶布带 20mm×50m	卷	13.06	10.200	13.200
	碳钢气焊条	kg	9.06	12.000	14.000

续表

定　额　编　号			A2-5-6	A2-5-7
项　目　名　称			斗轮堆取料机	
			≤DQ2010	≤DQ3025
名　　称	单位	单价(元)	消　　耗　　量	
材料	铜丝布 16目	m	17.09	0.220	0.220
	稀释剂	kg	9.53	0.760	1.000
	橡胶板	kg	2.91	0.238	0.238
	斜垫铁	kg	3.50	120.000	150.000
	型钢	kg	3.70	120.000	140.000
	研磨膏	盒	0.85	0.800	0.800
	羊毛毡 6～8	m²	38.03	0.400	0.400
	氧气	m³	3.63	180.000	240.000
	乙炔气	kg	10.45	60.000	80.000
	油浸石棉盘根	kg	10.09	3.000	4.000
	油漆溶剂油	kg	2.62	85.000	119.000
	枕木 2500×200×160	根	82.05	4.000	4.000
	紫铜板(综合)	kg	58.97	1.200	1.300
	紫铜棒 φ16～80	kg	70.94	3.000	4.000
	其他材料费占材料费	%	—	2.000	2.000
机械	电动单筒慢速卷扬机 50kN	台班	215.57	2.857	2.857
	电动空气压缩机 0.6m³/min	台班	37.30	0.038	0.048
	电动空气压缩机 9m³/min	台班	317.86	0.952	1.905
	电焊条烘干箱 60×50×75cm³	台班	26.46	2.010	2.510
	交流弧焊机 32kV·A	台班	83.14	39.800	50.700
	平板拖车组 40t	台班	1446.84	2.286	3.048
	汽车式起重机 25t	台班	1084.16	20.952	22.762
	汽车式起重机 90t	台班	4225.07	3.619	4.571

三、碎煤机械设备安装

1.碎煤机安装

工作内容：基础检查、设备开箱、检查；设备清扫、检查、安装等。　　　　　　计量单位：台

定　额　编　号			A2-5-8	A2-5-9
项　目　名　称			出力（t/h）	
			≤50	≤100
基　　　价（元）			5941.96	7158.90
其中	人　工　费（元）		3066.98	3666.60
	材　料　费（元）		1255.65	1490.59
	机　械　费（元）		1619.33	2001.71
名　　称	单位	单价（元）	消　　耗　　量	
人工 综合工日	工日	140.00	21.907	26.190
材料 白布	kg	6.67	3.000	3.000
保险丝 10A	轴	8.55	0.100	0.100
低碳钢焊条	kg	6.84	8.000	10.000
镀锌钢板（综合）	kg	3.79	0.200	0.220
镀锌铁丝 φ2.5～4.0	kg	3.57	5.000	5.000
酚醛磁漆	kg	12.00	0.500	0.500
酚醛防锈漆	kg	6.15	—	1.500
酚醛调和漆	kg	7.90	3.500	5.500
钢板	kg	3.17	30.000	50.000
钢锯条	条	0.34	5.000	7.000
红丹粉	kg	9.23	0.050	0.050
黄干油	kg	5.15	4.000	6.000
机油	kg	19.66	4.000	4.500
金属清洗剂	kg	8.66	0.933	1.167
聚氯乙烯薄膜	m²	1.37	0.500	0.500
密封胶	kg	19.66	4.000	4.000
棉纱头	kg	6.00	2.000	2.000
面粉	kg	2.34	0.500	1.000
描图纸	m²	0.77	1.000	1.000
木板	m³	1634.16	0.060	0.080
铅油（厚漆）	kg	6.45	2.500	2.500
青壳纸 δ0.1～1.0	kg	20.84	0.500	0.500

续表

定　额　编　号			A2-5-8	A2-5-9
项　目　名　称			出力(t/h)	
			≤50	≤100
名　　称	单位	单价(元)	消　耗　量	
溶剂汽油 200号	kg	5.64	8.000	9.000
石棉绳	kg	3.50	4.000	4.500
石棉橡胶板	kg	9.40	1.500	1.500
手喷漆	kg	15.38	4.000	1.000
松节油	kg	3.39	0.700	0.900
材　碳钢气焊条	kg	9.06	1.000	1.500
天那水	kg	11.11	0.500	0.800
铁砂布	张	0.85	10.000	12.000
橡胶板	kg	2.91	1.200	1.500
斜垫铁	kg	3.50	70.000	80.000
料　型钢	kg	3.70	20.000	25.000
羊毛毡 6~8	m²	38.03	0.100	0.100
氧气	m³	3.63	24.000	30.000
乙炔气	kg	10.45	9.120	11.400
紫铜板(综合)	kg	58.97	0.200	0.200
其他材料费占材料费	%	—	2.000	2.000
电动单筒慢速卷扬机 50kN	台班	215.57	1.905	2.381
电动空气压缩机 6m³/min	台班	206.73	0.476	0.476
机　电焊条烘干箱 60×50×75cm³	台班	26.46	0.286	0.381
交流弧焊机 32kV·A	台班	83.14	2.857	3.810
械　履带式起重机 25t	台班	818.95	0.381	0.476
汽车式起重机 8t	台班	763.67	0.286	0.381
载重汽车 8t	台班	501.85	0.667	0.762

2.筛煤设备安装

工作内容：基础检查、设备开箱、检查；设备清扫、检查、安装等。 计量单位：台

定 额 编 号			A2-5-10	A2-5-11
项 目 名 称			最大出力(t/h)	
			≤50	≤100
基 价（元）			5043.40	5862.86
其中	人 工 费（元）		2703.54	3134.32
	材 料 费（元）		614.38	704.33
	机 械 费（元）		1725.48	2024.21
名 称		单位	单价（元）	消 耗 量	
人工	综合工日	工日	140.00	19.311	22.388
材料	白布	kg	6.67	4.000	5.000
	保险丝 5A	轴	3.85	0.200	0.250
	低碳钢焊条	kg	6.84	3.000	4.000
	镀锌钢板(综合)	kg	3.79	0.800	1.000
	镀锌铁丝 φ2.5～4.0	kg	3.57	1.000	4.000
	酚醛调和漆	kg	7.90	3.000	3.500
	钢板	kg	3.17	25.000	30.000
	黄干油	kg	5.15	5.000	6.000
	青壳纸 δ0.1～1.0	kg	20.84	0.400	0.400
	溶剂汽油 200号	kg	5.64	7.000	8.000
	石棉绳	kg	3.50	1.500	2.000
	松节油	kg	3.39	0.500	0.600
	铁砂布	张	0.85	8.000	10.000
	斜垫铁	kg	3.50	70.000	70.000
	型钢	kg	3.70	10.000	12.000
	氧气	m³	3.63	9.000	12.000
	乙炔气	kg	10.45	2.970	3.960
	紫铜板(综合)	kg	58.97	0.200	0.200
	其他材料费占材料费	%	—	2.000	2.000
机械	电动单筒慢速卷扬机 30kN	台班	210.22	1.905	2.381
	电焊条烘干箱 60×50×75cm³	台班	26.46	0.143	0.190
	交流弧焊机 32kV·A	台班	83.14	1.429	1.905
	履带式起重机 15t	台班	757.48	0.381	0.429
	汽车式起重机 8t	台班	763.67	0.571	0.667
	载重汽车 8t	台班	501.85	0.952	1.048

四、煤计量设备安装

1. 汽车衡安装

工作内容：基础检查、设备就位、固定,配合校验等。

计量单位：台

定　额　编　号				A2-5-12	A2-5-13	A2-5-14
项　目　名　称				汽车衡(t)		
				≤30	≤50	≤100
基　　　价（元）				2654.71	2870.89	5105.66
其中	人　工　费（元）			901.18	1109.08	1455.72
	材　料　费（元）			160.70	164.68	246.94
	机　械　费（元）			1592.83	1597.13	3403.00
名　　　称		单位	单价（元）	消　　耗　　量		
人工	综合工日	工日	140.00	6.437	7.922	10.398
材料	低碳钢焊条	kg	6.84	3.200	3.500	5.000
	清洁剂 500mL	瓶	8.66	3.500	3.500	5.000
	型钢	kg	3.70	8.500	9.000	15.000
	氧气	m³	3.63	2.400	2.400	3.600
	乙炔气	kg	10.45	1.200	1.200	1.800
	中厚钢板 δ15以外	kg	3.51	15.000	15.000	22.000
	其他材料费占材料费	%	—	2.000	2.000	2.000
机械	交流弧焊机 21kV·A	台班	57.35	0.802	0.877	1.253
	平板拖车组 20t	台班	1081.33	0.476	0.476	0.476
	汽车式起重机 25t	台班	1084.16	0.952	0.952	—
	汽车式起重机 50t	台班	2464.07	—	—	1.143

2. 皮带秤安装

工作内容：设备开箱、检查；设备清扫、检查、固定、安装等。

计量单位：台

定 额 编 号				A2-5-15	A2-5-16	A2-5-17
项 目 名 称				机械式	电子式	动态链码校验装置
基 价（元）				2133.83	1578.52	1189.25
其中	人 工 费（元）			1578.22	1169.00	693.14
	材 料 费（元）			147.72	82.60	188.67
	机 械 费（元）			407.89	326.92	307.44
名 称		单位	单价（元）	消 耗 量		
人工	综合工日	工日	140.00	11.273	8.350	4.951
材料	白布	kg	6.67	2.000	1.500	1.000
	低碳钢焊条	kg	6.84	2.000	1.000	4.780
	酚醛防锈漆	kg	6.15	1.100	—	—
	酚醛调和漆	kg	7.90	1.340	2.170	—
	钢板	kg	3.17	3.000	2.000	—
	黄干油	kg	5.15	0.600	1.000	—
	黄油	kg	16.58	0.500	—	—
	棉纱头	kg	6.00	1.500	—	—
	面粉	kg	2.34	1.000	—	—
	溶剂汽油 200号	kg	5.64	4.000	2.000	—
	松节油	kg	3.39	0.130	0.380	—
	铁砂布	张	0.85	1.000	2.000	—
	型钢	kg	3.70	—	—	3.000
	羊毛毡 6~8	m²	38.03	0.050	—	—
	氧气	m³	3.63	6.000	3.000	8.690
	乙炔气	kg	10.45	1.980	0.990	4.210
	紫铜板（综合）	kg	58.97	—	—	1.000
	其他材料费占材料费	%	—	2.000	2.000	2.000
机械	电动单筒慢速卷扬机 30kN	台班	210.22	0.667	0.476	—
	电焊条烘干箱 60×50×75cm³	台班	26.46	0.095	0.048	—
	交流弧焊机 21kV·A	台班	57.35	—	—	1.198
	交流弧焊机 32kV·A	台班	83.14	0.952	0.476	—
	汽车式起重机 8t	台班	763.67	0.190	0.190	0.210
	载重汽车 10t	台班	547.99	—	—	0.143
	载重汽车 5t	台班	430.70	0.095	0.095	—

五、胶带机安装

工作内容：设备开箱、检查；拆装、清扫、组合、安装等。　　　　　　　　　　　　计量单位：套/10m

定　额　编　号				A2-5-18	A2-5-19	A2-5-20	A2-5-21
项　目　名　称				上煤胶带机		配仓胶带机	
				带宽(mm)			
				≤650	≤800	≤650	≤800
基　　　　价（元）				6366.25	9505.33	4987.37	5585.17
其中	人　工　费（元）			3296.58	4922.82	3101.42	3473.54
	材　料　费（元）			1956.10	2921.08	923.73	1034.57
	机　械　费（元）			1113.57	1661.43	962.22	1077.06
名　　　称		单位	单价(元)	消　　耗　　量			
人工	综合工日	工日	140.00	23.547	35.163	22.153	24.811
材料	白布	kg	6.67	1.764	2.634	1.176	1.317
	低碳钢焊条	kg	6.84	15.750	23.520	4.500	5.040
	电炉丝 220V 2000W	条	2.91	—	—	2.000	2.240
	镀锌钢板(综合)	kg	3.79	0.750	1.120	0.200	0.224
	镀锌铁丝 φ2.5～4.0	kg	3.57	9.750	14.560	—	—
	酚醛磁漆	kg	12.00	0.375	0.560	0.500	0.560
	酚醛调和漆	kg	7.90	39.000	58.240	47.480	53.178
	钢板	kg	3.17	37.500	56.000	40.000	44.800
	黄干油	kg	5.15	4.125	6.160	2.000	2.240
	机油	kg	19.66	36.000	53.760	6.400	7.168
	金属清洗剂	kg	8.66	0.875	1.307	0.700	0.784
	聚氯乙烯薄膜	m²	1.37	0.750	1.120	—	—
	密封胶	kg	19.66	2.250	3.360	3.000	3.360
	棉纱头	kg	6.00	3.000	4.480	3.000	3.360
	面粉	kg	2.34	0.750	1.120	—	—
	描图纸	m²	0.77	0.375	0.560	—	—
	耐油石棉橡胶板 δ0.8	kg	7.95	0.225	0.336	0.200	0.224
	青壳纸 δ0.1～1.0	kg	20.84	0.375	0.560	0.500	0.560
	溶剂汽油 200号	kg	5.64	11.250	16.800	6.000	6.720

续表

定 额 编 号				A2-5-18	A2-5-19	A2-5-20	A2-5-21
项 目 名 称				上煤胶带机		配仓胶带机	
				带宽(mm)			
				≤650	≤800	≤650	≤800
名 称		单位	单价(元)	消 耗 量			
材 料	生胶	kg	11.91	1.125	1.680	1.500	1.680
	石棉绳	kg	3.50	0.750	1.120	—	—
	手喷漆	kg	15.38	0.240	0.358	—	—
	松节油	kg	3.39	6.375	9.520	8.140	9.117
	碳钢气焊条	kg	9.06	1.500	2.240	—	—
	天那水	kg	11.11	0.203	0.302	—	—
	铁砂布	张	0.85	32.250	48.160	—	—
	斜垫铁	kg	3.50	45.000	67.200	—	—
	羊毛毡 6~8	m²	38.03	0.098	0.146	0.020	0.022
	氧气	m³	3.63	26.250	39.200	5.000	5.600
	乙炔气	kg	10.45	9.975	14.896	1.650	1.848
	紫铜板(综合)	kg	58.97	0.150	0.224	0.100	0.112
	其他材料费占材料费	%	—	2.000	2.000	2.000	2.000
机 械	电动单筒慢速卷扬机 30kN	台班	210.22	1.136	1.696	1.238	1.387
	电动空气压缩机 6m³/min	台班	206.73	—	—	0.010	0.011
	电焊条烘干箱 60×50×75cm³	台班	26.46	0.450	0.672	0.095	0.107
	交流弧焊机 32kV·A	台班	83.14	4.500	6.720	1.429	1.600
	履带式起重机 15t	台班	757.48	0.286	0.427	0.286	0.320
	汽车式起重机 8t	台班	763.67	0.215	0.320	0.286	0.320
	载重汽车 8t	台班	501.85	0.215	0.320	0.286	0.320

工作内容：设备开箱、检查；拆装、清扫、组合、安装等。 计量单位：节/12m

定 额 编 号				A2-5-22
项 目 名 称				胶带机中间构架
基 价（元）				1162.18
其中	人 工 费（元）			699.58
	材 料 费（元）			173.08
	机 械 费（元）			289.52
名 称	单位	单价（元）	消 耗 量	
人工	综合工日	工日	140.00	4.997
材料	低碳钢焊条	kg	6.84	1.667
	酚醛磁漆	kg	12.00	0.167
	酚醛调和漆	kg	7.90	9.667
	钢板	kg	3.17	8.333
	黄干油	kg	5.15	1.250
	金属清洗剂	kg	8.66	0.195
	棉纱头	kg	6.00	0.833
	溶剂汽油 200号	kg	5.64	2.083
	生胶	kg	11.91	0.333
	松节油	kg	3.39	1.667
	氧气	m³	3.63	2.500
	乙炔气	kg	10.45	0.950
	其他材料费占材料费	%	—	2.000
机械	电动单筒慢速卷扬机 30kN	台班	210.22	0.143
	电焊条烘干箱 60×50×75cm³	台班	26.46	0.079
	交流弧焊机 32kV·A	台班	83.14	0.793
	汽车式起重机 8t	台班	763.67	0.183
	载重汽车 8t	台班	501.85	0.103

工作内容：设备开箱、检查；拆装、清扫、组合、安装等。　　　　　　　　　　　计量单位：台

定　额　编　号	A2-5-23
项　目　名　称	胶带机伸缩装置
基　　　价（元）	3414.08

<table>
<tr><td rowspan="3">其
中</td><td colspan="3">人　工　费（元）</td><td>2426.20</td></tr>
<tr><td colspan="3">材　料　费（元）</td><td>164.99</td></tr>
<tr><td colspan="3">机　械　费（元）</td><td>822.89</td></tr>
<tr><td></td><td>名　　　称</td><td>单位</td><td>单价（元）</td><td>消　　耗　　量</td></tr>
<tr><td>人
工</td><td>综合工日</td><td>工日</td><td>140.00</td><td>17.330</td></tr>
<tr><td rowspan="10">材

料</td><td>低碳钢焊条</td><td>kg</td><td>6.84</td><td>2.960</td></tr>
<tr><td>黄油钙基脂</td><td>kg</td><td>5.15</td><td>2.750</td></tr>
<tr><td>密封胶</td><td>L</td><td>30.00</td><td>0.350</td></tr>
<tr><td>棉纱头</td><td>kg</td><td>6.00</td><td>4.500</td></tr>
<tr><td>清洁剂 500mL</td><td>瓶</td><td>8.66</td><td>3.500</td></tr>
<tr><td>型钢</td><td>kg</td><td>3.70</td><td>8.500</td></tr>
<tr><td>氧气</td><td>m³</td><td>3.63</td><td>3.850</td></tr>
<tr><td>乙炔气</td><td>kg</td><td>10.45</td><td>1.350</td></tr>
<tr><td>其他材料费占材料费</td><td>%</td><td>—</td><td>2.000</td></tr>
<tr><td rowspan="4">机

械</td><td>电动单筒慢速卷扬机 30kN</td><td>台班</td><td>210.22</td><td>0.952</td></tr>
<tr><td>交流弧焊机 21kV·A</td><td>台班</td><td>57.35</td><td>0.742</td></tr>
<tr><td>汽车式起重机 25t</td><td>台班</td><td>1084.16</td><td>0.381</td></tr>
<tr><td>载重汽车 10t</td><td>台班</td><td>547.99</td><td>0.305</td></tr>
</table>

工作内容：设备开箱、检查；拆装、清扫、组合、安装等。

计量单位：台

定 额 编 号				A2-5-24	
项 目 名 称				电动卸料车	
基 价 （元）				3416.42	
其中	人 工 费 （元）			1831.62	
	材 料 费 （元）			480.69	
	机 械 费 （元）			1104.11	
名 称		单位	单价(元)	消 耗 量	
人工	综合工日	工日	140.00	13.083	
材 料	白布	kg	6.67	1.000	
	保险丝 5A	轴	3.85	0.300	
	低碳钢焊条	kg	6.84	1.000	
	镀锌钢板（综合）	kg	3.79	0.700	
	酚醛调和漆	kg	7.90	5.750	
	钢板	kg	3.17	6.000	
	黄干油	kg	5.15	3.000	
	机油	kg	19.66	11.000	
	聚氯乙烯薄膜	m²	1.37	0.150	
	密封胶	kg	19.66	2.000	
	棉纱头	kg	6.00	2.000	
	面粉	kg	2.34	1.000	
	青壳纸 δ0.1～1.0	kg	20.84	0.500	
	溶剂汽油 200号	kg	5.64	10.000	
	石棉绳	kg	3.50	0.800	
	手喷漆	kg	15.38	0.100	
	松节油	kg	3.39	0.540	
	羊毛毡 6～8	m²	38.03	0.100	
	氧气	m³	3.63	3.000	
	乙炔气	kg	10.45	0.990	
	紫铜板（综合）	kg	58.97	0.100	
	其他材料费占材料费	%	—	2.000	
机 械	电动单筒慢速卷扬机 30kN	台班	210.22	1.238	
	电焊条烘干箱 60×50×75cm³	台班	26.46	0.048	
	交流弧焊机 32kV·A	台班	83.14	0.476	
	履带式起重机 15t	台班	757.48	0.381	
	汽车式起重机 8t	台班	763.67	0.048	
	载重汽车 8t	台班	501.85	0.952	

工作内容：设备开箱、检查；拆装、清扫、组合、安装等。 计量单位：台

定 额 编 号				A2-5-25	
项 目 名 称				犁式卸煤器	
基 价（元）				473.18	
其中	人 工 费（元）			258.02	
	材 料 费（元）			93.56	
	机 械 费（元）			121.60	
名 称		单位	单价（元）	消 耗 量	
人工	综合工日	工日	140.00	1.843	
材料	白布	kg	6.67	1.200	
	低碳钢焊条	kg	6.84	2.000	
	酚醛调和漆	kg	7.90	0.440	
	黄干油	kg	5.15	0.500	
	金属清洗剂	kg	8.66	0.233	
	棉纱头	kg	6.00	0.500	
	铁砂布	张	0.85	2.000	
	型钢	kg	3.70	4.000	
	氧气	m³	3.63	6.000	
	乙炔气	kg	10.45	1.980	
	其他材料费占材料费	%	—	2.000	
机械	电动单筒慢速卷扬机 30kN	台班	210.22	0.190	
	电焊条烘干箱 60×50×75cm³	台班	26.46	0.095	
	交流弧焊机 32kV·A	台班	83.14	0.952	

工作内容：设备开箱、检查；拆装、清扫、组合、安装等。

计量单位：t

定　额　编　号	A2-5-26
项　目　名　称	落煤装置(煤导流装置)
基　　　价（元）	1584.62

其中	人　工　费（元）	941.36
	材　料　费（元）	267.50
	机　械　费（元）	375.76

	名　　　称	单位	单价（元）	消　　耗　　量
人工	综合工日	工日	140.00	6.724
材料	低碳钢焊条	kg	6.84	5.000
	镀锌铁丝 φ2.5～4.0	kg	3.57	3.000
	酚醛调和漆	kg	7.90	4.400
	钢板	kg	3.17	30.000
	松节油	kg	3.39	0.750
	氧气	m³	3.63	12.000
	乙炔气	kg	10.45	3.960
	其他材料费占材料费	%	—	2.000
机械	电焊条烘干箱 60×50×75cm³	台班	26.46	0.238
	交流弧焊机 32kV·A	台班	83.14	2.381
	汽车式起重机 8t	台班	763.67	0.171
	载重汽车 5t	台班	430.70	0.095

六、输煤附属设备安装

工作内容：设备检查；就位、调整、安装等。　　　　　　　　　　　计量单位：台

定　额　编　号			A2-5-27	A2-5-28
项　目　名　称			机械采样装置	电磁除铁器
基　　　价（元）			2351.26	1809.44
其中	人　工　费（元）		1485.12	832.72
	材　料　费（元）		363.97	106.23
	机　械　费（元）		502.17	870.49
名　　　称	单位	单价（元）	消　　耗　　量	
人工 综合工日	工日	140.00	10.608	5.948
材料 白布	kg	6.67	—	1.200
低碳钢焊条	kg	6.84	6.880	2.000
镀锌铁丝 φ2.5～4.0	kg	3.57	—	2.000
酚醛调和漆	kg	7.90	4.000	0.610
钢板	kg	3.17	21.000	—
黄干油	kg	5.15	1.260	0.300
金属清洗剂	kg	8.66	0.840	—
棉纱头	kg	6.00	2.000	—
溶剂汽油 200号	kg	5.64	—	2.000
松节油	kg	3.39	—	0.460
铁砂布	张	0.85	10.000	3.000
型钢	kg	3.70	8.640	3.000
氧气	m³	3.63	19.840	6.000
乙炔气	kg	10.45	6.944	1.980
油漆溶剂油	kg	2.62	0.300	—
其他材料费占材料费	%	—	2.000	2.000
机械 电动单筒慢速卷扬机 30kN	台班	210.22	0.343	1.048
电焊条烘干箱 60×50×75cm³	台班	26.46	—	0.095
交流弧焊机 32kV·A	台班	83.14	4.067	0.952
汽车式起重机 16t	台班	958.70	0.076	—
汽车式起重机 8t	台班	763.67	—	0.476
载重汽车 5t	台班	430.70	—	0.476
载重汽车 8t	台班	501.85	0.038	—

工作内容：设备检查；就位、调整、安装等。 计量单位：台

定　额　编　号				A2-5-29
项　目　名　称				除木器
基　　　价（元）				2763.68
其中	人　工　费（元）			1564.92
	材　料　费（元）			299.06
	机　械　费（元）			899.70
	名　　　称	单位	单价（元）	消　　耗　　量
人工	综合工日	工日	140.00	11.178
材料	低碳钢焊条	kg	6.84	1.700
	酚醛调和漆	kg	7.90	1.700
	钢板	kg	3.17	15.000
	黄干油	kg	5.15	2.910
	金属清洗剂	kg	8.66	0.905
	棉纱头	kg	6.00	2.430
	石棉绳	kg	3.50	0.900
	铁砂布	张	0.85	4.000
	斜垫铁	kg	3.50	34.000
	型钢	kg	3.70	4.640
	氧气	m³	3.63	4.640
	乙炔气	kg	10.45	1.624
	油漆溶剂油	kg	2.62	0.290
	紫铜板(综合)	kg	58.97	0.100
	其他材料费占材料费	%	—	2.000
机械	电动单筒慢速卷扬机 30kN	台班	210.22	1.048
	交流弧焊机 32kV·A	台班	83.14	0.905
	汽车式起重机 16t	台班	958.70	0.381
	载重汽车 8t	台班	501.85	0.476

208

工作内容：设备检查；就位、调整、安装等。　　　　　　　　　　　　　　　　计量单位：台

定　额　编　号			A2-5-30	
项　目　名　称			储气罐空气炮	
基　　　　价（元）			238.52	
其中	人　工　费（元）		138.60	
	材　料　费（元）		5.92	
	机　械　费（元）		94.00	
名　　称	单位	单价（元）	消　　耗　　量	
人工	综合工日	工日	140.00	0.990
材料	低碳钢焊条	kg	6.84	0.187
	棉纱头	kg	6.00	0.022
	石棉橡胶板	kg	9.40	0.330
	氧气	m³	3.63	0.176
	乙炔气	kg	10.45	0.062
	其他材料费占材料费	%	—	2.000
机械	交流弧焊机 21kV·A	台班	57.35	0.051
	汽车式起重机 16t	台班	958.70	0.095

209

第六章 燃油供应设备安装工程

说　　明

一、本章内容包括卸油装置、油罐、油过滤器、油水分离装置等安装工程。

二、有关说明：

1. 鹤式卸油装置安装定额包括鹤式卸油支架组装、滑轮组及手动绞车安装、卸油胶皮管连接、卸油泵安装、电动机安装、泵本体附件与管道及润滑冷却装置等清洗与安装。

2. 油罐安装定额是按照成品供货安装考虑的，不包括现场配制，工程实际发生时，应参照相应定额计算配制费。定额包括油罐本体、支吊架、法兰及阀门、油位计等安装。定额不包括油箱支吊架制作及油漆、自动液位信号装置的安装。

3. 油过滤器、油水分离装置安装定额包括设备清理、组装、安装及表面补油漆。定额不包括设备制作和保温。

工程量计算规则

一、卸油装置、油罐安装根据工艺系统设计流程及布置，按照设计安装数量以"台"为计量单位。

二、油过滤器、油水分离装置安装根据工艺系统设计流程及设备出力，按照设计安装数量以"台"为计量单位。

一、卸油装置及油罐安装

工作内容：基础检查；设备检查、安装等。 计量单位：台

定 额 编 号			A2-6-1	A2-6-2
项 目 名 称			鹤式卸油装置	油罐容积≤40m³
基 价（元）			1304.07	4192.07
其中	人 工 费（元）		808.92	1605.80
	材 料 费（元）		246.68	1258.82
	机 械 费（元）		248.47	1327.45
名 称	单位	单价（元）	消 耗 量	
人工	综合工日	工日	140.00	5.778	11.470
材料	白布	kg	6.67	—	0.120
	低碳钢焊条	kg	6.84	3.278	10.000
	镀锌铁丝 φ2.5～4.0	kg	3.57	—	10.000
	酚醛调和漆	kg	7.90	—	20.600
	钢板	kg	3.17	—	15.000
	钢锯条	条	0.34	—	3.000
	黄油钙基脂	kg	5.15	0.550	—
	脚手架钢管	kg	3.68	7.480	—
	棉纱头	kg	6.00	0.330	—
	木脚手板	m³	1307.59	0.110	—
	耐油石棉橡胶板 δ1	kg	7.95	0.550	—
	清洁剂 500mL	瓶	8.66	0.099	—
	热轧薄钢板 δ1.0～1.5	kg	3.93	4.400	—
	石棉橡胶板	kg	9.40	—	5.000
	水	m³	7.96	—	90.000
	四氟带	kg	83.96	—	0.010
	松节油	kg	3.39	—	1.650
	碳钢气焊条	kg	9.06	—	0.400
	铁砂布	张	0.85	—	9.000
	氧气	m³	3.63	2.860	18.000
	乙炔气	kg	10.45	0.990	6.840
	其他材料费占材料费	%	—	2.000	2.000
机械	电焊条烘干箱 60×50×75cm³	台班	26.46	—	0.286
	交流弧焊机 21kV·A	台班	57.35	0.822	—
	交流弧焊机 32kV·A	台班	83.14	—	2.857
	门式起重机 30t	台班	741.29	—	0.219
	平板拖车组 10t	台班	887.11	—	0.286
	汽车式起重机 16t	台班	958.70	0.210	0.695

二、油过滤器安装

工作内容：设备检查；组装、就位、安装等。 计量单位：台

定 额 编 号				A2-6-3	A2-6-4
项 目 名 称				出力(t/h)	
				≤5	≤10
基 价 （元）				384.56	509.91
其中	人 工 费 （元）			303.10	414.12
	材 料 费 （元）			49.78	56.22
	机 械 费 （元）			31.68	39.57
名 称		单位	单价(元)	消 耗 量	
人工	综合工日	工日	140.00	2.165	2.958
材料	白布	kg	6.67	0.100	0.100
	低碳钢焊条	kg	6.84	0.400	0.600
	镀锌铁丝 φ2.5～4.0	kg	3.57	0.500	0.700
	酚醛调和漆	kg	7.90	0.200	0.300
	钢板	kg	3.17	0.500	0.500
	黑铅粉	kg	5.13	0.050	0.070
	机油	kg	19.66	0.150	0.200
	耐酸橡胶板 δ2	kg	25.64	0.100	0.150
	铁砂布	张	0.85	1.000	1.000
	斜垫铁	kg	3.50	8.000	8.000
	型钢	kg	3.70	1.000	1.000
	氧气	m³	3.63	0.300	0.450
	乙炔气	kg	10.45	0.100	0.150
	其他材料费占材料费	%	—	2.000	2.000
机械	交流弧焊机 32kV·A	台班	83.14	0.381	0.476

三、油水分离装置安装

工作内容：设备检查；设备就位、安装等。

计量单位：台

定　额　编　号				A2-6-5	A2-6-6	A2-6-7	A2-6-8
项　目　名　称				出力(m³/h)			
				≤2	≤3	≤5	≤8
基　　　价（元）				1467.15	1717.76	2108.97	2512.93
其中	人　工　费（元）			1136.66	1326.22	1705.06	1989.26
	材　料　费（元）			49.10	58.90	69.60	88.52
	机　械　费（元）			281.39	332.64	334.31	435.15
名　　称		单位	单价（元）	消　　耗　　量			
人工	综合工日	工日	140.00	8.119	9.473	12.179	14.209
材料	低碳钢焊条	kg	6.84	1.500	1.800	2.000	2.800
	棉纱头	kg	6.00	2.200	2.500	3.000	3.200
	型钢	kg	3.70	2.500	2.700	3.000	3.500
	氧气	m³	3.63	0.600	0.900	1.200	1.800
	乙炔气	kg	10.45	0.200	0.300	0.400	0.600
	中厚钢板 δ15以内	kg	3.60	3.100	3.900	4.700	6.300
	其他材料费占材料费	%	—	2.000	2.000	2.000	2.000
机械	叉式起重机 3t	台班	495.91	0.500	0.600	0.600	0.800
	交流弧焊机 21kV·A	台班	57.35	0.583	0.612	0.641	0.670

第七章 除渣、除灰设备安装工程

说　　明

一、本章内容包括机械除渣设备、水力除灰渣设备、气力除灰设备等安装工程。水力除灰渣系统中的设备安装执行机械除渣设备安装定额。

二、有关说明：

1. 设备安装定额中包括电动机安装、随设备供货的金属构件（如：支吊架、平台、梯子、栏杆、基础框架、地脚螺栓等）安装、设备安装后补漆、配合灌浆、就地一次仪表安装、设备水位计（表）及护罩安装。就地一次仪表的表计、表管、玻璃管、阀门等均按照设备成套供货考虑。

不包括下列工作内容，工程实际发生时，执行相应定额。

电动机的检查、接线及空载试转；

支吊架、平台、扶梯、栏杆、基础框架及地脚螺栓、电动机吸风筒等金属结构配制、组合、安装与油漆及主材费；

设备保温、油漆、衬里；

灌浆。

2. 机械除渣设备安装包括除渣机、带式排渣机、碎渣机、斗式提升机、渣仓、渣井等安装。

（1）除渣机安装定额包括设备本体、冷渣器、减速机、电动机、内置式碎渣机及其附件安装。

（2）带式排渣机安装定额包括机体、冷渣器、减速机、内置式碎渣机、电动机及附件安装。

（3）碎渣机安装定额包括设备本体、减速机、电动机、水灰箱、金属分离器及其附件安装。

（4）斗式提升机安装定额包括壳体、牵引件（输送链）、料斗、驱动轮（头轮）、改向轮（尾轮）、拉紧装置、导向装置、加料口（入料口）和卸料口（出料口）及附件安装。定额综合考虑了环链、板链和皮带三种结构安装方式，执行定额时不因提升重量和结构形式而调整。

（5）刮板捞渣机、带式排渣机安装定额根据出力按照基准长度进行编制，工程实际安装长度（斜长）>定额标准时，长度每增加10m计算一个增加段，长度增加<10m时亦计算一个增加段。

（6）渣仓、渣井安装定额包括本体及附件安装。定额不包括渣仓、渣井配制。

3. 水力除灰渣设备安装包括水力喷射器、箱式冲灰器、砾石过滤器、灰渣沟插板门、浓缩机、浓缩机钢池、脱水仓、渣缓冲罐等安装。

（1）水力喷射器安装定额包括喷射器清理、安装、试射。

（2）箱式冲灰器安装定额包括箱体清扫、安装。

（3）砾石过滤器安装定额包括支架组装、罐体及附件安装、砾石装填等。

（4）灰渣沟插板门安装定额包括门本体、滑道及附件安装。

（5）浓缩池安装定额包括搅拌装置、耙架、传动装置、耙架提升装置、给料装置、卸料装置和附件安装。不包括浓缩机钢池及附件安装。

（6）浓缩机钢池安装定额包括钢池及附件安装，定额不包括混凝土浓缩池浇制。定额综合了不同规格、不同结构的钢池，执行定额时不做调整。

（7）脱水仓安装定额包括脱水仓本体、管道及附件安装。

（8）渣缓冲罐安装定额包括渣罐清扫、安装、渗漏检查。

4．气力除灰设备安装包括负压风机、灰斗气化风机、布袋收尘器、袋式排气过滤器、加热器、仓泵、灰斗、加湿搅拌器、干灰散装机、空气斜槽、电动灰斗门、锁气器等安装。

（1）负压风机、灰斗气化风机安装定额包括本体及附件、管道、润滑装置、空气干燥器等清洗、安装，防护罩安装以及配套电动机安装。

（2）布袋收尘器、排气过滤器安装定额包括设备清理、布袋套装、空气联箱及附属阀门的安装，本体组合及安装。

（3）加热器安装定额包括本体清扫、整体安装。

（4）仓泵安装定额包括本体清扫、气密试验、本体阀门与自动料位指示器安装、饲料机清理与安装。

（5）灰斗安装定额包括灰斗清理、安装、密封试验。

（6）加湿搅拌机安装定额包括减速机、钢轨及齿条、传动架、槽、中心筒、大耙、小耙、副耙等的清理与安装。

（7）干灰散装机安装定额包括手动棒阀、电动扇形阀、卷扬装置、伸缩卸料装置、收尘软管等安装。

（8）空气斜槽安装定额包括槽体、弯槽、端盖板、出料溜槽、进料溜槽、通槽及载气阀安装及调整。定额不包括鼓风机安装。

（9）电动灰斗门安装定额包括各类门清扫与安装、电动机安装。

（10）电动锁气器安装定额包括本体清扫、气密试验、安装及电动机安装。

工程量计算规则

一、马丁式除渣机、螺旋输渣机、刮板捞渣机、带式排渣机、碎渣机安装根据工艺系统设计流程及设备出力，按照设计安装数量以"台"为计量单位。

二、斗式提升机安装根据工艺系统设计流程及提升高度，按照设计安装数量以"台"为计量单位。

三、渣仓安装根据设计布置及图示尺寸，按照成品重量以"t"为计量单位。不计算下料及加工制作损耗量。

四、渣井安装根据设计布置，按照设计安装数量以"座"为计量单位。

五、水力喷射器、箱式冲灰器安装根据工艺系统设计流程及设备出力，按照设计安装数量以"台"为计量单位。

六、砾石过滤器、灰渣沟插板门、浓缩机安装根据工艺系统设计流程及设备流量直径或操作直径，按照设计安装数量以"台"为计量单位。

七、浓缩机钢池、脱水仓安装根据设计布置及图示尺寸，按照成品重量以"t"为计量单位。不计算下料及加工制作损耗量，计算附件重量。

八、渣缓冲罐安装根据工艺系统设计流程及设备出力，按照设计安装数量以"台"为计量单位。

九、负压风机、灰斗气化风机安装根据工艺系统设计流程及配套电动机功率，按照设计安装数量以"台"为计量单位。

十、布袋收尘器、排气过滤器、加热器、仓泵、加湿搅拌器、干灰散装机、电动锁气器安装根据工艺系统设计流程及设备出力，按照设计安装数量以"台"为计量单位。

十一、气化板、灰斗、空气斜槽、闸板门、电动三通门安装根据工艺系统设计流程及设备规格，按照设计安装数量以"台、件、个、支"为计量单位。

一、机械除渣设备安装

1.除渣机安装

工作内容：基础检查、铲平，垫铁配制及安装；开箱、搬运、检查、安装等。 计量单位：台

定 额 编 号				A2-7-1	A2-7-2
项 目 名 称				马丁式除渣机	
				出力(t/h)	
				≤6	≤10
基 价（元）				3716.01	5161.87
其中	人 工 费（元）			1786.68	2481.36
	材 料 费（元）			1416.53	1967.42
	机 械 费（元）			512.80	713.09
名 称		单位	单价(元)	消 耗 量	
人工	综合工日	工日	140.00	12.762	17.724
材料	低碳钢焊条	kg	6.84	1.079	1.499
	镀锌钢板（综合）	kg	3.79	1.020	1.416
	防锈漆	kg	5.62	0.680	0.944
	酚醛调和漆	kg	7.90	3.908	5.428
	红丹粉	kg	9.23	0.170	0.236
	黄干油	kg	5.15	2.719	3.776
	机油	kg	19.66	43.330	60.180
	金属清洗剂	kg	8.66	2.478	3.442
	聚氯乙烯薄膜	kg	15.52	2.039	2.832
	密封胶	kg	19.66	1.274	1.770
	棉纱头	kg	6.00	5.098	7.080
	铅油（厚漆）	kg	6.45	1.869	2.596
	青壳纸 δ0.1～1.0	kg	20.84	0.255	0.354
	热轧薄钢板（综合）	kg	3.93	27.187	37.760
	石棉纸	kg	9.40	5.437	7.552
	手喷漆	kg	15.38	0.034	0.047

续表

定 额 编 号			A2-7-1	A2-7-2
项 目 名 称			马丁式除渣机	
			出力(t/h)	
			≤6	≤10
名 称	单位	单价(元)	消 耗 量	
材料 水	m³	7.96	5.098	7.080
铁砂布	张	0.85	5.098	7.080
稀释剂	kg	9.53	0.034	0.047
型钢	kg	3.70	21.070	29.264
羊毛毡 6～8	m²	38.03	0.059	0.083
氧气	m³	3.63	6.797	9.440
乙炔气	kg	10.45	2.379	3.304
油漆溶剂油	kg	2.62	0.297	0.413
紫铜板(综合)	kg	58.97	0.255	0.354
其他材料费占材料费	%	—	2.000	2.000
机械 电动单筒慢速卷扬机 30kN	台班	210.22	0.712	0.989
电动空气压缩机 0.6m³/min	台班	37.30	0.073	0.101
电焊条烘干箱 60×50×75cm³	台班	26.46	0.060	0.090
交流弧焊机 32kV·A	台班	83.14	0.655	0.910
汽车式起重机 16t	台班	958.70	0.202	0.281
载重汽车 10t	台班	547.99	0.202	0.281

工作内容：基础检查、铲平，垫铁配制及安装；开箱、搬运、检查、安装等。　　　　　　计量单位：台

定　额　编　号				A2-7-3	A2-7-4	A2-7-5
项　目　名　称				螺旋输渣机		
				出力(t/h)		
				≤6	≤10	≤20
基　　　　　　价（元）				2843.90	4374.42	5344.61
其中	人　工　费（元）			1366.96	2102.94	2627.24
	材　料　费（元）			1083.77	1667.30	2004.87
	机　械　费（元）			393.17	604.18	712.50
名　　　称		单位	单价（元）	消　　耗　　量		
人工	综合工日	工日	140.00	9.764	15.021	18.766
材料	低碳钢焊条	kg	6.84	0.826	1.270	1.700
	镀锌钢板(综合)	kg	3.79	0.780	1.200	1.500
	防锈漆	kg	5.62	0.520	0.800	1.000
	酚醛调和漆	kg	7.90	2.990	4.600	5.850
	红丹粉	kg	9.23	0.130	0.200	0.300
	黄干油	kg	5.15	2.080	3.200	4.000
	机油	kg	19.66	33.150	51.000	60.000
	金属清洗剂	kg	8.66	1.896	2.917	3.500
	聚氯乙烯薄膜	kg	15.52	1.560	2.400	3.000
	密封胶	kg	19.66	0.975	1.500	2.000
	棉纱头	kg	6.00	3.900	6.000	7.400
	铅油(厚漆)	kg	6.45	1.430	2.200	3.000
	青壳纸 δ0.1～1.0	kg	20.84	0.195	0.300	0.400
	热轧薄钢板(综合)	kg	3.93	20.800	32.000	40.000
	石棉纸	kg	9.40	4.160	6.400	8.000
	手喷漆	kg	15.38	0.026	0.040	0.060

续表

定 额 编 号			A2-7-3	A2-7-4	A2-7-5
项 目 名 称			螺旋输渣机		
			出力(t/h)		
			≤6	≤10	≤20
名 称	单位	单价(元)	消	耗	量
材料	水	m³	7.96	3.900	6.000	7.200
	铁砂布	张	0.85	3.900	6.000	7.000
	稀释剂	kg	9.53	0.026	0.040	0.050
	型钢	kg	3.70	16.120	24.800	29.600
	羊毛毡 6～8	m²	38.03	0.046	0.070	0.100
	氧气	m³	3.63	5.200	8.000	9.600
	乙炔气	kg	10.45	1.820	2.800	3.360
	油漆溶剂油	kg	2.62	0.228	0.350	0.470
	紫铜板(综合)	kg	58.97	0.195	0.300	0.400
	其他材料费占材料费	%	—	2.000	2.000	2.000
机械	电动单筒慢速卷扬机 30kN	台班	210.22	0.545	0.838	0.952
	电动空气压缩机 0.6m³/min	台班	37.30	0.056	0.086	0.095
	电焊条烘干箱 60×50×75cm³	台班	26.46	0.050	0.080	0.101
	交流弧焊机 32kV·A	台班	83.14	0.501	0.771	0.905
	汽车式起重机 16t	台班	958.70	0.155	0.238	0.286
	载重汽车 10t	台班	547.99	0.155	0.238	0.286

定　额　编　号			A2-7-6	A2-7-7	A2-7-8
项　目　名　称			刮板捞渣机		
			出力(t/h)		
			≤6≤15m	≤10≤20m	≤20≤30m
基　　　价（元）			3408.28	5243.35	6405.35
其中	人　工　费（元）		1640.24	2523.50	3152.66
	材　料　费（元）		1296.44	1994.51	2398.56
	机　械　费（元）		471.60	725.34	854.13
名　　称	单位	单价（元）	消　　耗　　量		
人工 综合工日	工日	140.00	11.716	18.025	22.519
材料 铁砂布 0～2号	张	—	(4.680)	(7.200)	(8.400)
低碳钢焊条	kg	6.84	0.991	1.524	2.040
镀锌钢板(综合)	kg	3.79	0.936	1.440	1.800
防锈漆	kg	5.62	0.624	0.960	1.200
酚醛调和漆	kg	7.90	3.588	5.520	7.020
红丹粉	kg	9.23	0.156	0.240	0.360
黄干油	kg	5.15	2.496	3.840	4.800
机油	kg	19.66	39.780	61.200	72.000
金属清洗剂	kg	8.66	2.275	3.500	4.200
聚氯乙烯薄膜	kg	15.52	1.872	2.880	3.600
密封胶	kg	19.66	1.170	1.800	2.400
棉纱头	kg	6.00	4.680	7.200	8.880
铅油(厚漆)	kg	6.45	1.716	2.640	3.600
青壳纸　δ0.1～1.0	kg	20.84	0.234	0.360	0.480
热轧薄钢板(综合)	kg	3.93	24.960	38.400	48.000
石棉纸	kg	9.40	4.992	7.680	9.600

续表

定　额　编　号				A2-7-6	A2-7-7	A2-7-8
项　目　名　称				刮板捞渣机		
				出力(t/h)		
				≤6≤15m	≤10≤20m	≤20≤30m
	名　　称	单位	单价(元)	消　　耗　　量		
材料	手喷漆	kg	15.38	0.031	0.048	0.072
	水	m³	7.96	4.680	7.200	8.640
	稀释剂	kg	9.53	0.031	0.048	0.060
	型钢	kg	3.70	19.344	29.760	35.520
	羊毛毡 6～8	m²	38.03	0.055	0.084	0.120
	氧气	m³	3.63	6.240	9.600	11.520
	乙炔气	kg	10.45	2.184	3.360	4.032
	油漆溶剂油	kg	2.62	0.273	0.420	0.564
	紫铜板(综合)	kg	58.97	0.234	0.360	0.480
	其他材料费占材料费	%	—	2.000	2.000	2.000
机械	电动单筒慢速卷扬机 30kN	台班	210.22	0.654	1.006	1.143
	电动空气压缩机 0.6m³/min	台班	37.30	0.067	0.103	0.114
	电焊条烘干箱 60×50×75cm³	台班	26.46	0.050	0.080	0.095
	交流弧焊机 32kV·A	台班	83.14	0.602	0.926	1.086
	汽车式起重机 16t	台班	958.70	0.186	0.286	0.343
	载重汽车 10t	台班	547.99	0.186	0.286	0.343

工作内容：基础检查、铲平，垫铁配制及安装；开箱、搬运、检查、安装等。　　　　　　　　　　计量单位：段

定　额　编　号				A2-7-9
项　目　名　称				刮板捞渣机
				每增加10m
基　　　价（元）				1105.62
其中	人　工　费（元）			728.00
	材　料　费（元）			62.50
	机　械　费（元）			315.12
名　　　称		单位	单价（元）	消　耗　量
人工	综合工日	工日	140.00	5.200
材料	低碳钢焊条	kg	6.84	1.654
	钢丝绳 φ14.1～15	kg	6.24	0.927
	黄油钙基脂	kg	5.15	0.242
	密封胶	L	30.00	0.094
	棉纱头	kg	6.00	0.802
	清洁剂 500mL	瓶	8.66	0.276
	热轧薄钢板 δ2.0～3.0	kg	3.93	0.802
	型钢	kg	3.70	6.140
	氧气	m³	3.63	0.573
	乙炔气	kg	10.45	0.249
	紫铜板(综合)	kg	58.97	0.040
	其他材料费占材料费	%	—	2.000
机械	电动单筒慢速卷扬机 30kN	台班	210.22	0.104
	电动空气压缩机 0.3m³/min	台班	30.70	0.008
	电焊条烘干箱 60×50×75cm³	台班	26.46	0.018
	交流弧焊机 21kV·A	台班	57.35	0.221
	汽车式起重机 16t	台班	958.70	0.019
	汽车式起重机 25t	台班	1084.16	0.164
	载重汽车 10t	台班	547.99	0.153

2.带式排渣机安装

工作内容：基础检查、铲平，垫铁配制及安装；开箱、搬运、检查、安装等。　　　　　　　　　计量单位：台

定 额 编 号			A2-7-10	A2-7-11	A2-7-12
项 目 名 称			出力(t/h)		
			4～8	6～10	8～20
			≤15m	≤20m	≤30m
基 价 （元）			2416.47	2842.48	4373.44
其中	人 工 费 （元）		1617.56	1902.88	2927.68
	材 料 费 （元）		138.91	163.43	251.40
	机 械 费 （元）		660.00	776.17	1194.36
名 称	单位	单价（元）	消	耗	量
人工	综合工日	工日	140.00	11.554	13.592	20.912
材料	低碳钢焊条	kg	6.84	3.676	4.324	6.653
	钢丝绳 φ14.1～15	kg	6.24	2.061	2.424	3.730
	黄油钙基脂	kg	5.15	0.537	0.632	0.973
	密封胶	L	30.00	0.209	0.246	0.378
	棉纱头	kg	6.00	1.782	2.097	3.226
	清洁剂 500mL	瓶	8.66	0.613	0.721	1.109
	热轧薄钢板 δ2.0～3.0	kg	3.93	1.782	2.097	3.226
	型钢	kg	3.70	13.645	16.052	24.696
	氧气	m³	3.63	1.273	1.498	2.304
	乙炔气	kg	10.45	0.554	0.651	1.002
	紫铜板(综合)	kg	58.97	0.089	0.105	0.161
	其他材料费占材料费	%	—	2.000	2.000	2.000
机械	电动单筒慢速卷扬机 30kN	台班	210.22	0.231	0.271	0.418
	电动空气压缩机 0.3m³/min	台班	30.70	0.015	0.018	0.027
	电焊条烘干箱 60×50×75cm³	台班	26.46	0.040	0.050	0.085
	交流弧焊机 21kV·A	台班	57.35	0.491	0.577	0.888
	汽车式起重机 16t	台班	958.70	0.041	0.048	0.074
	汽车式起重机 25t	台班	1084.16	0.329	0.387	0.595
	载重汽车 10t	台班	547.99	0.339	0.399	0.614

工作内容：基础检查、铲平，垫铁配制及安装；开箱、搬运、检查、安装等。　　　　　计量单位：段

定　额　编　号	A2-7-13
项　目　名　称	每增加10m
基　　价（元）	1208.34

其中	人　工　费（元）	808.78
	材　料　费（元）	69.47
	机　械　费（元）	330.09

	名　　　称	单位	单价（元）	消　耗　量
人工	综合工日	工日	140.00	5.777
材料	低碳钢焊条	kg	6.84	1.838
	钢丝绳 φ14.1～15	kg	6.24	1.030
	黄油钙基脂	kg	5.15	0.269
	密封胶	L	30.00	0.104
	棉纱头	kg	6.00	0.891
	清洁剂 500mL	瓶	8.66	0.306
	热轧薄钢板 δ2.0～3.0	kg	3.93	0.891
	型钢	kg	3.70	6.822
	氧气	m³	3.63	0.637
	乙炔气	kg	10.45	0.277
	紫铜板（综合）	kg	58.97	0.045
	其他材料费占材料费	%	—	2.000
机械	电动单筒慢速卷扬机 30kN	台班	210.22	0.115
	电动空气压缩机 0.3m³/min	台班	30.70	0.008
	电焊条烘干箱 60×50×75cm³	台班	26.46	0.020
	交流弧焊机 21kV·A	台班	57.35	0.245
	汽车式起重机 16t	台班	958.70	0.021
	汽车式起重机 25t	台班	1084.16	0.164
	载重汽车 10t	台班	547.99	0.170

3.碎渣机安装

工作内容:基础检查、铲平,垫铁配制及安装;开箱、搬运、检查、安装等。 计量单位:台

定 额 编 号				A2-7-14	A2-7-15	A2-7-16
项 目 名 称				出力(t/h)		
				≤6	≤10	≤20
基 价 (元)				1927.42	2628.00	3502.91
其中	人 工 费 (元)			1129.52	1540.28	2053.66
	材 料 费 (元)			576.04	785.48	1047.22
	机 械 费 (元)			221.86	302.24	402.03
名 称		单位	单价(元)	消 耗 量		
人工	综合工日	工日	140.00	8.068	11.002	14.669
材料	低碳钢焊条	kg	6.84	0.633	0.863	1.150
	镀锌薄钢板 δ0.75	m²	25.60	0.374	0.510	0.680
	防锈漆	kg	5.62	0.165	0.225	0.300
	酚醛防锈漆	kg	6.15	5.500	7.500	10.000
	酚醛调和漆	kg	7.90	8.800	12.000	16.000
	红丹粉	kg	9.23	0.077	0.105	0.140
	黄干油	kg	5.15	1.100	1.500	2.000
	机油	kg	19.66	4.950	6.750	9.000
	金属清洗剂	kg	8.66	0.404	0.551	0.735
	聚氯乙烯薄膜	kg	15.52	0.743	1.013	1.350
	密封胶	kg	19.66	0.347	0.473	0.630
	棉纱头	kg	6.00	1.485	2.025	2.700
	铅油(厚漆)	kg	6.45	0.369	0.503	0.670
	热轧薄钢板(综合)	kg	3.93	25.850	35.250	47.000
	石棉橡胶板	kg	9.40	1.265	1.725	2.300

234

续表

	定　额　编　号			A2-7-14	A2-7-15	A2-7-16
	项　目　名　称			出力(t/h)		
				≤6	≤10	≤20
	名　　称	单位	单价(元)	消　　耗　　量		
材 料	手喷漆	kg	15.38	0.072	0.098	0.130
	水	m³	7.96	5.225	7.125	9.500
	铁砂布	张	0.85	2.475	3.375	4.500
	斜垫铁	kg	3.50	29.700	40.500	54.000
	型钢	kg	3.70	3.388	4.620	6.160
	羊毛毡 6～8	m²	38.03	0.011	0.015	0.020
	氧气	m³	3.63	3.344	4.560	6.080
	乙炔气	kg	10.45	1.117	1.523	2.030
	油漆溶剂油	kg	2.62	2.475	3.375	4.500
	紫铜板(综合)	kg	58.97	0.072	0.098	0.130
	其他材料费占材料费	%	—	2.000	2.000	2.000
机 械	电动单筒慢速卷扬机 30kN	台班	210.22	0.178	0.243	0.324
	电动空气压缩机 0.6m³/min	台班	37.30	0.037	0.050	0.067
	交流弧焊机 32kV·A	台班	83.14	0.299	0.407	0.543
	汽车式起重机 16t	台班	958.70	0.105	0.143	0.190
	载重汽车 10t	台班	547.99	0.105	0.143	0.190

4.斗式提升机安装

工作内容：基础检查、铲平，垫铁配制及安装；开箱、搬运、检查、安装等。　　　　　　计量单位：台

定　额　编　号				A2-7-17	A2-7-18	A2-7-19
项　目　名　称				提升高度(m)		
				≤15	≤24	>24
基　　　价（元）				4943.76	7984.57	9030.36
其中	人　工　费（元）			1919.96	3101.56	3471.58
	材　料　费（元）			606.57	979.84	1125.47
	机　械　费（元）			2417.23	3903.17	4433.31
名　　称		单位	单价(元)	消　　耗　　量		
人工	综合工日	工日	140.00	13.714	22.154	24.797
材料	低碳钢焊条	kg	6.84	16.770	27.090	30.550
	钢丝绳 φ14.1~15	kg	6.24	14.040	22.680	27.950
	黄油钙基脂	kg	5.15	2.059	3.326	3.777
	耐油石棉橡胶板 δ1	kg	7.95	0.772	1.247	1.417
	型钢	kg	3.70	10.140	16.380	18.200
	氧气	m³	3.63	22.659	36.603	41.535
	乙炔气	kg	10.45	7.952	12.846	14.580
	枕木 2500×200×160	根	82.05	0.772	1.247	1.417
	中厚钢板 δ15以外	kg	3.51	19.890	32.130	37.050
	紫铜板(综合)	kg	58.97	0.207	0.334	0.377
	紫铜棒 φ16~80	kg	70.94	0.386	0.624	0.709
	其他材料费占材料费	%	—	2.000	2.000	2.000
机械	电动单筒慢速卷扬机 30kN	台班	210.22	0.810	1.308	1.486
	交流弧焊机 21kV·A	台班	57.35	3.472	5.609	6.325
	汽车式起重机 25t	台班	1084.16	1.438	2.322	2.637
	载重汽车 10t	台班	547.99	0.892	1.440	1.641

5.渣仓、渣井安装

工作内容：基础检查、铲平，垫铁配制及安装；开箱、搬运、检查、安装等。　　　　　　　　　计量单位：t

定　额　编　号				A2-7-20
项　目　名　称				渣仓
基　　　　价（元）				1384.97
其中	人　工　费（元）			682.78
	材　料　费（元）			185.84
	机　械　费（元）			516.35
名　　　称	单位	单价（元）	消　　耗　　量	
人工	综合工日	工日	140.00	4.877	
材料	低碳钢焊条	kg	6.84	12.546	
	棉纱头	kg	6.00	1.360	
	型钢	kg	3.70	9.240	
	氧气	m³	3.63	7.400	
	乙炔气	kg	10.45	2.600	
	其他材料费占材料费	%	—	2.000	
机械	交流弧焊机 21kV·A	台班	57.35	2.598	
	履带式起重机 50t	台班	1411.14	0.029	
	汽车式起重机 25t	台班	1084.16	0.200	
	载重汽车 10t	台班	547.99	0.200	

工作内容：基础检查、铲平,垫铁配制及安装；开箱、搬运、检查、安装等。　　　　　　　　　　计量单位：座

定　额　编　号				A2-7-21
项　目　名　称				渣井
基　　　　　价（元）				1835.75
其中	人　工　费（元）			829.78
	材　料　费（元）			225.73
	机　械　费（元）			780.24
名　　　称	单位	单价（元）	消　　耗　　量	
人工	综合工日	工日	140.00	5.927	
材料	低碳钢焊条	kg	6.84	13.800	
	棉纱头	kg	6.00	1.240	
	型钢	kg	3.70	10.200	
	氧气	m³	3.63	11.000	
	乙炔气	kg	10.45	4.000	
	其他材料费占材料费	%	—	2.000	
机械	电动单筒慢速卷扬机 30kN	台班	210.22	2.438	
	交流弧焊机 21kV·A	台班	57.35	2.857	
	汽车式起重机 25t	台班	1084.16	0.067	
	载重汽车 10t	台班	547.99	0.057	

二、水力除灰渣设备安装

1. 水力喷射器安装

工作内容：设备检查、组装、安装。　　　　　　　　　　　　　　计量单位：台

定　额　编　号			A2-7-22	A2-7-23	A2-7-24
项　目　名　称			出力(t/h)		
			≤6	≤10	≤20
基　　　价（元）			644.78	805.42	1086.29
其中	人　工　费（元）		488.04	610.12	838.74
	材　料　费（元）		55.76	69.71	87.05
	机　械　费（元）		100.98	125.59	160.50
名　　称		单位	单价（元）	消　　耗　　量	
人工	综合工日	工日	140.00	3.486	4.358	5.991
材料	低碳钢焊条	kg	6.84	1.496	1.870	2.343
	酚醛调和漆	kg	7.90	0.026	0.033	0.055
	黄油钙基脂	kg	5.15	0.352	0.440	0.550
	聚四氟乙烯生料带	m	0.13	0.132	0.165	0.206
	棉纱头	kg	6.00	0.352	0.440	0.550
	橡胶板	kg	2.91	1.760	2.200	2.420
	型钢	kg	3.70	2.112	2.640	3.300
	氧气	m³	3.63	2.288	2.860	3.520
	乙炔气	kg	10.45	0.792	0.990	1.232
	中厚钢板 δ15以内	kg	3.60	2.992	3.740	4.950
	其他材料费占材料费	%	—	2.000	2.000	2.000
机械	叉式起重机 3t	台班	495.91	0.042	0.052	0.084
	电动单筒慢速卷扬机 30kN	台班	210.22	0.084	0.105	0.105
	交流弧焊机 21kV·A	台班	57.35	0.637	0.796	0.995
	汽车式起重机 8t	台班	763.67	0.034	0.042	0.052

239

2. 箱式冲灰器安装

工作内容：基础检查；设备及附件安装。

计量单位：台

定 额 编 号				A2-7-25	A2-7-26	A2-7-27
项 目 名 称				出力(t/h)		
				≤6	≤10	≤20
基 价 （元）				579.22	866.95	1300.35
其中	人 工 费 （元）			356.02	534.24	801.22
	材 料 费 （元）			74.02	109.09	163.65
	机 械 费 （元）			149.18	223.62	335.48
名 称		单位	单价(元)	消 耗 量		
人工	综合工日	工日	140.00	2.543	3.816	5.723
材料	低碳钢焊条	kg	6.84	3.050	4.580	6.870
	酚醛调和漆	kg	7.90	1.500	2.000	3.000
	铅油(厚漆)	kg	6.45	0.450	0.675	1.013
	热轧薄钢板(综合)	kg	3.93	1.800	2.700	4.050
	石棉绳	kg	3.50	0.670	1.005	1.508
	型钢	kg	3.70	1.080	1.620	2.430
	氧气	m³	3.63	3.230	4.845	7.268
	乙炔气	kg	10.45	1.131	1.700	2.550
	其他材料费占材料费	%	—	2.000	2.000	2.000
机械	电动单筒慢速卷扬机 50kN	台班	215.57	0.343	0.514	0.771
	交流弧焊机 32kV·A	台班	83.14	0.905	1.357	2.036

240

3.砾石过滤器安装

工作内容：设备检查、组装、安装、调整。　　　　　　　　　　　　　　　　计量单位：台

定　额　编　号			A2-7-28	A2-7-29	A2-7-30
项　目　名　称			直径(mm)		
			φ≤800	φ≤1000	φ≤1200
基　　　价（元）			1073.43	1675.61	1685.04
其中	人　工　费（元）		584.50	901.18	972.44
	材　料　费（元）		103.51	199.21	171.08
	机　械　费（元）		385.42	575.22	541.52
名　　　称	单位	单价（元）	消　　耗　　量		
人工	综合工日	工日	140.00	4.175	6.437	6.946
材料	低碳钢焊条	kg	6.84	0.890	1.455	1.330
	镀锌铁丝 φ1.5～2.5	kg	3.57	0.420	1.125	1.260
	酚醛调和漆	kg	7.90	0.210	0.465	0.480
	机油	kg	19.66	0.100	0.135	0.100
	金属清洗剂	kg	8.66	0.037	0.067	0.073
	棉纱头	kg	6.00	0.520	0.705	0.700
	耐酸橡胶板 δ3	kg	17.99	2.090	4.230	3.100
	铅油(厚漆)	kg	6.45	0.210	0.285	0.210
	热轧薄钢板(综合)	kg	3.93	6.270	11.280	10.500
	三色塑料带(综合)	kg	35.87	0.010	0.015	0.010
	石棉橡胶板	kg	9.40	0.240	0.330	0.470
	铁砂布	张	0.85	1.000	1.410	1.000
	橡胶石棉盘根	kg	7.00	0.210	0.285	0.420
	氧气	m³	3.63	2.510	5.640	5.020
	乙炔气	kg	10.45	0.879	1.974	1.757
	其他材料费占材料费	%	—	2.000	2.000	2.000
机械	电动单筒慢速卷扬机 30kN	台班	210.22	0.495	0.671	0.495
	交流弧焊机 32kV·A	台班	83.14	0.467	1.271	0.952
	汽车式起重机 8t	台班	763.67	0.200	0.271	0.295
	试压泵 60MPa	台班	24.08	0.152	0.200	0.248
	载重汽车 5t	台班	430.70	0.200	0.271	0.295

4.灰渣沟插板门安装

工作内容：检查、安装、调整。

计量单位：台

定　额　编　号				A2-7-31	A2-7-32	A2-7-33
项　目　名　称				DN200以内	DN300以内	DN500以内
基　　价（元）				89.78	169.81	305.18
其中	人　工　费（元）			82.04	152.88	275.24
	材　料　费（元）			5.33	7.98	14.36
	机　械　费（元）			2.41	8.95	15.58
名　　称		单位	单价（元）	消　　耗　　量		
人工	综合工日	工日	140.00	0.586	1.092	1.966
材料	低碳钢焊条	kg	6.84	0.130	0.210	0.378
	酚醛调和漆	kg	7.90	0.110	0.180	0.324
	黄干油	kg	5.15	0.180	0.270	0.486
	石棉橡胶板	kg	9.40	0.270	0.380	0.684
	其他材料费占材料费	%	—	2.000	2.000	2.000
机械	叉式起重机 3t	台班	495.91	—	0.010	0.017
	交流弧焊机 32kV·A	台班	83.14	0.029	0.048	0.086

242

5. 浓缩机安装

工作内容：基础检查；设备检查、组装、安装、固定、调整。　　　　　　　　计量单位：台

定　额　编　号			A2-7-34	A2-7-35	A2-7-36	A2-7-37
项　目　名　称			浓缩池直径(m)			
			φ≤6	φ≤9	φ≤12	φ≤15
基　　　价（元）			14668.78	18144.47	22539.81	28839.06
其中	人　工　费（元）		5863.34	7216.44	9007.32	11466.42
	材　料　费（元）		2316.97	2888.23	3547.61	4879.11
	机　械　费（元）		6488.47	8039.80	9984.88	12493.53
名　　　称	单位	单价（元）	消　　耗　　量			
人工	综合工日	工日	140.00	41.881	51.546	64.338	81.903
材料	白布	m²	5.64	7.722	9.504	11.880	19.800
	醇酸磁漆	kg	10.70	1.073	1.320	1.650	3.300
	低碳钢焊条	kg	6.84	42.800	54.600	64.900	88.700
	镀锌薄钢板 δ1~1.5	kg	3.79	1.073	1.320	1.650	2.750
	酚醛调和漆	kg	7.90	28.600	35.200	44.000	71.500
	钢丝 φ0.1~0.5	kg	5.10	0.215	0.264	0.330	0.440
	钢丝绳 φ14.1~15	kg	6.24	2.145	2.640	3.300	5.500
	黑铅粉	kg	5.13	0.215	0.264	0.330	0.550
	红丹防锈漆	kg	11.50	2.860	3.520	4.400	8.800
	红丹粉	kg	9.23	0.215	0.264	0.330	0.550
	黄油钙基脂	kg	5.15	2.860	3.520	4.400	7.700
	金属清洗剂	kg	8.66	1.335	1.643	2.053	3.337
	聚氯乙烯薄膜	kg	15.52	0.858	1.056	1.320	1.870
	密封胶	kg	19.66	1.073	1.320	1.650	2.420
	棉纱头	kg	6.00	4.290	5.280	6.600	9.900
	耐油石棉橡胶板 δ1	kg	7.95	0.215	0.264	0.330	0.440
	热轧薄钢板 δ4.0	kg	3.93	80.100	103.600	121.200	160.800
	溶剂汽油 200号	kg	5.64	2.646	3.256	4.070	6.435
	砂轮片 φ150	片	2.82	1.073	1.320	1.650	3.300
	斜垫铁	kg	3.50	201.600	248.100	308.880	388.100
	型钢	kg	3.70	72.930	89.760	112.200	145.200
	氧气	m³	3.63	31.200	38.100	47.500	62.500
	乙炔气	kg	10.45	10.700	13.580	16.870	22.600
	枕木 2500×200×160	根	82.05	0.215	0.264	0.330	0.550
	紫铜板(综合)	kg	58.97	0.072	0.088	0.110	0.330
	其他材料费占材料费	%	—	2.000	2.000	2.000	2.000
机械	交流弧焊机 21kV·A	台班	57.35	9.630	12.900	14.800	17.500
	平板拖车组 20t	台班	1081.33	1.770	2.179	2.724	3.457
	汽车式起重机 25t	台班	1084.16	3.710	4.560	5.710	7.150

工作内容：基础检查；设备检查、组装、安装、固定、调整。 计量单位：t

定　额　编　号	A2-7-38
项　目　名　称	浓缩机钢池
基　　　价（元）	1216.46

其中	人　工　费（元）	488.04
	材　料　费（元）	149.12
	机　械　费（元）	579.30

	名　　称	单位	单价（元）	消　耗　量
人工	综合工日	工日	140.00	3.486
材料	低碳钢焊条	kg	6.84	4.532
	酚醛防锈漆	kg	6.15	7.590
	金属清洗剂	kg	8.66	0.077
	棉纱头	kg	6.00	0.825
	尼龙砂轮片 φ100	片	2.05	0.550
	热轧薄钢板 δ4.0	kg	3.93	2.640
	溶剂汽油 200号	kg	5.64	1.980
	型钢	kg	3.70	3.190
	氧气	m³	3.63	3.630
	乙炔气	kg	10.45	1.287
	枕木 2500×200×160	根	82.05	0.022
	其他材料费占材料费	%	—	2.000
机械	交流弧焊机 21kV·A	台班	57.35	1.205
	平板拖车组 20t	台班	1081.33	0.157
	汽车式起重机 25t	台班	1084.16	0.314

6.脱水仓、缓冲罐安装

工作内容：基础检查、铲平,垫铁配制及安装；开箱、搬运、检查、安装等。　　　　计量单位：t

定　额　编　号				A2-7-39
项　目　名　称				脱水仓
基　　　价（元）				1192.40
其中	人　工　费（元）			565.74
	材　料　费（元）			131.69
	机　械　费（元）			494.97
名　　称		单位	单价（元）	消　耗　量
人工	综合工日	工日	140.00	4.041
材料	低碳钢焊条	kg	6.84	6.442
	尼龙砂轮片　φ100	片	2.05	3.322
	清洁剂　500mL	瓶	8.66	0.264
	型钢	kg	3.70	8.800
	氧气	m³	3.63	3.476
	乙炔气	kg	10.45	1.217
	枕木　2500×200×160	根	82.05	0.220
	其他材料费占材料费	%	—	2.000
机械	交流弧焊机　21kV·A	台班	57.35	2.454
	履带式起重机　50t	台班	1411.14	0.040
	平板拖车组　20t	台班	1081.33	0.126
	汽车式起重机　25t	台班	1084.16	0.149

工作内容：基础检查、铲平，垫铁配制及安装；开箱、搬运、检查、安装等。　　　　　　　　　　　计量单位：台

定　额　编　号			A2-7-40	A2-7-41	A2-7-42
项　目　名　称			渣缓冲罐（m³）		
			≤5	≤10	≤15
基　　　价（元）			709.77	896.01	1206.76
其中	人　工　费（元）		249.62	374.22	561.54
	材　料　费（元）		94.57	104.15	138.11
	机　械　费（元）		365.58	417.64	507.11
名　　　称	单位	单价（元）	消　　耗　　量		
人工	综合工日	工日	140.00	1.783	2.673	4.011
材料	低碳钢焊条	kg	6.84	1.870	1.870	2.805
	热轧薄钢板 δ2.0～3.0	kg	3.93	8.800	11.000	13.200
	纱布	张	0.68	2.200	3.300	5.500
	石棉橡胶板	kg	9.40	3.300	3.300	4.400
	氧气	m³	3.63	1.760	1.760	2.640
	乙炔气	kg	10.45	0.616	0.616	0.924
	其他材料费占材料费	%	—	2.000	2.000	2.000
机械	交流弧焊机 21kV·A	台班	57.35	0.509	0.509	0.703
	汽车式起重机 25t	台班	1084.16	0.238	0.238	0.286
	载重汽车 10t	台班	547.99	0.143	0.238	0.286

三、气力除灰设备安装

1.负压风机安装

工作内容：基础检查、铲平,垫铁配制及安装；开箱、搬运、检查、安装等。　　　　　　　计量单位：台

定　额　编　号			A2-7-43	A2-7-44	A2-7-45
项　目　名　称			负压风机		
			功率(kW)		
			≤15	≤30	≤50
基　　　　价（元）			629.90	1174.81	1682.97
其中	人　工　费（元）		497.42	994.98	1421.42
	材　料　费（元）		75.45	98.85	131.08
	机　械　费（元）		57.03	80.98	130.47
名　　称		单位	单价（元）	消　耗　量	
人工	综合工日	工日	140.00	3.553	7.107	10.153
材料	低碳钢焊条	kg	6.84	0.385	0.517	0.625
	黄油钙基脂	kg	5.15	1.000	1.500	2.000
	密封胶	L	30.00	0.220	0.380	0.550
	棉纱头	kg	6.00	1.650	2.200	3.500
	平垫铁	kg	3.74	2.300	2.800	3.400
	清洁剂 500mL	瓶	8.66	0.500	1.200	1.500
	热轧薄钢板 δ2.0～2.5	kg	3.93	0.400	0.550	0.880
	石棉绳	kg	3.50	0.660	0.880	0.880
	石棉橡胶板	kg	9.40	0.550	0.770	1.100
	氧气	m³	3.63	0.880	0.880	0.880
	乙炔气	kg	10.45	0.308	0.308	0.350
	枕木 2500×200×160	根	82.05	0.220	0.220	0.250
	紫铜板(综合)	kg	58.97	0.055	0.055	0.110
	其他材料费占材料费	%	—	2.000	2.000	2.000
机械	叉式起重机 5t	台班	506.51	0.105	0.105	0.157
	电动单筒慢速卷扬机 50kN	台班	215.57	—	0.105	0.210
	交流弧焊机 21kV·A	台班	57.35	0.067	0.090	0.099

2.灰斗气化风机安装

工作内容：基础检查、铲平，垫铁配制及安装；开箱、搬运、检查、安装等。　　　计量单位：台

定　额　编　号			A2-7-46	A2-7-47	A2-7-48
项　目　名　称			灰斗气化风机		
			功率(kW)		
			≤10	≤20	≤30
基　　　价（元）			487.71	794.70	1087.01
其中	人　工　费（元）		355.32	639.66	852.88
	材　料　费（元）		54.33	76.24	104.64
	机　械　费（元）		78.06	78.80	129.49
名　　称	单位	单价（元）	消　　耗　　量		
人工 综合工日	工日	140.00	2.538	4.569	6.092
材料 低碳钢焊条	kg	6.84	0.190	0.370	0.450
黄油钙基脂	kg	5.15	0.330	0.650	1.000
密封胶	L	30.00	0.220	0.500	0.700
棉纱头	kg	6.00	0.900	1.300	2.200
平垫铁	kg	3.74	1.680	2.500	2.500
清洁剂 500mL	瓶	8.66	1.000	1.000	1.000
热轧薄钢板 δ2.0～2.5	kg	3.93	0.330	0.700	0.900
石棉绳	kg	3.50	0.330	0.600	0.800
石棉橡胶板	kg	9.40	0.440	0.550	0.660
氧气	m³	3.63	0.880	0.970	1.140
乙炔气	kg	10.45	0.308	0.339	0.400
枕木 2500×200×160	根	82.05	0.110	0.110	0.220
紫铜板(综合)	kg	58.97	0.022	0.033	0.055
其他材料费占材料费	%	—	2.000	2.000	2.000
机械 叉式起重机 5t	台班	506.51	0.105	0.105	0.157
电动单筒慢速卷扬机 50kN	台班	215.57	0.105	0.105	0.210
交流弧焊机 21kV·A	台班	57.35	0.039	0.052	0.082

工作内容：基础检查、铲平,垫铁配制及安装；开箱、搬运、检查、安装等。 计量单位：件

定　额　编　号	A2-7-49
项　目　名　称	气化板
	150×300(mm)
基　　　价（元）	79.00

其中	人　工　费（元）	71.12
	材　料　费（元）	6.39
	机　械　费（元）	1.49

	名　　称	单位	单价（元）	消　　耗　　量
人工	综合工日	工日	140.00	0.508
材料	低碳钢焊条	kg	6.84	0.150
	棉纱头	kg	6.00	0.100
	清洁剂 500mL	瓶	8.66	0.060
	石棉橡胶板	kg	9.40	0.300
	氧气	m³	3.63	0.180
	乙炔气	kg	10.45	0.062
	其他材料费占材料费	%	—	2.000
机械	交流弧焊机 21kV·A	台班	57.35	0.026

3. 布袋收尘器、排气过滤器安装

工作内容：开箱、搬运、检查、安装等。 计量单位：台

定 额 编 号			A2-7-50	A2-7-51	A2-7-52
项 目 名 称			布袋收尘器（m²）		
			≤30	≤50	≤100
基 价（元）			1319.45	2030.26	3123.13
其中	人 工 费（元）		780.78	1201.20	1848.00
	材 料 费（元）		132.77	204.24	314.20
	机 械 费（元）		405.90	624.82	960.93
名 称	单位	单价（元）	消 耗 量		
人工 综合工日	工日	140.00	5.577	8.580	13.200
材料 低碳钢焊条	kg	6.84	2.370	3.647	5.610
黄油钙基脂	kg	5.15	0.465	0.715	1.100
密封胶	L	30.00	0.558	0.858	1.320
棉纱头	kg	6.00	0.930	1.430	2.200
耐油石棉橡胶板 δ1	kg	7.95	0.418	0.644	0.990
石棉绳	kg	3.50	2.324	3.575	5.500
型钢	kg	3.70	1.952	3.003	4.620
氧气	m³	3.63	2.370	3.647	5.610
乙炔气	kg	10.45	0.832	1.280	1.969
枕木 2500×200×160	根	82.05	0.093	0.143	0.220
中厚钢板 δ15以内	kg	3.60	12.675	19.500	30.000
其他材料费占材料费	%	—	2.000	2.000	2.000
机械 电动空气压缩机 6m³/min	台班	206.73	0.161	0.248	0.381
交流弧焊机 21kV·A	台班	57.35	0.594	0.914	1.406
汽车式起重机 25t	台班	1084.16	0.241	0.371	0.571
载重汽车 10t	台班	547.99	0.141	0.217	0.333

250

工作内容：开箱、搬运、检查、安装等。 计量单位：台

定 额 编 号				A2-7-53	A2-7-54
项 目 名 称				袋式排气过滤器（m²）	
				≤10	≤20
基 价（元）				917.93	1411.01
其中	人 工 费（元）			369.60	568.54
	材 料 费（元）			104.60	160.90
	机 械 费（元）			443.73	681.57
名 称		单位	单价（元）	消 耗 量	
人工	综合工日	工日	140.00	2.640	4.061
材料	低碳钢焊条	kg	6.84	1.216	1.870
	黄油钙基脂	kg	5.15	0.130	0.200
	密封胶	L	30.00	0.358	0.550
	棉纱头	kg	6.00	0.715	1.100
	耐油石棉橡胶板 δ1	kg	7.95	0.325	0.500
	石棉绳	kg	3.50	1.430	2.200
	型钢	kg	3.70	2.275	3.500
	氧气	m³	3.63	2.074	3.190
	乙炔气	kg	10.45	0.722	1.111
	枕木 2500×200×160	根	82.05	0.065	0.100
	中厚钢板 δ15以内	kg	3.60	11.700	18.000
	其他材料费占材料费	%	—	2.000	2.000
机械	电动空气压缩机 6m³/min	台班	206.73	0.186	0.286
	交流弧焊机 21kV·A	台班	57.35	0.305	0.469
	汽车式起重机 25t	台班	1084.16	0.248	0.381
	载重汽车 10t	台班	547.99	0.217	0.333

4. 灰电加热器安装

工作内容：开箱、搬运、检查、安装等。　　　　　　　　　　　　　　　　计量单位：台

定　额　编　号				A2-7-55	A2-7-56	A2-7-57
项　目　名　称				灰电加热器(m³/min)		
				≤3	≤5	≤10
基　　　价（元）				476.47	732.95	958.64
其中	人　工　费（元）			323.40	497.42	639.66
	材　料　费（元）			69.90	107.53	141.34
	机　械　费（元）			83.17	128.00	177.64
名　　　称		单位	单价(元)	消　　耗　　量		
人工	综合工日	工日	140.00	2.310	3.553	4.569
材料	低碳钢焊条	kg	6.84	0.729	1.122	1.397
	棉纱头	kg	6.00	1.073	1.650	2.200
	耐油石棉橡胶板 δ1	kg	7.95	1.144	1.760	2.090
	清洁剂 500mL	瓶	8.66	0.130	0.200	0.300
	氧气	m³	3.63	1.859	2.860	3.520
	乙炔气	kg	10.45	0.644	0.990	1.232
	枕木 2500×200×160	根	82.05	0.143	0.220	0.330
	中厚钢板 δ15以外	kg	3.51	6.175	9.500	12.500
	其他材料费占材料费	%	—	2.000	2.000	2.000
机械	电动单筒慢速卷扬机 50kN	台班	215.57	0.186	0.286	0.381
	交流弧焊机 21kV·A	台班	57.35	0.198	0.305	0.380
	汽车式起重机 12t	台班	857.15	0.037	0.057	0.086

5. 仓泵、灰斗安装

工作内容：开箱、搬运、检查、安装等。

计量单位：台

定 额 编 号				A2-7-58	A2-7-59	A2-7-60
项 目 名 称				仓泵(m³/h)		
				≤0.5	≤1	≤1.5
基 价（元）				2302.51	2473.34	3093.58
其中	人 工 费（元）			1383.20	1501.78	1783.74
	材 料 费（元）			264.28	292.02	357.16
	机 械 费（元）			655.03	679.54	952.68
名 称		单位	单价（元）	消 耗 量		
人工	综合工日	工日	140.00	9.880	10.727	12.741
材料	低碳钢焊条	kg	6.84	14.000	16.000	20.000
	镀锌钢板(综合)	kg	3.79	4.800	5.200	6.000
	镀锌铁丝 φ2.5～4.0	kg	3.57	4.500	5.500	6.500
	钢板	kg	3.17	5.000	5.000	6.000
	螺纹钢筋 HRB400 φ10以内	kg	3.50	2.000	2.000	3.000
	铅油(厚漆)	kg	6.45	1.000	1.100	1.500
	石棉绳	kg	3.50	3.000	3.200	4.000
	型钢	kg	3.70	5.000	5.000	6.000
	氧气	m³	3.63	10.000	11.000	13.000
	乙炔气	kg	10.45	3.300	3.630	4.290
	其他材料费占材料费	%	—	2.000	2.000	2.000
机械	电动单筒慢速卷扬机 50kN	台班	215.57	0.257	0.257	0.257
	电焊条烘干箱 60×50×75cm³	台班	26.46	0.286	0.314	0.381
	交流弧焊机 32kV·A	台班	83.14	2.857	3.143	3.810
	履带式起重机 15t	台班	757.48	0.360	0.360	0.450
	载重汽车 5t	台班	430.70	0.190	0.190	0.533

工作内容：开箱、搬运、检查、安装等。 计量单位：个

定　额　编　号				A2-7-61
项　目　名　称				灰斗
基　　价（元）				2500.51
其中	人　工　费（元）			1506.96
	材　料　费（元）			387.42
	机　械　费（元）			606.13
名　　称	单位	单价（元）	消　　耗　　量	
人工 综合工日	工日	140.00	10.764	
材料 白布	kg	6.67	2.122	
低碳钢焊条	kg	6.84	2.000	
镀锌铁丝 φ2.5～4.0	kg	3.57	3.000	
酚醛调和漆	kg	7.90	1.900	
钢板	kg	3.17	47.000	
红丹粉	kg	9.23	0.200	
金属清洗剂	kg	8.66	1.167	
密封胶	kg	19.66	3.000	
棉纱头	kg	6.00	2.500	
汽轮机油	kg	8.61	2.500	
青壳纸 δ0.1～1.0	kg	20.84	0.200	
松节油	kg	3.39	0.150	
脱化剂	kg	20.15	1.000	
橡胶板	kg	2.91	2.880	
羊毛毡 1～5	m²	25.63	0.600	
氧气	m³	3.63	3.000	
乙炔气	kg	10.45	0.990	
其他材料费占材料费	%	—	2.000	
机械 电动空气压缩机 6m³/min	台班	206.73	0.238	
电焊条烘干箱 60×50×75cm³	台班	26.46	0.048	
交流弧焊机 32kV·A	台班	83.14	0.476	
履带式起重机 10t	台班	642.86	0.124	
普通车床 400×1000mm	台班	210.71	0.952	
桥式起重机 30t	台班	443.74	0.476	
载重汽车 5t	台班	430.70	0.057	

6.加湿搅拌机安装

工作内容：基础检查；开箱、搬运、检查、安装等。

计量单位：台

定 额 编 号			A2-7-62	A2-7-63	A2-7-64
项 目 名 称			出力(m³/h)		
			≤10	≤20	≤50
基 价 （元）			1337.07	2057.39	3164.80
其中	人 工 费 （元）		870.94	1339.66	2061.22
	材 料 费 （元）		55.70	85.68	131.82
	机 械 费 （元）		410.43	632.05	971.76
名 称	单位	单价(元)	消 耗 量		
人工	综合工日	工日	140.00	6.221	9.569	14.723
材料	白布	m	6.14	1.437	2.210	3.400
	低碳钢焊条	kg	6.84	1.099	1.690	2.600
	钢板	kg	3.17	1.437	2.210	3.400
	金属清洗剂	kg	8.66	0.552	0.849	1.307
	平垫铁	kg	3.74	1.014	1.560	2.400
	橡胶板	kg	2.91	1.056	1.625	2.500
	斜垫铁	kg	3.50	1.352	2.080	3.200
	型钢	kg	3.70	3.591	5.525	8.500
	氧气	m³	3.63	0.507	0.780	1.200
	乙炔气	kg	10.45	0.211	0.325	0.500
	其他材料费占材料费	%	—	2.000	2.000	2.000
机械	电动单筒慢速卷扬机 30kN	台班	210.22	0.483	0.743	1.143
	交流弧焊机 21kV·A	台班	57.35	0.249	0.383	0.590
	汽车式起重机 16t	台班	958.70	0.161	0.248	0.381
	汽车式起重机 25t	台班	1084.16	0.048	0.074	0.114
	载重汽车 10t	台班	547.99	0.161	0.248	0.381

7. 干灰散装机安装

工作内容：开箱、搬运、检查、安装等。　　　　　　　　　　　　　　　　　　　　计量单位：台

定　额　编　号				A2-7-65	A2-7-66	A2-7-67
项　目　名　称				出力(m³/h)		
				≤10	≤20	≤50
基　　　　价（元）				1140.57	1756.82	2700.68
其中	人　工　费（元）			600.60	923.86	1421.42
	材　料　费（元）			102.90	158.30	243.53
	机　械　费（元）			437.07	674.66	1035.73
名　　称		单位	单价（元）	消　　耗　　量		
人工	综合工日	工日	140.00	4.290	6.599	10.153
材料	白布	m	6.14	1.056	1.625	2.500
	低碳钢焊条	kg	6.84	2.366	3.640	5.600
	钢板	kg	3.17	0.845	1.300	2.000
	金属清洗剂	kg	8.66	0.395	0.607	0.933
	橡胶板	kg	2.91	1.859	2.860	4.400
	型钢	kg	3.70	14.788	22.750	35.000
	氧气	m³	3.63	1.479	2.275	3.500
	乙炔气	kg	10.45	0.634	0.975	1.500
	其他材料费占材料费	%	—	2.000	2.000	2.000
机械	电动单筒慢速卷扬机 30kN	台班	210.22	1.207	1.857	2.857
	交流弧焊机 21kV·A	台班	57.35	0.490	0.754	1.159
	汽车式起重机 16t	台班	958.70	0.080	0.124	0.190
	汽车式起重机 25t	台班	1084.16	0.032	0.050	0.076
	载重汽车 10t	台班	547.99	0.080	0.124	0.190

8.空气斜槽安装

工作内容：开箱、搬运、检查、安装、调整。　　　　　　　　　　　　　　　计量单位：台

定　额　编　号			A2-7-68	A2-7-69
项　目　名　称			斜槽规格	
			B=250mm	B=400mm
			L=18.5m	L=26.5m
基　　价（元）			1578.80	2920.68
其中	人　工　费（元）		711.34	1316.14
	材　料　费（元）		356.54	731.99
	机　械　费（元）		510.92	872.55
名　　称	单位	单价（元）	消　耗　量	
人工 综合工日	工日	140.00	5.081	9.401
材料 X射线胶片 80×300	张	4.96	2.000	4.000
低碳钢焊条	kg	6.84	29.660	66.720
钢板	kg	3.17	1.110	1.570
棉纱头	kg	6.00	2.000	5.000
尼龙砂轮片 φ100×16×3	片	2.56	5.730	10.130
砂轮片 φ200	片	4.00	0.400	0.850
石棉橡胶板	kg	9.40	1.210	1.960
水	m³	7.96	3.830	5.480
氧气	m³	3.63	8.660	15.790
乙炔气	kg	10.45	3.031	5.527
其他材料费占材料费	%	—	2.000	2.000
机械 X射线探伤机	台班	91.29	0.095	0.143
交流弧焊机 32kV·A	台班	83.14	4.581	8.124
汽车式起重机 8t	台班	763.67	0.095	0.095
试压泵 60MPa	台班	24.08	0.048	0.067
载重汽车 8t	台班	501.85	0.095	0.219

9.电动灰斗门安装

工作内容：检查、安装、调整。

计量单位：只

定 额 编 号			A2-7-70	A2-7-71	A2-7-72
项 目 名 称			闸板门(mm)		
			300×300	400×400	500×500
基 价（元）			187.01	211.08	264.53
其中	人 工 费（元）		167.86	184.80	224.14
	材 料 费（元）		9.45	15.00	22.24
	机 械 费（元）		9.70	11.28	18.15
名 称	单位	单价（元）	消 耗 量		
人工	综合工日	工日	140.00	1.199	1.320	1.601
材料	低碳钢焊条	kg	6.84	0.210	0.300	0.420
	酚醛调和漆	kg	7.90	0.200	0.330	0.500
	黄干油	kg	5.15	0.300	0.400	0.500
	石棉橡胶板	kg	9.40	0.500	0.850	1.320
	其他材料费占材料费	%	—	2.000	2.000	2.000
机械	叉式起重机 3t	台班	495.91	0.010	0.010	0.019
	交流弧焊机 32kV·A	台班	83.14	0.057	0.076	0.105

工作内容：检查、安装、调整。 计量单位：只

定 额 编 号				A2-7-73	A2-7-74	A2-7-75
项 目 名 称				电动三通门(mm)		
				300×300	400×400	500×500
基 价 （元）				292.53	375.48	467.61
其中	人 工 费（元）			263.20	336.14	408.80
	材 料 费（元）			13.59	22.02	33.37
	机 械 费（元）			15.74	17.32	25.44
名 称		单位	单价（元）	消 耗 量		
人工	综合工日	工日	140.00	1.880	2.401	2.920
材料	低碳钢焊条	kg	6.84	0.280	0.380	0.550
	酚醛调和漆	kg	7.90	0.350	0.650	1.000
	黄干油	kg	5.15	0.400	0.500	0.620
	石棉橡胶板	kg	9.40	0.700	1.200	1.900
	其他材料费占材料费	%	—	2.000	2.000	2.000
机械	叉式起重机 3t	台班	495.91	0.019	0.019	0.029
	交流弧焊机 32kV·A	台班	83.14	0.076	0.095	0.133

259

10.电动锁气器安装

工作内容：开箱、搬运、检查、安装、调整。

计量单位：台

定 额 编 号				A2-7-76	A2-7-77	A2-7-78	A2-7-79
项 目 名 称				电动锁气器(m³/h)			
				≤6	≤15	≤20	≤25
基 价（元）				314.41	483.32	536.61	584.05
其中	人 工 费（元）			189.28	291.06	324.80	346.22
	材 料 费（元）			35.75	54.98	62.09	70.23
	机 械 费（元）			89.38	137.28	149.72	167.60
名 称		单位	单价(元)	消 耗 量			
人工	综合工日	工日	140.00	1.352	2.079	2.320	2.473
材料	低碳钢焊条	kg	6.84	1.658	2.550	2.770	3.030
	酚醛调和漆	kg	7.90	0.195	0.300	0.500	0.800
	黄干油	kg	5.15	0.195	0.300	0.350	0.400
	铅油(厚漆)	kg	6.45	0.241	0.370	0.410	0.450
	热轧薄钢板(综合)	kg	3.93	0.949	1.460	1.630	1.800
	石棉绳	kg	3.50	0.358	0.550	0.610	0.670
	型钢	kg	3.70	0.572	0.880	0.980	1.070
	氧气	m³	3.63	1.716	2.640	2.930	3.220
	乙炔气	kg	10.45	0.601	0.924	1.026	1.127
	其他材料费占材料费	%	—	2.000	2.000	2.000	2.000
机械	叉式起重机 5t	台班	506.51	0.019	0.029	0.029	0.038
	电动单筒慢速卷扬机 50kN	台班	215.57	0.186	0.286	0.314	0.343
	交流弧焊机 32kV·A	台班	83.14	0.477	0.733	0.810	0.895

第八章 发电厂水处理专用设备
安装工程

说　　明

一、本章内容包括钢筋混凝土池内设备、水处理设备、水处理辅助设备、汽水取样设备、炉内水处理装置、铜管凝汽器镀膜装置、油处理设备等安装工程。

二、有关说明

1. 设备安装定额中包括本体安装、填料装填、电动机安装、随设备供货的金属构件（如：平台、梯子、栏杆）安装、设备与管道安装后补漆、配合灌浆、配合防腐施工、就地一次仪表安装、设备水位计（表）及护罩安装。就地一次仪表的表计、表管、玻璃管、阀门以及各种填料（石英砂、磺化煤、无烟煤、活性炭、焦炭、树脂、瓷环、塑料环等）均按照设备成套供货考虑。

不包括下列工作内容，工程实际发生时，执行相应的定额。

电动机的检查、接线及空载试转；

支吊架、平台、扶梯、栏杆等金属结构配制、组装、安装与油漆及主材费；

设备保温及油漆、基础灌浆，设备接口法兰以外管道安装及管道支吊架配制与安装；

各种填料的化学稳定性试验、箱罐填料材料费。

2. 钢筋混凝土池内设备安装定额包括随设备供货安装在池体范围内的平台、梯子、栏杆、反应室、导流窗、集水槽、取样槽等、各种管道、管件、阀门的安装。不包括混凝土预制构件安装，池与池或池体外部平台、梯子、栏杆的安装，池体范围各部件及池壁的防腐和油漆。

（1）加速澄清池安装定额包括转动机械、刮泥机的安装与调整。

（2）水力循环澄清池、虹吸式滤池、重力无阀滤池安装定额包括喷嘴安装与调整。

3. 水处理设备安装包括澄清设备、过滤设备、电渗析器、软化器、衬胶离子交换器、除二氧化碳器、反渗透装置等安装，设备及随设备供应的管道、管件、阀门等安装及设备本体范围内平台、梯子、栏杆安装，滤板与滤帽（水嘴）的精选与安装、填料运搬与筛分及装填、衬里设备防腐层的检验、设备试运前灌水或水压试验。

（1）澄清设备安装定额包括澄清器本体组装焊接、空气分离器安装。定额不包括澄清器顶部小室的搭设。

（2）机械过滤设备安装定额是按照填石英砂垫层考虑的，定额综合考虑了不同形式的排水系统及不同的装填高度，执行定额时不做调整。

（3）电渗析器安装定额中不包括本体塑料（或衬里）管道、管件、阀门的安装，浓盐水泵、精密过滤器的安装；工程实际发生时，执行相关定额。

（4）软化器安装定额综合考虑了填料的不同装填高度，执行定额时不做调整。

263

（5）衬胶离子交换器安装包括阴阳离子交换器、体外再生罐、树脂贮存罐的安装。

执行阴阳离子交换器安装定额，当树脂装填高度大于定额标准时，高度每增加1m定额乘以系数1.30，高度增加＜1m时不予调整。

安装体内再生的阴阳混合离子交换器时，执行相应定额乘以系数1.10；采用体外再生的阴阳混合离子交换器时，无论是逆流再生还是浮床运行的设备，执行相应定额时均不做调整。

安装带有空气擦洗装置的体外再生罐时，执行相应定额乘以系数1.10。

（6）除二氧化碳器安装定额包括风机安装，不包括风道的制作与安装，平台、梯子、栏杆的制作与安装。执行除二氧化碳器安装定额，当填料装填高度大于定额时，每增加1m定额乘以系数1.20，增加不足1m时不予调整。

（7）反渗透装置安装定额包括卷膜式、中空式反渗透装置的设备及附件安装；精密过滤器安装定额包括精密过滤器及附件安装。

4. 水处理辅助设备安装包括酸碱贮存罐、溶液箱、计量器、搅拌器、吸收器、树脂捕捉器、水箱等安装。

（1）酸碱贮存罐（槽）安装定额不包括罐（槽）体及附件内外壁防腐。

（2）喷射器安装定额适用于酸、碱、盐、石灰、凝聚剂、蒸汽、树脂输送等各种类型、材质、规格的喷射器安装，定额中包括喷嘴的调整和支架的配制及安装。

（3）安装带有电动搅拌装置时，执行相应定额乘以1.20系数。

（4）吸收器、树脂捕捉器安装定额不包括管道安装。

（5）水箱安装定额是按照成品供货安装考虑的，不包括现场配制，工程实际发生时，应参照相应定额计算配制费。定额包括水箱本体安装、水箱支吊架安装、法兰及阀门安装、水位计安装等以及自动液位信号底座的开孔与安装。定额不包括水箱支吊架制作及油漆，自动液位信号装置的安装。

5.汽水取样设备安装定额包括取样器内部清理与安装、取样架的配制与安装，但不包括取样架主材。

6.炉内水处理装置、铜管凝汽器镀膜装置安装定额包括系统的药液制备、计量、输送和起重设备安装。

7.油处理设备安装定额包括油箱内部清理、箱体及附件的安装，以及依附在箱体上各类平台与梯子及栏杆安装。定额不包括箱体及附件以外的其他设施装置的安装，依附在箱体上各类平台与梯子及栏杆的制作、油漆，油处理设备内部的除锈与防腐。

工程量计算规则

一、钢筋混凝土池内设备安装根据工艺系统设计流程及设备出力，按照设计安装数量以"台"为计量单位。

二、水处理设备安装根据工艺系统设计流程及设备出力，按照设计安装数量以"台"为计量单位。

三、水处理辅助设备安装根据工艺系统设计流程及设备出力，按照设计安装数量以"台"为计量单位。

四、汽水取样设备安装根据工艺系统设计流程布置，按照设计安装数量以"套"为计量单位。每一套均应包括取样器、冷却器、取样阀、连通管路。

五、炉内水处理装置安装根据工艺系统设计流程布置，按照设计安装数量以"套"为计量单位。每一套均应包括溶液箱（计量箱）、搅拌器、计量泵、配套附件。

六、铜管凝汽器镀膜装置安装，按照实际安装数量以"套"为计量单位。每一套均应包括溶液箱（计量箱）、搅拌器、计量泵、配套附件。

七、油处理设备安装根据工艺系统设计流程布置，按照设计安装数量以"台"为计量单位。

一、钢筋混凝土池内设备安装

工作内容：设备检查、安装；附件安装等。

计量单位：台

定　额　编　号			A2-8-1	A2-8-2	A2-8-3
项　目　名　称			机械加速澄清池		
			出力(t/h)		
			80	120	200
基　　　　　价（元）			8542.45	9833.16	11209.65
其中	人　工　费（元）		4099.76	4783.52	5330.50
	材　料　费（元）		1397.35	1840.86	2451.96
	机　械　费（元）		3045.34	3208.78	3427.19
名　　　称	单位	单价（元）	消　　耗　　量		
人工 综合工日	工日	140.00	29.284	34.168	38.075
材料 白布	kg	6.67	1.000	1.000	1.200
齿轮油 20号	kg	6.57	4.000	4.000	5.000
低碳钢焊条	kg	6.84	40.000	48.000	48.000
镀锌铁丝 φ2.5～4.0	kg	3.57	10.000	15.000	15.000
酚醛调和漆	kg	7.90	0.500	0.500	0.500
钢板	kg	3.17	10.000	15.000	20.000
钢锯条	条	0.34	5.000	8.000	8.000
黄干油	kg	5.15	0.800	0.800	1.000
金属清洗剂	kg	8.66	1.400	1.400	1.400
毛刷	把	1.35	2.000	2.000	2.000
尼龙砂轮片 φ100×16×3	片	2.56	4.000	4.000	6.000
青壳纸 δ0.1～1.0	kg	20.84	1.000	1.000	1.000
石棉橡胶板	kg	9.40	4.000	5.000	6.000
水	m³	7.96	68.000	102.000	170.000
四氟带	kg	83.96	0.010	0.010	0.010
碳钢气焊条	kg	9.06	1.000	1.500	2.000
铁砂布	张	0.85	2.000	2.000	2.000
斜垫铁	kg	3.50	12.000	12.000	16.000
羊毛毡 6～8	m²	38.03	0.100	0.100	0.100
氧气	m³	3.63	40.000	48.000	48.000
乙炔气	kg	10.45	15.200	18.240	18.240
其他材料费占材料费	%	—	2.000	2.000	2.000
机械 电焊条烘干箱 60×50×75cm³	台班	26.46	0.952	1.143	1.143
交流弧焊机 32kV·A	台班	83.14	9.524	11.429	11.429
汽车式起重机 8t	台班	763.67	2.381	2.381	2.667
载重汽车 5t	台班	430.70	0.952	0.952	0.952

工作内容：设备检查、安装；附件安装等。 计量单位：台

定　额　编　号			A2-8-4	A2-8-5	A2-8-6
项　目　名　称			水力循环澄清池		
			出力(t/h)		
			40	60	120
基　　　价（元）			2156.16	2699.13	3930.32
其中	人　工　费（元）		863.24	1055.32	1751.40
	材　料　费（元）		560.99	830.19	1283.56
	机　械　费（元）		731.93	813.62	895.36
名　　　称		单位	单价(元)	消　　耗　　量	
人工	综合工日	工日	140.00	6.166	7.538	12.510
材料	低碳钢焊条	kg	6.84	2.000	2.000	3.000
	镀锌铁丝 φ2.5～4.0	kg	3.57	5.000	10.000	10.000
	酚醛调和漆	kg	7.90	0.200	0.250	0.750
	钢板	kg	3.17	10.000	10.000	10.000
	钢锯条	条	0.34	4.000	4.000	4.000
	尼龙砂轮片 φ100×16×3	片	2.56	1.000	1.000	1.000
	石棉	kg	3.20	4.800	6.000	10.500
	石棉橡胶板	kg	9.40	3.000	4.000	5.000
	水	m³	7.96	45.000	70.000	116.000
	水泥 32.5级	kg	0.29	12.000	14.000	26.000
	四氟带	kg	83.96	0.010	0.010	0.010
	碳钢气焊条	kg	9.06	0.500	0.500	0.500
	氧气	m³	3.63	8.000	12.000	16.000
	乙炔气	kg	10.45	3.040	4.560	6.080
	油麻丝	kg	4.10	2.400	3.000	5.400
	其他材料费占材料费	%	—	2.000	2.000	2.000
机械	电焊条烘干箱 60×50×75cm³	台班	26.46	0.190	0.286	0.381
	交流弧焊机 32kV·A	台班	83.14	1.905	2.857	3.810
	汽车式起重机 8t	台班	763.67	0.476	0.476	0.476
	载重汽车 5t	台班	430.70	0.476	0.476	0.476

268

工作内容：设备检查、安装；附件安装等。 计量单位：台

定　额　编　号			A2-8-7	A2-8-8
项　目　名　称			虹吸式滤池	
			出力(t/h)	
			≤180	≤360
基　　　价（元）			20081.43	30894.82
其中	人　工　费（元）		9436.42	14517.44
	材　料　费（元）		5517.31	8488.18
	机　械　费（元）		5127.70	7889.20
名　　　称		单位	单价（元）	消　耗　量	
人工	综合工日	工日	140.00	67.403	103.696
材料	低碳钢焊条	kg	6.84	41.600	64.000
	镀锌铁丝 φ2.5～4.0	kg	3.57	7.800	12.000
	酚醛调和漆	kg	7.90	0.325	0.500
	钢板	kg	3.17	87.750	135.000
	钢锯条	条	0.34	16.900	26.000
	金属清洗剂	kg	8.66	1.213	1.867
	尼龙砂轮片 φ100×16×3	片	2.56	5.200	8.000
	石棉	kg	3.20	62.400	96.000
	石棉橡胶板	kg	9.40	11.700	18.000
	水	m³	7.96	498.550	767.000
	水泥 32.5级	kg	0.29	143.650	221.000
	四氟带	kg	83.96	0.013	0.020
	碳钢气焊条	kg	9.06	3.250	5.000
	氧气	m³	3.63	41.600	64.000
	乙炔气	kg	10.45	15.808	24.320
	油麻丝	kg	4.10	29.250	45.000
	其他材料费占材料费	%	—	2.000	2.000
机械	电焊条烘干箱 60×50×75cm³	台班	26.46	0.990	1.524
	交流弧焊机 32kV·A	台班	83.14	9.905	15.238
	汽车式起重机 8t	台班	763.67	4.457	6.857
	载重汽车 5t	台班	430.70	2.030	3.124

工作内容：设备检查、安装；附件安装等。 计量单位：台

定 额 编 号				A2-8-9
项 目 名 称				重力无阀滤池
				出力(t/h)
				≤80
基 价（元）				5435.62
其中	人 工 费（元）			3319.96
	材 料 费（元）			615.97
	机 械 费（元）			1499.69
名 称		单位	单价（元）	消 耗 量
人工	综合工日	工日	140.00	23.714
材料	低碳钢焊条	kg	6.84	18.000
	镀锌铁丝 φ2.5～4.0	kg	3.57	10.000
	酚醛调和漆	kg	7.90	0.250
	钢板	kg	3.17	10.000
	钢锯条	条	0.34	4.000
	金属清洗剂	kg	8.66	0.467
	尼龙砂轮片 φ100×16×3	片	2.56	4.000
	石棉橡胶板	kg	9.40	1.500
	水	m³	7.96	34.000
	四氟带	kg	83.96	0.020
	碳钢气焊条	kg	9.06	2.000
	氧气	m³	3.63	12.000
	乙炔气	kg	10.45	4.560
	其他材料费占材料费	%	—	2.000
机械	电焊条烘干箱 60×50×75cm³	台班	26.46	0.352
	交流弧焊机 32kV·A	台班	83.14	3.524
	汽车式起重机 8t	台班	763.67	0.762
	载重汽车 5t	台班	430.70	1.429

二、水处理设备安装

1.澄清设备安装

工作内容：基础检查；开箱、搬运、检查、安装等。　　　　　　　　　　　　　　　　计量单位：台

定　额　编　号			A2-8-10	A2-8-11
项　目　名　称			澄清器	
			出力(t/h)	
			≤50	≤100
基　　　价（元）			20004.12	30587.91
其中	人　工　费（元）		5994.10	9453.36
	材　料　费（元）		2326.25	3914.74
	机　械　费（元）		11683.77	17219.81
名　称		单位	单价（元）	消　　耗　　量	
人工	综合工日	工日	140.00	42.815	67.524
材料	白布	kg	6.67	0.100	0.140
	低碳钢焊条	kg	6.84	64.000	96.000
	镀锌铁丝 φ2.5～4.0	kg	3.57	50.000	80.000
	酚醛调和漆	kg	7.90	24.000	36.200
	钢板	kg	3.17	40.000	60.000
	钢锯条	条	0.34	6.000	8.000
	金属清洗剂	kg	8.66	0.700	1.167
	毛刷	把	1.35	2.000	2.000
	尼龙砂轮片 φ100×16×3	片	2.56	3.000	6.000
	石棉橡胶板	kg	9.40	2.000	3.000
	水	m³	7.96	100.000	200.000
	四氟带	kg	83.96	0.020	0.030
	松节油	kg	3.39	1.920	2.900
	碳钢气焊条	kg	9.06	1.200	1.500
	铁砂布	张	0.85	10.000	14.000
	氧气	m³	3.63	64.000	96.000
	乙炔气	kg	10.45	24.320	36.480
	其他材料费占材料费	%	—	2.000	2.000
机械	电焊条烘干箱 60×50×75cm³	台班	26.46	2.286	3.429
	交流弧焊机 32kV·A	台班	83.14	22.857	34.286
	门式起重机 30t	台班	741.29	0.990	1.238
	汽车式起重机 40t	台班	1526.12	4.762	7.143
	汽车式起重机 8t	台班	763.67	1.067	1.333
	载重汽车 5t	台班	430.70	0.952	1.905
	载重汽车 8t	台班	501.85	0.990	1.238

工作内容：基础检查；开箱、搬运、检查、安装等。 计量单位：台

定 额 编 号				A2-8-12	A2-8-13	A2-8-14	A2-8-15
项 目 名 称				压力式混合器			
				直径(mm)			
				≤800	≤1000	≤1250	≤1600
基 价（元）				984.68	1019.61	1033.02	1358.78
其中	人 工 费（元）			591.64	607.60	616.98	785.96
	材 料 费（元）			125.26	144.23	148.26	190.39
	机 械 费（元）			267.78	267.78	267.78	382.43
名 称		单位	单价（元）	消 耗 量			
人工	综合工日	工日	140.00	4.226	4.340	4.407	5.614
材料	白布	kg	6.67	0.500	0.500	0.500	0.750
	低碳钢焊条	kg	6.84	2.000	2.000	2.000	2.000
	镀锌铁丝 φ2.5～4.0	kg	3.57	3.000	4.000	4.000	5.000
	酚醛调和漆	kg	7.90	2.200	3.300	3.800	5.200
	钢板	kg	3.17	8.000	10.000	10.000	12.000
	钢锯条	条	0.34	4.000	4.000	4.000	6.000
	耐酸橡胶板 δ3	kg	17.99	2.000	2.000	2.000	3.000
	四氟带	kg	83.96	0.010	0.010	0.010	0.010
	氧气	m³	3.63	2.000	2.000	2.000	2.000
	乙炔气	kg	10.45	0.660	0.660	0.660	0.660
	其他材料费占材料费	%	—	2.000	2.000	2.000	2.000
机械	电焊条烘干箱 60×50×75cm³	台班	26.46	0.048	0.048	0.048	0.048
	交流弧焊机 32kV·A	台班	83.14	0.476	0.476	0.476	0.476
	汽车式起重机 8t	台班	763.67	0.190	0.190	0.190	0.286
	载重汽车 5t	台班	430.70	0.190	0.190	0.190	0.286

工作内容：基础检查；开箱、搬运、检查、安装等。　　　　　　　　　　　　计量单位：台

定　额　编　号				A2-8-16	A2-8-17
项　目　名　称				重力式双阀滤池	重力式多阀滤池
				出力(t/h)	
				≤80	
基　　　　价（元）				5566.33	7090.38
其中	人　工　费（元）			3227.42	4518.08
	材　料　费（元）			999.02	1165.95
	机　械　费（元）			1339.89	1406.35
名　　称		单位	单价（元）	消　　耗　　量	
人工	综合工日	工日	140.00	23.053	32.272
材料	白布	kg	6.67	0.050	0.070
	低碳钢焊条	kg	6.84	24.000	24.000
	镀锌铁丝 φ2.5～4.0	kg	3.57	10.000	10.000
	酚醛调和漆	kg	7.90	12.200	17.500
	钢板	kg	3.17	50.000	50.000
	钢锯条	条	0.34	4.000	4.000
	金属清洗剂	kg	8.66	0.233	0.233
	尼龙砂轮片 φ100×16×3	片	2.56	4.000	4.000
	石棉橡胶板	kg	9.40	3.000	3.000
	水	m³	7.96	42.000	50.000
	四氟带	kg	83.96	0.010	0.010
	松节油	kg	3.39	1.000	1.000
	碳钢气焊条	kg	9.06	2.000	1.500
	铁砂布	张	0.85	5.000	7.000
	氧气	m³	3.63	16.000	24.000
	乙炔气	kg	10.45	6.080	9.120
	其他材料费占材料费	%	—	2.000	2.000
机械	电动单筒慢速卷扬机 50kN	台班	215.57	1.905	1.905
	电焊条烘干箱 60×50×75cm³	台班	26.46	0.381	0.381
	交流弧焊机 32kV·A	台班	83.14	3.810	3.810
	汽车式起重机 12t	台班	857.15	—	0.476
	汽车式起重机 8t	台班	763.67	0.476	—
	载重汽车 10t	台班	547.99	—	0.476
	载重汽车 8t	台班	501.85	0.476	—

2.机械过滤设备安装

工作内容：基础检查；垫铁配制及安装；开箱、搬运、检查、安装等。　　　　　　　计量单位：台

定　额　编　号			A2-8-18	A2-8-19	A2-8-20	A2-8-21
项　目　名　称			单流式			
			直径(mm)			
			≤800	≤1000	≤1250	≤1600
基　　　　　价（元）			1826.19	2179.20	2524.03	3106.61
其中	人　工　费（元）		1202.88	1469.72	1686.72	2092.72
	材　料　费（元）		155.70	198.66	244.65	266.42
	机　械　费（元）		467.61	510.82	592.66	747.47
名　　　称	单位	单价(元)	消　　耗　　量			
人工 综合工日	工日	140.00	8.592	10.498	12.048	14.948
材料 白布	kg	6.67	0.300	0.360	0.360	0.370
低碳钢焊条	kg	6.84	2.000	2.000	3.000	3.000
镀锌铁丝 φ2.5~4.0	kg	3.57	3.360	4.480	4.720	6.170
酚醛调和漆	kg	7.90	2.000	2.800	3.200	4.200
钢板	kg	3.17	8.000	10.000	10.000	12.000
钢锯条	条	0.34	4.000	4.000	4.000	6.000
黑铅粉	kg	5.13	0.050	0.050	0.050	0.050
红丹粉	kg	9.23	0.050	0.050	0.050	0.050
机油	kg	19.66	0.100	0.100	0.100	0.100
金属清洗剂	kg	8.66	0.035	0.070	0.070	0.070
棉纱头	kg	6.00	0.300	0.360	0.360	0.370
耐酸橡胶板 δ3	kg	17.99	2.230	3.450	4.450	4.450
溶剂汽油 200号	kg	5.64	0.150	0.300	0.300	0.300
四氟带	kg	83.96	0.010	0.010	0.010	0.010
松节油	kg	3.39	0.160	0.220	0.260	0.340
碳钢气焊条	kg	9.06	0.200	0.200	0.300	0.300
铁砂布	张	0.85	2.000	2.000	2.000	3.000
橡胶石棉盘根	kg	7.00	0.200	0.400	0.400	0.400
氧气	m³	3.63	4.000	4.000	6.000	6.000
乙炔气	kg	10.45	1.520	1.520	2.280	2.280
其他材料费占材料费	%	—	2.000	2.000	2.000	2.000
机械 电焊条烘干箱 60×50×75cm³	台班	26.46	0.095	0.095	0.143	0.143
交流弧焊机 32kV·A	台班	83.14	0.952	0.952	1.429	1.429
汽车式起重机 8t	台班	763.67	0.286	0.286	0.286	0.381
试压泵 60MPa	台班	24.08	0.143	0.238	0.238	0.238
载重汽车 5t	台班	430.70	0.381	0.476	0.571	0.762

工作内容：基础检查；垫铁配制及安装；开箱、搬运、检查、安装等。　　　　　　　　　　　计量单位：台

定　额　编　号				A2-8-22	A2-8-23	A2-8-24	A2-8-25
项　目　名　称				双流式			
				直径(mm)			
				≤800	≤1000	≤1250	≤1600
基　　　　价（元）				2178.67	2454.02	2764.93	3314.89
其中	人　工　费（元）			1433.32	1620.92	1862.56	2219.42
	材　料　费（元）			195.99	240.54	268.89	307.18
	机　械　费（元）			549.36	592.56	633.48	788.29
名　　　称		单位	单价（元）	消　　耗　　量			
人工	综合工日	工日	140.00	10.238	11.578	13.304	15.853
材料	白布	kg	6.67	0.300	0.400	0.400	0.400
	低碳钢焊条	kg	6.84	3.000	3.000	4.000	4.000
	镀锌铁丝 φ2.5～4.0	kg	3.57	3.400	4.560	4.720	6.170
	凡尔砂	kg	15.38	0.020	0.020	0.020	0.020
	酚醛调和漆	kg	7.90	2.000	2.800	3.200	4.200
	钢板	kg	3.17	8.000	10.000	10.000	12.000
	钢锯条	条	0.34	4.000	4.000	4.000	4.000
	黑铅粉	kg	5.13	0.050	0.050	0.050	0.050
	红丹粉	kg	9.23	0.050	0.050	0.050	0.050
	机油	kg	19.66	0.100	0.100	0.100	0.100
	金属清洗剂	kg	8.66	0.035	0.070	0.070	0.070
	棉纱头	kg	6.00	0.300	0.400	0.400	0.400
	耐酸橡胶板 δ3	kg	17.99	2.230	3.500	4.450	4.450
	溶剂汽油 200号	kg	5.64	0.150	0.300	0.300	0.300
	四氟带	kg	83.96	0.010	0.010	0.010	0.020
	松节油	kg	3.39	0.160	0.220	0.260	0.340
	碳钢气焊条	kg	9.06	0.400	0.400	0.400	0.600
	铁砂布	张	0.85	2.000	2.000	2.000	2.000
	橡胶石棉盘根	kg	7.00	0.200	0.400	0.400	0.400
	氧气	m³	3.63	8.000	8.000	8.000	10.000
	乙炔气	kg	10.45	3.040	3.040	3.040	3.800
	其他材料费占材料费	%	—	2.000	2.000	2.000	2.000
机械	电焊条烘干箱 60×50×75cm³	台班	26.46	0.190	0.190	0.190	0.190
	交流弧焊机 32kV·A	台班	83.14	1.905	1.905	1.905	1.905
	汽车式起重机 8t	台班	763.67	0.286	0.286	0.286	0.381
	试压泵 60MPa	台班	24.08	0.143	0.238	0.238	0.238
	载重汽车 5t	台班	430.70	0.381	0.476	0.571	0.762

3.电渗析器安装

工作内容：开箱、搬运、检查、安装等。

计量单位：台

定　额　编　号				A2-8-26	A2-8-27
项　目　名　称				电渗析器	
				出力(t/h)	
				2～9以内	10～30以内
基　　　　　价（元）				1432.50	1726.07
其中	人　工　费（元）			698.60	991.76
	材　料　费（元）			124.54	124.95
	机　械　费（元）			609.36	609.36
名　称		单位	单价（元）	消　耗　量	
人工	综合工日	工日	140.00	4.990	7.084
材料	白布	kg	6.67	0.750	0.750
	低碳钢焊条	kg	6.84	0.600	0.600
	酚醛调和漆	kg	7.90	0.250	0.300
	钢板	kg	3.17	8.000	8.000
	聚氯乙烯薄膜	m²	1.37	0.500	0.500
	氯化钠	kg	1.23	40.000	40.000
	四氟带	kg	83.96	0.010	0.010
	碳钢气焊条	kg	9.06	0.500	0.500
	氧气	m³	3.63	4.000	4.000
	乙炔气	kg	10.45	1.520	1.520
	其他材料费占材料费	%	—	2.000	2.000
机械	电焊条烘干箱 60×50×75cm³	台班	26.46	0.048	0.048
	交流弧焊机 32kV·A	台班	83.14	0.476	0.476
	汽车式起重机 8t	台班	763.67	0.476	0.476
	载重汽车 5t	台班	430.70	0.476	0.476

4. 软化器安装

工作内容：基础检查；垫铁配制及安装；开箱、搬运、检查、安装等。　　　　　　　　　计量单位：台

定　额　编　号			A2-8-28	A2-8-29	A2-8-30	A2-8-31
项　目　名　称			钠离子软化器			
			直径(mm)			
			≤800	≤1000	≤1250	≤1600
基　　　　价（元）			1610.79	1921.53	2733.81	3307.56
其中	人　工　费（元）		968.94	1118.18	1771.98	2144.24
	材　料　费（元）		174.24	253.90	286.91	330.57
	机　械　费（元）		467.61	549.45	674.92	832.75
名　　　称	单位	单价(元)	消　　耗　　量			
人工	综合工日	工日	140.00	6.921	7.987	12.657	15.316
材　料	白布	kg	6.67	0.260	0.260	0.370	0.470
	低碳钢焊条	kg	6.84	2.000	3.000	3.000	4.000
	镀锌铁丝　φ2.5～4.0	kg	3.57	3.240	4.480	4.500	6.500
	凡尔砂	kg	15.38	0.010	0.010	0.020	0.020
	酚醛调和漆	kg	7.90	2.200	3.000	3.800	5.200
	钢板	kg	3.17	8.000	10.000	10.000	12.000
	钢锯条	条	0.34	2.000	2.000	4.000	4.000
	黑铅粉	kg	5.13	0.050	0.050	0.050	0.050
	红丹粉	kg	9.23	0.050	0.050	0.050	0.050
	机油	kg	19.66	0.100	0.100	0.150	0.200
	金属清洗剂	kg	8.66	0.035	0.035	0.070	0.117
	棉纱头	kg	6.00	0.260	0.260	0.370	0.470
	耐酸橡胶板 δ3	kg	17.99	3.230	6.230	6.450	6.680
	溶剂汽油 200号	kg	5.64	0.150	0.150	0.300	0.500
	四氟带	kg	83.96	0.010	0.010	0.010	0.010
	松节油	kg	3.39	0.180	0.240	0.300	0.400
	碳钢气焊条	kg	9.06	0.200	0.200	0.200	0.300
	铁砂布	张	0.85	2.000	2.000	3.000	4.000
	橡胶石棉盘根	kg	7.00	0.200	0.200	0.400	0.600
	氧气	m³	3.63	4.000	4.000	6.000	6.000
	乙炔气	kg	10.45	1.520	1.520	2.280	2.280
	其他材料费占材料费	%	—	2.000	2.000	2.000	2.000
机　械	电焊条烘干箱 60×50×75cm³	台班	26.46	0.095	0.095	0.143	0.143
	交流弧焊机 32kV·A	台班	83.14	0.952	0.952	1.429	1.429
	汽车式起重机 8t	台班	763.67	0.286	0.286	0.286	0.381
	试压泵 60MPa	台班	24.08	0.143	0.143	0.238	0.381
	载重汽车 5t	台班	430.70	0.381	0.571	0.762	0.952

工作内容：基础检查；垫铁配制及安装；开箱、搬运、检查、安装等。 计量单位：台

定 额 编 号			A2-8-32	A2-8-33	A2-8-34	A2-8-35
项 目 名 称			钠离子软化器		食盐溶解过滤器	
			直径(mm)			
			≤1800	≤2000	≤426	≤670
基 价（元）			3727.42	4409.21	802.95	901.38
其中	人 工 费（元）		2377.62	2870.14	432.88	527.52
	材 料 费（元）		393.87	432.85	98.85	102.64
	机 械 费（元）		955.93	1106.22	271.22	271.22
名 称	单位	单价（元）	消 耗 量			
人工 综合工日	工日	140.00	16.983	20.501	3.092	3.768
材料 白布	kg	6.67	0.470	0.480	0.250	0.250
低碳钢焊条	kg	6.84	4.000	5.000	1.000	1.000
镀锌铁丝 φ2.5～4.0	kg	3.57	6.920	8.370	1.000	1.000
凡尔砂	kg	15.38	0.020	0.020	0.010	0.010
酚醛调和漆	kg	7.90	6.000	7.000	0.130	0.200
钢板	kg	3.17	12.000	15.000	5.000	6.000
钢锯条	条	0.34	4.000	4.000	—	—
黑铅粉	kg	5.13	0.050	0.100	0.050	0.050
红丹粉	kg	9.23	0.050	0.100	0.050	0.050
机油	kg	19.66	0.200	0.250	0.100	0.100
金属清洗剂	kg	8.66	0.117	0.117	0.035	0.035
棉纱头	kg	6.00	0.470	0.480	0.250	0.250
耐酸橡胶板 δ3	kg	17.99	9.680	9.900	2.000	2.000
溶剂汽油 200号	kg	5.64	0.500	0.500	0.150	0.150
石棉橡胶板	kg	9.40	—	—	0.230	0.230
四氟带	kg	83.96	0.010	0.020	0.010	0.010
松节油	kg	3.39	0.480	0.560	—	—
碳钢气焊条	kg	9.06	0.300	0.300	—	—
铁砂布	张	0.85	4.000	5.000	1.000	1.000
橡胶石棉盘根	kg	7.00	0.600	0.750	0.200	0.200
氧气	m³	3.63	6.000	6.000	3.000	3.000
乙炔气	kg	10.45	2.280	2.280	0.990	0.990
其他材料费占材料费	%	—	2.000	2.000	2.000	2.000
机械 电焊条烘干箱 60×50×75cm³	台班	26.46	0.143	0.143	0.048	0.048
交流弧焊机 32kV·A	台班	83.14	1.429	1.429	0.476	0.476
汽车式起重机 8t	台班	763.67	0.381	0.381	0.190	0.190
试压泵 60MPa	台班	24.08	0.381	0.381	0.143	0.143
载重汽车 5t	台班	430.70	1.238	1.143	0.190	0.190
载重汽车 8t	台班	501.85	—	0.381	—	—

5.衬胶离子交换器安装

工作内容：基础检查；垫铁配制及安装；开箱、搬运、检查、安装等。 计量单位：台

定 额 编 号			A2-8-36	A2-8-37	A2-8-38
项 目 名 称			阴阳离子交换器		
			直径(mm)		
			≤800	≤1000	≤1250
			树脂高1.6m		
基 价 （元）			1796.47	1983.08	2394.07
其中	人 工 费 （元）		1037.40	1146.46	1463.98
	材 料 费 （元）		210.32	287.87	296.06
	机 械 费 （元）		548.75	548.75	634.03
名 称	单位	单价(元)	消 耗 量		
人工	综合工日	工日	140.00	7.410	8.189	10.457
材料	白布	kg	6.67	0.200	0.200	0.200
	白麻绳 φ26	kg	8.55	6.000	6.000	6.000
	不锈钢焊条	kg	38.46	0.200	0.200	0.200
	低碳钢焊条	kg	6.84	2.500	3.000	3.000
	镀锌铁丝 φ2.5～4.0	kg	3.57	3.240	4.380	4.600
	酚醛调和漆	kg	7.90	2.000	2.800	3.600
	钢板	kg	3.17	8.000	10.000	10.000
	钢锯条	条	0.34	2.000	2.000	4.000
	耐酸橡胶板 δ3	kg	17.99	3.000	6.000	6.000
	尼龙绳(综合)	kg	8.55	0.100	0.200	0.200
	四氟带	kg	83.96	0.010	0.010	0.010
	松节油	kg	3.39	0.160	0.220	0.290
	铁砂布	张	0.85	1.000	2.000	2.000
	氧气	m³	3.63	2.000	2.000	2.000
	乙炔气	kg	10.45	0.660	0.660	0.660
	硬聚氯乙烯焊条	kg	20.77	0.200	0.200	0.200
	其他材料费占材料费	%	—	2.000	2.000	2.000
机械	电动空气压缩机 0.6m³/min	台班	37.30	2.114	2.114	2.114
	电焊条烘干箱 60×50×75cm³	台班	26.46	0.095	0.095	0.095
	交流弧焊机 32kV·A	台班	83.14	0.952	0.952	0.952
	汽车式起重机 8t	台班	763.67	0.286	0.286	0.286
	试压泵 60MPa	台班	24.08	0.238	0.238	0.381
	载重汽车 5t	台班	430.70	0.381	0.381	0.571

工作内容：基础检查；垫铁配制及安装；开箱、搬运、检查、安装等。 计量单位：台

定 额 编 号			A2-8-39	A2-8-40	A2-8-41
项 目 名 称			阴阳离子交换器		
			直径(mm)		
			≤1600	≤1800	≤2000
			树脂高2m		
基 价（元）			3008.02	3423.47	3965.82
其中	人 工 费（元）		1853.18	2081.94	2368.38
	材 料 费（元）		325.08	386.30	410.09
	机 械 费（元）		829.76	955.23	1187.35
名 称	单位	单价(元)	消 耗 量		
人工	综合工日	工日	140.00	13.237	14.871	16.917
材料	白布	kg	6.67	0.200	0.200	0.200
	白麻绳 φ26	kg	8.55	6.000	6.000	6.000
	不锈钢焊条	kg	38.46	0.200	0.200	0.200
	低碳钢焊条	kg	6.84	3.000	3.000	3.000
	镀锌铁丝 φ2.5~4.0	kg	3.57	6.200	6.500	7.860
	酚醛调和漆	kg	7.90	5.400	6.000	7.000
	钢板	kg	3.17	12.000	12.000	15.000
	钢锯条	条	0.34	4.000	4.000	4.000
	耐酸橡胶板 δ3	kg	17.99	6.000	9.000	9.000
	尼龙绳（综合）	kg	8.55	0.300	0.300	0.400
	四氟带	kg	83.96	0.010	0.010	0.010
	松节油	kg	3.39	0.430	0.500	0.560
	铁砂布	张	0.85	3.000	3.000	3.000
	氧气	m³	3.63	2.000	2.000	2.000
	乙炔气	kg	10.45	0.660	0.660	0.660
	硬聚氯乙烯焊条	kg	20.77	0.200	0.200	0.200
	其他材料费占材料费	%	—	2.000	2.000	2.000
机械	电动空气压缩机 0.6m³/min	台班	37.30	2.114	2.114	2.114
	电焊条烘干箱 60×50×75cm³	台班	26.46	0.095	0.095	0.095
	交流弧焊机 32kV·A	台班	83.14	0.952	0.952	0.952
	汽车式起重机 8t	台班	763.67	0.381	0.381	0.381
	试压泵 60MPa	台班	24.08	0.381	0.476	0.476
	载重汽车 5t	台班	430.70	0.857	1.143	1.238
	载重汽车 8t	台班	501.85	—	—	0.381

工作内容：基础检查；垫铁配制及安装；开箱、搬运、检查、安装等。　　　　　　　　　　　　计量单位：台

定　额　编　号			A2-8-42	A2-8-43	A2-8-44	A2-8-45
项　目　名　称			体外再生罐			
			直径(mm)			
			≤800	≤1000	≤1250	≤1600
基　　　　价（元）			1696.66	1868.95	2082.34	2490.17
其中	人　工　费（元）		974.12	1031.24	1237.88	1460.90
	材　料　费（元）		214.70	288.96	295.71	322.69
	机　械　费（元）		507.84	548.75	548.75	706.58
名　　　称	单位	单价(元)	消　　耗　　量			
人工 综合工日	工日	140.00	6.958	7.366	8.842	10.435
材料 白布	kg	6.67	0.100	0.100	0.100	0.100
白麻绳 φ26	kg	8.55	6.000	6.000	6.000	6.000
不锈钢焊条	kg	38.46	0.200	0.200	0.200	0.200
低碳钢焊条	kg	6.84	3.000	3.000	3.000	3.000
镀锌铁丝 φ2.5～4.0	kg	3.57	3.000	4.000	4.000	5.000
酚醛调和漆	kg	7.90	2.200	3.100	3.900	5.700
钢板	kg	3.17	8.000	10.000	10.000	12.000
钢锯条	条	0.34	4.000	4.000	4.000	4.000
耐酸橡胶板 δ3	kg	17.99	3.000	6.000	6.000	6.000
尼龙绳(综合)	kg	8.55	0.100	0.200	0.200	0.300
四氟带	kg	83.96	0.010	0.010	0.010	0.010
松节油	kg	3.39	0.200	0.230	0.320	0.500
铁砂布	张	0.85	1.000	2.000	2.000	2.000
氧气	m³	3.63	2.000	2.000	2.000	2.000
乙炔气	kg	10.45	0.660	0.660	0.660	0.660
硬聚氯乙烯焊条	kg	20.77	0.200	0.200	0.200	0.200
其他材料费占材料费	%	—	2.000	2.000	2.000	2.000
机械 电动空气压缩机 0.6m³/min	台班	37.30	2.114	2.114	2.114	2.114
电焊条烘干箱 60×50×75cm³	台班	26.46	0.095	0.095	0.095	0.095
交流弧焊机 32kV·A	台班	83.14	0.952	0.952	0.952	0.952
汽车式起重机 8t	台班	763.67	0.286	0.286	0.286	0.381
试压泵 60MPa	台班	24.08	0.238	0.238	0.238	0.381
载重汽车 5t	台班	430.70	0.286	0.381	0.381	0.571

工作内容：基础检查；垫铁配制及安装；开箱、搬运、检查、安装等。 计量单位：台

定　额　编　号				A2-8-46	A2-8-47	A2-8-48	A2-8-49
项　目　名　称				树脂贮存罐			
				直径(mm)			
				≤800	≤1000	≤1250	≤1600
基　　　　价（元）				1389.68	1543.22	1728.15	2131.46
其中	人　工　费（元）			668.36	710.92	888.30	1107.82
	材　料　费（元）			213.48	283.55	291.10	317.06
	机　械　费（元）			507.84	548.75	548.75	706.58
名　　称		单位	单价（元）	消　　耗　　量			
人工	综合工日	工日	140.00	4.774	5.078	6.345	7.913
材料	白布	kg	6.67	0.100	0.100	0.100	0.100
	白麻绳 φ26	kg	8.55	6.000	6.000	6.000	6.000
	不锈钢焊条	kg	38.46	0.200	0.200	0.200	0.200
	低碳钢焊条	kg	6.84	3.000	3.000	3.000	3.000
	镀锌铁丝 φ2.5~4.0	kg	3.57	3.000	4.000	4.000	5.000
	酚醛调和漆	kg	7.90	2.200	2.800	3.600	5.400
	钢板	kg	3.17	8.000	10.000	10.000	12.000
	钢锯条	条	0.34	3.000	3.000	3.000	3.000
	耐酸橡胶板 δ3	kg	17.99	3.000	6.000	6.000	6.000
	四氟带	kg	83.96	0.010	0.010	0.010	0.010
	松节油	kg	3.39	0.200	0.220	0.290	0.430
	铁砂布	张	0.85	1.000	1.000	2.000	3.000
	氧气	m³	3.63	2.000	2.000	2.000	2.000
	乙炔气	kg	10.45	0.660	0.660	0.660	0.660
	硬聚氯乙烯焊条	kg	20.77	0.200	0.200	0.200	0.200
	其他材料费占材料费	%	—	2.000	2.000	2.000	2.000
机械	电动空气压缩机 0.6m³/min	台班	37.30	2.114	2.114	2.114	2.114
	电焊条烘干箱 60×50×75cm³	台班	26.46	0.095	0.095	0.095	0.095
	交流弧焊机 32kV·A	台班	83.14	0.952	0.952	0.952	0.952
	汽车式起重机 8t	台班	763.67	0.286	0.286	0.286	0.381
	试压泵 60MPa	台班	24.08	0.238	0.238	0.238	0.381
	载重汽车 5t	台班	430.70	0.286	0.381	0.381	0.571

6.除二氧化碳器安装

工作内容：基础检查；垫铁配制及安装；开箱、搬运、检查、安装等。 计量单位：台

定 额 编 号			A2-8-50	A2-8-51	A2-8-52
项 目 名 称			填料高2m		
			直径(mm)		
			≤630	≤800	≤1000
基 价（元）			1438.94	1621.64	1839.69
其中	人 工 费（元）		752.64	891.94	1046.64
	材 料 费（元）		183.47	194.13	216.57
	机 械 费（元）		502.83	535.57	576.48
名 称	单位	单价（元）	消 耗 量		
人工	综合工日	工日	140.00	5.376	6.371	7.476
材料	白布	kg	6.67	1.500	1.500	1.500
	不锈钢焊条	kg	38.46	0.200	0.200	0.200
	低碳钢焊条	kg	6.84	1.000	1.000	1.000
	镀锌铁丝 φ2.5～4.0	kg	3.57	3.000	3.000	3.000
	酚醛调和漆	kg	7.90	1.700	2.200	2.800
	钢板	kg	3.17	12.000	12.000	14.000
	黄干油	kg	5.15	0.100	0.100	0.100
	金属清洗剂	kg	8.66	0.117	0.117	0.117
	毛刷	把	1.35	1.000	1.000	1.000
	耐酸橡胶板 δ3	kg	17.99	0.600	0.600	0.600
	溶剂汽油 200号	kg	5.64	0.500	0.500	0.500
	水	m³	7.96	1.200	2.000	3.200
	松节油	kg	3.39	0.140	0.180	0.220
	铁砂布	张	0.85	1.000	1.000	2.000
	斜垫铁	kg	3.50	8.000	8.000	8.000
	型钢	kg	3.70	6.000	6.000	6.000
	羊毛毡 6～8	m²	38.03	0.010	0.010	0.020
	氧气	m³	3.63	2.000	2.000	2.000
	乙炔气	kg	10.45	0.760	0.760	0.760
	其他材料费占材料费	%	—	2.000	2.000	2.000
机械	电焊条烘干箱 60×50×75cm³	台班	26.46	0.048	0.048	0.048
	交流弧焊机 32kV·A	台班	83.14	0.476	0.476	0.476
	汽车式起重机 16t	台班	958.70	0.190	0.190	0.190
	汽车式起重机 8t	台班	763.67	0.248	0.248	0.248
	载重汽车 5t	台班	430.70	0.210	0.286	0.381

工作内容：基础检查；垫铁配制及安装；开箱、搬运、检查、安装等。 计量单位：台

定　额　编　号				A2-8-53	A2-8-54	A2-8-55
项　目　名　称				填料高2.5m		
				直径(mm)		
				≤1250	≤1400	≤1600
基　　　价　（元）				2400.56	2581.20	2839.40
其中	人　工　费（元）			1304.66	1413.72	1564.78
	材　料　费（元）			304.73	334.96	360.27
	机　械　费（元）			791.17	832.52	914.35
名　　称		单位	单价（元）	消　　耗　　量		
人工	综合工日	工日	140.00	9.319	10.098	11.177
材料	白布	kg	6.67	2.100	2.100	2.100
	不锈钢焊条	kg	38.46	0.200	0.200	0.200
	低碳钢焊条	kg	6.84	2.000	2.000	2.000
	镀锌铁丝 φ2.5～4.0	kg	3.57	6.000	6.000	6.000
	酚醛调和漆	kg	7.90	3.800	4.400	5.000
	钢板	kg	3.17	14.000	14.000	14.000
	黄干油	kg	5.15	0.200	0.200	0.200
	金属清洗剂	kg	8.66	0.233	0.233	0.233
	毛刷	把	1.35	1.000	1.000	1.000
	耐酸橡胶板 δ3	kg	17.99	1.000	1.000	1.000
	溶剂汽油 200号	kg	5.64	1.000	1.000	1.000
	水	m³	7.96	5.000	6.300	8.800
	松节油	kg	3.39	0.300	0.350	0.400
	铁砂布	张	0.85	3.000	3.000	3.000
	斜垫铁	kg	3.50	8.000	12.000	12.000
	型钢	kg	3.70	10.000	10.000	10.000
	羊毛毡 6～8	m²	38.03	0.020	0.030	0.030
	氧气	m³	3.63	4.000	4.000	4.000
	乙炔气	kg	10.45	1.520	1.520	1.520
	其他材料费占材料费	%	—	2.000	2.000	2.000
机械	电焊条烘干箱 60×50×75cm³	台班	26.46	0.095	0.095	0.095
	交流弧焊机 32kV·A	台班	83.14	0.952	0.952	0.952
	汽车式起重机 16t	台班	958.70	0.286	0.286	0.286
	汽车式起重机 8t	台班	763.67	0.248	0.248	0.248
	载重汽车 5t	台班	430.70	0.571	0.667	0.857

7.反渗透装置安装

工作内容：基础检查；垫铁配制及安装；开箱、搬运、检查、安装等。　　　　　　　　　　　　计量单位：台

定　额　编　号				A2-8-56	A2-8-57	A2-8-58	A2-8-59
项　目　名　称				卷膜式		中空式	
				出力(t/h)			
				≤30	≤60	≤50	≤100
基　　　价（元）				2159.20	2440.46	2670.42	3490.90
其中	人　工　费（元）			708.54	944.30	811.16	1570.94
	材　料　费（元）			229.44	274.94	361.17	421.87
	机　械　费（元）			1221.22	1221.22	1498.09	1498.09
名　　　称		单位	单价（元）	消　　耗　　量			
人工	综合工日	工日	140.00	5.061	6.745	5.794	11.221
材料	白布	kg	6.67	0.793	0.793	0.793	0.793
	不锈钢焊条	kg	38.46	0.750	0.750	1.400	1.400
	低碳钢焊条	kg	6.84	1.700	1.700	3.400	3.400
	镀锌铁丝 φ1.5～2.5	kg	3.57	1.320	1.520	1.520	1.900
	甘油	kg	10.56	4.000	5.000	4.000	5.000
	钢板	kg	3.17	13.500	18.000	27.000	36.000
	耐酸橡胶板 δ3	kg	17.99	1.000	1.000	2.000	2.000
	洗衣粉	kg	4.27	4.000	5.000	2.000	3.000
	型钢	kg	3.70	8.000	12.000	12.000	16.000
	氧气	m³	3.63	2.400	2.400	4.800	4.800
	乙炔气	kg	10.45	0.840	0.840	1.680	1.680
	硬聚氯乙烯焊条	kg	20.77	0.350	0.350	0.700	0.700
	其他材料费占材料费	%	—	2.000	2.000	2.000	2.000
机械	交流弧焊机 32kV·A	台班	83.14	0.448	0.448	0.905	0.905
	普通车床 630×2000mm	台班	247.10	0.476	0.476	0.476	0.476
	汽车式起重机 12t	台班	857.15	0.952	0.952	0.952	0.952
	试压泵 60MPa	台班	24.08	0.476	0.476	0.476	0.476
	载重汽车 8t	台班	501.85	0.476	0.476	0.952	0.952

工作内容：基础检查；垫铁配制及安装；开箱、搬运、检查、安装等。　　　　　　　　　　　　　计量单位：台

定　额　编　号				A2-8-60	A2-8-61	A2-8-62
项　目　名　称				精密过滤器		
				直径(mm)		
				≤400	≤600	≤800
基　　　　价（元）				1554.27	1757.79	1961.53
其中	人　工　费（元）			782.18	892.50	1051.96
	材　料　费（元）			150.71	205.91	250.19
	机　械　费（元）			621.38	659.38	659.38
名　　　称		单位	单价（元）	消　　耗　　量		
人工	综合工日	工日	140.00	5.587	6.375	7.514
材料	白布	kg	6.67	0.793	0.793	0.793
	不锈钢焊条	kg	38.46	0.800	1.400	1.900
	低碳钢焊条	kg	6.84	1.700	2.550	2.550
	镀锌钢板(综合)	kg	3.79	1.000	1.500	2.000
	镀锌铁丝 φ1.5~2.5	kg	3.57	0.760	1.140	1.140
	酚醛调和漆	kg	7.90	1.400	1.800	2.000
	耐酸橡胶板 δ3	kg	17.99	2.000	2.000	2.500
	热轧薄钢板(综合)	kg	3.93	5.400	7.200	7.200
	铁砂布	张	0.85	2.000	2.000	2.000
	氧气	m³	3.63	3.200	4.800	6.400
	乙炔气	kg	10.45	1.120	1.680	2.240
	油漆溶剂油	kg	2.62	0.110	0.140	0.160
	其他材料费占材料费	%	—	2.000	2.000	2.000
机械	交流弧焊机 32kV·A	台班	83.14	0.448	0.905	0.905
	普通车床 630×2000mm	台班	247.10	0.476	0.476	0.476
	汽车式起重机 8t	台班	763.67	0.381	0.381	0.381
	试压泵 60MPa	台班	24.08	0.476	0.476	0.476
	载重汽车 5t	台班	430.70	0.381	0.381	0.381

三、水处理辅助设备安装

1.酸碱贮存罐安装

工作内容：基础检查、铲平；垫铁配制及安装；开箱、搬运、检查、安装等。　　　　　　　计量单位：台

定　额　编　号			A2-8-63	A2-8-64	A2-8-65	A2-8-66
项　目　名　称			容积（m³）			
			≤8	≤16	≤20	≤40
基　　　　价（元）			1046.44	1352.05	1826.28	2053.19
其中	人　工　费（元）		436.80	628.60	721.70	818.02
	材　料　费（元）		106.79	120.54	181.10	219.81
	机　械　费（元）		502.85	602.91	923.48	1015.36
名　　　称	单位	单价（元）	消　　耗　　量			
人工	综合工日	工日	140.00	3.120	4.490	5.155	5.843
材料	白布	kg	6.67	0.500	0.500	0.500	0.500
	低碳钢焊条	kg	6.84	1.000	1.000	1.000	1.000
	镀锌铁丝 φ2.5～4.0	kg	3.57	3.000	5.000	8.000	8.000
	酚醛调和漆	kg	7.90	0.250	0.250	0.250	0.500
	钢板	kg	3.17	10.000	12.000	16.000	16.000
	耐酸橡胶板 δ3	kg	17.99	2.000	2.000	4.000	6.000
	氧气	m³	3.63	2.000	2.000	2.000	2.000
	乙炔气	kg	10.45	0.660	0.660	0.660	0.660
	其他材料费占材料费	%	—	2.000	2.000	2.000	2.000
机械	电动单筒慢速卷扬机 30kN	台班	210.22	0.476	0.952	1.905	1.905
	电焊条烘干箱 60×50×75cm³	台班	26.46	0.048	0.048	0.048	0.048
	交流弧焊机 32kV·A	台班	83.14	0.476	0.476	0.476	0.476
	汽车式起重机 16t	台班	958.70	—	—	—	0.381
	汽车式起重机 8t	台班	763.67	0.286	0.286	0.381	—
	载重汽车 10t	台班	547.99	—	—	—	0.381
	载重汽车 8t	台班	501.85	0.286	0.286	0.381	—

2.溶液箱(计量箱)、计量器安装

工作内容：开箱、搬运、检查、安装等。

计量单位：台

定 额 编 号				A2-8-67	A2-8-68	A2-8-69
项 目 名 称				容积(m³)		
				≤0.5	≤1.5	≤3
基 价 (元)				588.72	658.33	784.88
其中	人 工 费 (元)			195.02	254.52	327.18
	材 料 费 (元)			85.98	96.09	129.80
	机 械 费 (元)			307.72	307.72	327.90
名 称		单位	单价(元)	消 耗 量		
人工	综合工日	工日	140.00	1.393	1.818	2.337
材料	白布	kg	6.67	0.500	0.500	0.500
	低碳钢焊条	kg	6.84	1.000	1.000	1.000
	镀锌铁丝 φ2.5～4.0	kg	3.57	3.000	4.000	6.000
	酚醛调和漆	kg	7.90	1.800	1.800	2.000
	钢板	kg	3.17	5.000	7.000	9.000
	耐酸橡胶板 δ3	kg	17.99	1.000	1.000	2.000
	松节油	kg	3.39	0.100	0.100	0.100
	铁砂布	张	0.85	1.000	1.000	1.000
	氧气	m³	3.63	2.000	2.000	2.000
	乙炔气	kg	10.45	0.660	0.660	0.660
	其他材料费占材料费	%	—	2.000	2.000	2.000
机械	电动单筒慢速卷扬机 30kN	台班	210.22	0.190	0.190	0.286
	电焊条烘干箱 60×50×75cm³	台班	26.46	0.048	0.048	0.048
	交流弧焊机 32kV·A	台班	83.14	0.476	0.476	0.476
	汽车式起重机 8t	台班	763.67	0.190	0.190	0.190
	载重汽车 5t	台班	430.70	0.190	0.190	0.190

工作内容：开箱、搬运、检查、安装等。　　　　　　　　　　　　　　　　　　　　计量单位：台

定　额　编　号			A2-8-70	A2-8-71	A2-8-72
项　目　名　称			胶囊计量器		喷射器
			直径(mm)		
			≤300	≤670	
基　　　　　价（元）			194.66	299.74	445.99
其中	人　工　费（元）		88.48	136.22	287.84
	材　料　费（元）		35.19	54.11	117.31
	机　械　费（元）		70.99	109.41	40.84
名　　　称	单位	单价（元）	消　　耗　　量		
人工 综合工日	工日	140.00	0.632	0.973	2.056
材料	白布	kg	6.67	—	—	0.250
	低碳钢焊条	kg	6.84	—	—	1.500
	镀锌铁丝 16号	kg	3.57	0.910	1.400	—
	钢板	kg	3.17	—	—	10.000
	耐酸橡胶板 δ3	kg	17.99	—	—	1.000
	尼龙砂轮片 φ100×16×3	片	2.56	—	—	1.000
	普低钢焊条 J507 φ3.2	kg	6.84	0.553	0.850	—
	橡胶板	kg	2.91	1.300	2.000	—
	型钢	kg	3.70	—	—	8.000
	氧气	m³	3.63	0.845	1.300	3.000
	乙炔气	kg	10.45	0.293	0.450	0.990
	中厚钢板 δ15以内	kg	3.60	4.876	7.500	—
	其他材料费占材料费	%	—	2.000	2.000	2.000
机械	电焊条烘干箱 60×50×75cm³	台班	26.46	—	—	0.048
	交流弧焊机 32kV·A	台班	83.14	—	—	0.476
	汽车式起重机 25t	台班	1084.16	0.037	0.057	—
	载重汽车 10t	台班	547.99	0.037	0.057	—
	直流弧焊机 40kV·A	台班	93.03	0.114	0.176	—

3.搅拌器安装

工作内容：基础检查；开箱、搬运、检查、安装等。   计量单位：台

定　额　编　号			A2-8-73	A2-8-74
项　目　名　称			容积(m³)	
			≤3	≤8
基　　　价（元）			997.06	1233.50
其中	人　工　费（元）		306.88	523.32
	材　料　费（元）		80.82	100.82
	机　械　费（元）		609.36	609.36
名　　　称		单位	单价（元）	消　耗　量	
人工	综合工日	工日	140.00	2.192	3.738
材料	白布	kg	6.67	0.500	0.500
	低碳钢焊条	kg	6.84	1.000	1.000
	镀锌铁丝 φ2.5～4.0	kg	3.57	1.000	2.000
	酚醛调和漆	kg	7.90	1.800	2.600
	钢板	kg	3.17	8.000	11.000
	黄干油	kg	5.15	0.200	0.200
	金属清洗剂	kg	8.66	0.187	0.187
	四氟带	kg	83.96	0.010	0.010
	松节油	kg	3.39	0.100	0.160
	铁砂布	张	0.85	1.000	1.000
	氧气	m³	3.63	3.000	3.000
	乙炔气	kg	10.45	0.990	0.990
	其他材料费占材料费	%	—	2.000	2.000
机械	电焊条烘干箱 60×50×75cm³	台班	26.46	0.048	0.048
	交流弧焊机 32kV·A	台班	83.14	0.476	0.476
	汽车式起重机 8t	台班	763.67	0.476	0.476
	载重汽车 5t	台班	430.70	0.476	0.476

4.吸收器安装

工作内容：基础检查；开箱、搬运、检查、安装等。 计量单位：台

定 额 编 号				A2-8-75	A2-8-76	A2-8-77
项 目 名 称				泡沫吸收器	吸收器	
				直径(mm)		
				≤600	≤266	≤362
基 价（元）				1376.63	195.76	206.77
其中	人 工 费（元）			663.18	132.16	132.16
	材 料 费（元）			145.10	63.60	74.61
	机 械 费（元）			568.35	—	—
名 称		单位	单价（元）	消 耗 量		
人工	综合工日	工日	140.00	4.737	0.944	0.944
材料	白布	kg	6.67	0.200	—	—
	低碳钢焊条	kg	6.84	2.000	—	—
	镀锌铁丝 φ2.5～4.0	kg	3.57	4.000	—	—
	酚醛调和漆	kg	7.90	1.200	0.150	0.150
	钢板	kg	3.17	13.000	—	—
	耐酸橡胶板 δ3	kg	17.99	2.000	3.400	4.000
	四氟带	kg	83.96	0.010	—	—
	松节油	kg	3.39	0.100	—	—
	碳钢气焊条	kg	9.06	1.000	—	—
	铁砂布	张	0.85	1.000	—	—
	氧气	m³	3.63	2.000	—	—
	乙炔气	kg	10.45	0.760	—	—
	其他材料费占材料费	%	—	2.000	2.000	2.000
机械	电焊条烘干箱 60×50×75cm³	台班	26.46	0.095	—	—
	交流弧焊机 32kV·A	台班	83.14	0.952	—	—
	汽车式起重机 8t	台班	763.67	0.476	—	—
	载重汽车 5t	台班	430.70	0.286	—	—

5.树脂捕捉器安装

工作内容：开箱、搬运、检查、安装、调整。

计量单位：台

定　额　编　号			A2-8-78	A2-8-79	A2-8-80
项　目　名　称			直径(mm)		
			≤133	≤219	≤273
基　　　　　价（元）			320.30	383.83	415.46
其中	人　工　费（元）		164.64	210.84	225.12
	材　料　费（元）		118.94	132.15	145.37
	机　械　费（元）		36.72	40.84	44.97
名　　称	单位	单价(元)	消　耗　量		
人工	综合工日	工日	140.00	1.176	1.506	1.608
材料	白布	kg	6.67	0.090	0.100	0.110
	低碳钢焊条	kg	6.84	0.900	1.000	1.100
	镀锌铁丝 φ2.5～4.0	kg	3.57	0.900	1.000	1.100
	酚醛调和漆	kg	7.90	0.135	0.150	0.165
	钢板	kg	3.17	3.600	4.000	4.400
	耐酸橡胶板 δ3	kg	17.99	3.600	4.000	4.400
	型钢	kg	3.70	4.500	5.000	5.500
	氧气	m³	3.63	1.800	2.000	2.200
	乙炔气	kg	10.45	0.594	0.660	0.726
	其他材料费占材料费	%	—	2.000	2.000	2.000
机械	电焊条烘干箱 60×50×75cm³	台班	26.46	0.043	0.048	0.053
	交流弧焊机 32kV·A	台班	83.14	0.428	0.476	0.524

6. 水箱安装

工作内容：基础检查、铲平；垫铁配制及安装；开箱、搬运、检查、安装等。　　　　　　　　计量单位：台

定 额 编 号			A2-8-81	A2-8-82	A2-8-83	A2-8-84
项 目 名 称			容积			
			10m³	20m³	30m³	40m³
基　　　　价（元）			1403.77	1804.36	2466.75	3399.34
其中	人　工　费（元）		511.42	696.92	933.66	1299.76
	材　料　费（元）		253.75	428.02	615.38	920.37
	机　械　费（元）		638.60	679.42	917.71	1179.21
名　　　称	单位	单价（元）	消　　耗　　量			
人工	综合工日	工日	140.00	3.653	4.978	6.669	9.284
材料	白布	kg	6.67	0.100	0.100	0.100	0.100
	低碳钢焊条	kg	6.84	3.000	5.000	6.000	8.000
	镀锌铁丝 φ2.5～4.0	kg	3.57	3.000	5.000	6.000	8.000
	酚醛调和漆	kg	7.90	5.800	8.800	11.800	16.000
	钢板	kg	3.17	5.000	7.000	9.000	12.000
	钢锯条	条	0.34	3.000	3.000	3.000	3.000
	石棉橡胶板	kg	9.40	3.000	3.000	3.000	5.000
	水	m³	7.96	12.000	24.000	36.000	60.000
	四氟带	kg	83.96	0.010	0.010	0.010	0.010
	松节油	kg	3.39	0.460	0.700	0.940	1.280
	碳钢气焊条	kg	9.06	0.300	0.300	0.350	0.350
	铁砂布	张	0.85	3.000	4.000	5.000	7.000
	氧气	m³	3.63	3.000	6.000	12.000	15.000
	乙炔气	kg	10.45	1.140	2.280	4.560	5.700
	其他材料费占材料费	%	—	2.000	2.000	2.000	2.000
机械	电焊条烘干箱 60×50×75cm³	台班	26.46	0.048	0.095	0.143	0.190
	交流弧焊机 32kV·A	台班	83.14	0.476	0.952	1.429	1.905
	门式起重机 30t	台班	741.29	0.124	0.124	0.190	0.190
	平板拖车组 10t	台班	887.11	0.190	0.190	0.286	0.286
	汽车式起重机 16t	台班	958.70	0.124	0.124	0.190	0.648
	汽车式起重机 8t	台班	763.67	0.286	0.286	0.286	—

四、汽水取样设备安装

工作内容：开箱、搬运、检查、安装等。

计量单位：套

定 额 编 号				A2-8-85
项 目 名 称				成套取样装置
基 价（元）				1347.07
其中	人 工 费（元）			663.46
	材 料 费（元）			178.43
	机 械 费（元）			505.18
名 称	单位	单价（元）	消 耗 量	
人工	综合工日	工日	140.00	4.739
材料	不锈钢焊条	kg	38.46	1.000
	镀锌铁丝 16号	kg	3.57	1.000
	焊接钢管 DN50	kg	3.38	10.000
	麻绳	kg	9.40	2.440
	普低钢焊条 J507 φ3.2	kg	6.84	2.980
	塑料软管 φ10	m	0.85	7.800
	氧气	m³	3.63	3.800
	乙炔气	kg	10.45	1.340
	油浸石棉铜丝盘根	kg	11.17	0.300
	中厚钢板 δ15以内	kg	3.60	5.000
	其他材料费占材料费	%	—	2.000
机械	门座吊 30t	台班	544.48	0.238
	汽车式起重机 25t	台班	1084.16	0.105
	载重汽车 10t	台班	547.99	0.286
	直流弧焊机 40kV·A	台班	93.03	1.129

五、炉内水处理装置安装

工作内容：开箱、搬运、检查、安装等。　　　　　　　　　　　　　　　　　　计量单位：套

定 额 编 号				A2-8-86	A2-8-87	A2-8-88
项 目 名 称				溶液箱		
				容积(m³)		
				≤1×2	≤2×1	≤4×0.6
基　　　价（元）				3164.71	4206.77	6229.92
其中	人 工 费（元）			2074.10	3164.84	4796.68
	材 料 费（元）			221.67	188.87	388.87
	机 械 费（元）			868.94	853.06	1044.37
名　　　称		单位	单价（元）	消　　耗　　量		
人工	综合工日	工日	140.00	14.815	22.606	34.262
材料	不锈钢焊条	kg	38.46	1.000	0.500	2.000
	低碳钢焊条	kg	6.84	3.000	2.500	6.300
	酚醛调和漆	kg	7.90	0.500	0.500	0.500
	钢板	kg	3.17	10.000	7.000	15.000
	聚四氟乙烯垫	kg	152.14	0.003	0.003	0.009
	聚四氟乙烯盘根	kg	59.43	0.300	0.300	0.900
	聚四氟乙烯生料带	m	0.13	4.500	4.500	9.000
	耐酸橡胶板 δ3	kg	17.99	1.500	1.500	2.000
	型钢	kg	3.70	15.000	15.000	20.000
	氧气	m³	3.63	3.000	3.000	6.000
	乙炔气	kg	10.45	1.000	1.000	2.100
	其他材料费占材料费	%	—	2.000	2.000	2.000
机械	电动单筒慢速卷扬机 30kN	台班	210.22	0.476	0.476	0.476
	电焊条烘干箱 60×50×75cm³	台班	26.46	0.190	0.190	0.476
	交流弧焊机 32kV·A	台班	83.14	1.143	0.952	3.162
	普通车床 400×1000mm	台班	210.71	0.476	0.476	0.476
	汽车式起重机 8t	台班	763.67	0.476	0.476	0.476
	载重汽车 5t	台班	430.70	0.476	0.476	0.476

六、铜管凝汽器镀膜装置安装

工作内容：开箱、搬运、检查、安装等。　　　　　　　　　　　　　　　　计量单位：套

定　额　编　号				A2-8-89	A2-8-90	A2-8-91
项　目　名　称				溶液箱		
				容积（m³）		
				≤2×4	≤2×2.5	≤2×1.6
基　　　　　价（元）				3565.04	3052.86	2942.66
其中	人　工　费（元）			2150.68	1954.68	1861.16
	材　料　费（元）			293.89	211.09	194.41
	机　械　费（元）			1120.47	887.09	887.09
名　　称		单位	单价（元）	消　　耗　　量		
人工	综合工日	工日	140.00	15.362	13.962	13.294
材料	不锈钢焊条	kg	38.46	1.000	1.000	1.000
	低碳钢焊条	kg	6.84	6.500	4.000	3.000
	酚醛调和漆	kg	7.90	0.500	0.250	0.250
	钢板	kg	3.17	15.000	10.000	7.000
	耐酸橡胶板 δ3	kg	17.99	2.000	1.500	1.500
	型钢	kg	3.70	20.000	15.000	15.000
	氧气	m³	3.63	6.000	4.000	4.000
	乙炔气	kg	10.45	2.100	1.000	1.000
	其他材料费占材料费	%	—	2.000	2.000	2.000
机械	电动单筒慢速卷扬机 30kN	台班	210.22	0.476	0.476	0.476
	电焊条烘干箱 60×50×75cm³	台班	26.46	3.352	0.876	0.876
	交流弧焊机 32kV·A	台班	83.14	3.162	1.143	1.143
	普通车床 400×1000mm	台班	210.71	0.476	0.476	0.476
	汽车式起重机 8t	台班	763.67	0.476	0.476	0.476
	载重汽车 5t	台班	430.70	0.476	0.476	0.476

七、油处理设备安装

工作内容：基础检查；垫铁配制及安装；开箱、搬运、检查、安装等。　　　　　　　　　　计量单位：台

定　额　编　号				A2-8-92	A2-8-93	A2-8-94	A2-8-95
项　目　名　称				露天油箱			中间油箱
				容积（m³）			
				≤10	≤20	≤30	≤2
基　　价（元）				1308.01	1502.53	1768.87	628.77
其中	人　工　费（元）			630.14	774.06	882.14	208.60
	材　料　费（元）			185.87	236.47	274.00	87.55
	机　械　费（元）			492.00	492.00	612.73	332.62
	名　　称	单位	单价（元）	消　　耗　　量			
人工	综合工日	工日	140.00	4.501	5.529	6.301	1.490
材料	白布	kg	6.67	2.000	3.000	3.000	0.500
	低碳钢焊条	kg	6.84	2.000	2.000	2.000	2.000
	镀锌铁丝 φ2.5～4.0	kg	3.57	5.000	5.000	6.000	1.000
	酚醛调和漆	kg	7.90	6.500	10.000	12.700	1.300
	钢板	kg	3.17	6.000	8.000	10.000	6.000
	钢锯条	条	0.34	3.000	3.000	3.000	2.000
	棉纱头	kg	6.00	1.500	2.000	2.500	0.500
	耐油石棉橡胶板 δ2	kg	7.95	3.000	3.000	3.000	1.500
	尼龙砂轮片 φ100×16×3	片	2.56	1.000	2.000	2.000	1.000
	四氟带	kg	83.96	0.010	0.020	0.020	0.010
	碳钢气焊条	kg	9.06	0.200	0.200	0.200	0.100
	铁砂布	张	0.85	6.000	9.000	12.000	1.000
	氧气	m³	3.63	3.000	3.000	3.000	2.000
	乙炔气	kg	10.45	1.140	1.140	1.140	0.760
	其他材料费占材料费	%	—	2.000	2.000	2.000	2.000
机械	电焊条烘干箱 60×50×75cm³	台班	26.46	0.048	0.048	0.048	0.048
	门式起重机 30t	台班	741.29	0.095	0.095	0.095	0.095
	汽车式起重机 8t	台班	763.67	0.381	0.381	0.476	0.190
	载重汽车 5t	台班	430.70	—	—	—	0.190
	载重汽车 8t	台班	501.85	0.190	0.190	0.286	—
	直流弧焊机 20kV·A	台班	71.43	0.476	0.476	0.476	0.476

第九章 脱硫、脱硝设备安装工程

说　　明

一、本章内容包括发电与供热项目工程中脱硫装置、脱硫辅助设备、脱硝装置、脱硝辅助设备等安装工程。

二、有关说明：

1. 脱硫设备安装

（1）设备安装定额中，包括随设备本体配套的设备螺栓框架、地脚螺栓、底座、支架、平台、防护罩、减振器、管道、阀门等安装与单体调试以及配合设备基础灌浆等。

（2）定额中不包括下列工作内容，工程实际发生时，执行相关定额。

设备平台、扶梯、栏杆、基础预埋框架、地脚螺栓、支架、底座、防护罩、减振器等配制；

设备间非厂供连接管道与冷却水等管道以及管道支架的安装；

设备的保温、防腐与耐磨内衬；

设备金属表面除锈、油漆；

设备基础灌浆。

（3）吸收塔、贮仓制作安装包括本体及附件的配制、组装、安装工作内容。配制包括对原材料检查、下料、坡口、打磨、单件焊接等工作内容。当材料为成品供应时，应相应扣减配制费。

（4）吸收塔内部装置安装包括支撑件等钢结构以及塔内除雾器、喷淋层、喷嘴、导流板、滤网的安装和内部连接管道的安装、人孔门的研磨与封闭等内容。吸收塔内部装置全部按照设备供货考虑。定额以人塔烟气对应的锅炉容量和三层喷淋装置为1套，当设计的喷淋装置层数不同时，每增减一层，相应定额增减20%。

（5）脱硫附属机械及辅助设备安装包括设备配套电动机安装，不包括电动机检查接线及空转调试。

（6）烟气换热器（GGH）安装包括GGH本体、传动装置、密封装置、检测装置、传热元件、进出口短管及连接法兰、油循环系统、干燥装置、冲洗装置等安装。

（7）外置式除雾器本体制作安装包括除雾器入口法兰至除雾器出口法兰止金属结构的制作，除雾器壳体、内部金属结构加固、支撑等下料、配制、组合、安装，与壳体连接的接管座、人孔门、平台扶梯金属结构等制作与安装。

（8）外置式除雾器内部件安装包括外置式除雾器入口法兰至出口法兰间，壳体内全部设备及结构（含非金属的部件）的安装，除雾器内部件、冲洗系统、水槽的组合与安装以及随设备供货的管道、阀门、管件、金属结构等安装。

（9）真空皮带脱水机安装包括机架、料斗、橡胶滤带、真空装置、进料装置、调偏装置、驱动装置、洗涤装置、排液装置、信号装置及本机的连接管路等安装。

（10）石膏仓卸料安装包括筒仓排放装置、平面滑动板、液压系统、传动系统等组合安装。

2. 脱硝设备安装

（1）设备安装定额中，包括随设备本体配套的管道、仪表与阀门安装与单体调试以及配合设备基础灌浆等。

（2）定额中不包括下列工作内容，工程实际发生时，执行相应定额。

设备间管道及支吊架的配制、安装；

随设备供货的平台、梯子、栏杆安装；

设备、管道的保温和油漆；

设备基础灌浆。

（3）脱硝反应器本体制作安装包括壳体制作与安装，包括反应器内金属梁、烟气整流装置、密封装置、隔板、滤网、人孔门、接管座等组合安装及标识牌安装。

（4）催化剂模块安装包括催化剂装运、就位，反应器内催化剂定位及密封等。

（5）氨气 热空气混合器、稀释风机安装包括设备本体的安装及随设备供应的混合器、加热器、烟道连接管道、阀门和附件等安装。

（6）脱硝区域钢结构、平台扶梯、烟道、风机等安装执行本册其他章节相关定额。

（7）起吊设施、管道及支吊架的安装执行其他安装册相应项目。

（8）氨区设备安装是以液氨为脱硝介质编制的，其他脱硝介质的设备安装根据出力与状态，参照相应的液氨设备安装定额执行。

（9）氨区废水泵和管道及支吊架的安装执行其他安装册相应项目。

3. 老厂进行环保设施改建、扩建时，脱硫与脱硝设备安装执行本章定额乘以系数 1.15。

4. 本章定额综合考虑了不同的设备出力、不同的布置方式、不同的设备型号编制的，执行定额时不做调整。

工程量计算规则

一、根据脱硫、脱硝工艺布置系统图，按照定额计量单位计算工程量。

二、脱硫设备安装：

1. 吸收塔本体、贮仓根据图示尺寸，按照本体及附件的成品重量以"t"为计量单位，不计算吸收塔内部装置、焊条、油漆重量。制作与安装用的垫铁、加工操作平台、临时措施型钢等不计算工程量。

2. 一炉一塔布置的脱硫系统，吸收塔内部装置根据单台锅炉额定蒸发量，按照吸收塔座数以"套"为计量单位；多炉一塔布置的脱硫系统，吸收塔内部装置根据入塔烟气总量，折算成锅炉额定蒸发量所对应的吸收塔座数以"套"为计量单位。当多台锅炉总容量大于 220t/h 且配置一座吸收塔时，按照锅炉容量220t/h 进行折算，不足锅炉容量220t/h 时，按照锅炉容量 150t/h 进行折算，不足锅炉容量150t/h 此时，按照锅炉容量150t/h 计算一套。

3. 脱硫辅机设备不分设备出力，按照辅机设备台数计算工程量。

4. 烟气换热器（GGH）以冷烟入口至热烟出口间装置为一套计算工程量。

5. 外置式除雾器内部件以外置式除雾器入口法兰至出口法兰间装置为一套计算工程量。

三、脱硝设备安装：

1. 脱硝反应器本体制作安装根据图示尺寸，按照成品重量计算工程量，不计算焊条、油漆重量。制作安装用的垫铁、加工操作平台、临时措施型钢等不计算工程量。

2. 催化剂模块根据系统布置的图示尺寸，按照实际安装催化剂模块的外轮廓体积计算工程量，不扣除模块间间隙所占体积。

3. 脱硝辅机设备不分设备出力，按照辅机设备台数计算工程量。

一、脱硫设备安装

1.吸收塔、贮藏制作与安装

工作内容：基础检查、中心线校核；设备基础框架、地脚螺栓、支架安装；下料、配制、分片组对、焊接；场内搬运、清点、分类复核、检查、水压。

计量单位：t

定 额 编 号			A2-9-1	A2-9-2	A2-9-3
项 目 名 称			吸收塔	石灰石粉仓	石膏贮仓
基 价（元）			6851.31	7007.54	7170.12
其中	人 工 费（元）		921.62	1331.26	1437.66
	材 料 费（元）		4689.19	4547.27	4605.77
	机 械 费（元）		1240.50	1129.01	1126.69
名 称	单位	单价（元）	消	耗	量
人工 综合工日	工日	140.00	6.583	9.509	10.269
材料 低碳钢焊条	kg	6.84	33.130	24.721	33.425
镀锌铁丝 16号	kg	3.57	0.332	0.562	0.664
花篮螺栓 M16×250	套	5.48	0.034	0.056	0.065
环氧富锌漆	kg	23.93	7.665	5.947	7.034
普低钢焊条 J507 φ3.2	kg	6.84	—	8.384	—
软胶片 80×300	张	5.45	3.070	2.510	2.510
砂轮片 φ200	片	4.00	1.993	2.388	2.825
型钢	kg	3.70	1111.772	1090.187	1093.899
氧气	m³	3.63	5.315	3.369	4.496
乙炔气	kg	10.45	1.866	1.179	1.574
枕木 2500×200×160	根	82.05	0.034	0.028	0.037
中厚钢板(综合)	kg	3.51	1.708	0.932	2.158
其他材料费占材料费	%	—	2.000	2.000	2.000
机械 X射线探伤机	台班	91.29	0.099	—	—
剪板机 20×2000mm	台班	316.68	0.158	0.144	0.171
交流弧焊机 21kV·A	台班	57.35	5.259	6.205	5.306
卷板机 20×2000mm	台班	251.09	0.246	0.203	0.242
履带式起重机 150t	台班	3979.80	0.027	0.019	0.024
履带式起重机 50t	台班	1411.14	0.132	0.130	0.116
门式起重机 30t	台班	741.29	0.152	0.123	0.153
平板拖车组 10t	台班	887.11	0.047	0.039	—
平板拖车组 20t	台班	1081.33	0.023	0.019	—
汽车式起重机 25t	台班	1084.16	0.312	0.245	0.303
探伤机	台班	29.19	0.234	0.191	0.188
载重汽车 5t	台班	430.70	—	—	0.002

2.吸收塔内部装置安装

工作内容：清理、检查、组装、安装、调整。

计量单位：套

定 额 编 号			A2-9-4	A2-9-5
项 目 名 称			锅炉蒸发量(t/h)	
			≤150	<220
基 价（元）			35569.53	54087.14
其中	人 工 费（元）		23928.52	34113.24
	材 料 费（元）		3876.19	6662.09
	机 械 费（元）		7764.82	13311.81
名 称		单位	单价（元）	消 耗 量
人工	综合工日	工日	140.00	170.918	243.666
材料	白布	kg	6.67	3.150	5.400
	不锈钢焊条	kg	38.46	15.750	27.000
	角磨片 φ25	片	1.28	138.000	207.000
	氯丁橡胶粘结剂	kg	12.35	3.850	6.600
	尼龙砂轮片 φ100	片	2.05	217.000	306.000
	普低钢焊条 J507 φ3.2	kg	6.84	49.600	87.300
	水	m³	7.96	78.750	135.000
	橡胶板	kg	2.91	103.000	220.000
	型钢	kg	3.70	217.000	385.000
	氧气	m³	3.63	25.200	43.200
	乙炔气	kg	10.45	8.820	15.120
	中厚钢板 δ15以内	kg	3.60	70.000	120.000
	其他材料费占材料费	%	—	2.000	2.000
机械	电动单筒慢速卷扬机 50kN	台班	215.57	13.333	22.857
	电动空气压缩机 6m³/min	台班	206.73	6.333	10.857
	鼓风机 8m³/min	台班	25.09	1.333	2.286
	履带式起重机 40t	台班	1291.95	0.500	0.857
	载重汽车 15t	台班	779.76	1.333	2.286
	直流弧焊机 40kV·A	台班	93.03	17.000	29.143
	轴流通风机 7.5kW	台班	40.15	7.000	12.000

3.脱硫辅机设备安装

工作内容：基础检查、中心线校核；垫铁配制；设备检查、运搬、清点、分类复核、安装、检查、水压试验、单体调试。

计量单位：台

定 额 编 号				A2-9-6
项 目 名 称				增压风机
基 价（元）				3718.70
其中	人 工 费（元）			2449.44
	材 料 费（元）			527.32
	机 械 费（元）			741.94
名 称		单位	单价（元）	消 耗 量
人工	综合工日	工日	140.00	17.496
材料	白布	m	6.14	0.495
	黄油钙基脂	kg	5.15	1.085
	棉纱头	kg	6.00	1.530
	普低钢焊条 J507 φ3.2	kg	6.84	6.660
	纱布	张	0.68	5.400
	石棉绳	kg	3.50	6.750
	水	m³	7.96	3.600
	斜垫铁	kg	3.50	51.600
	型钢	kg	3.70	4.600
	羊毛毡 6～8	m²	38.03	0.124
	氧气	m³	3.63	11.773
	乙炔气	kg	10.45	4.121
	中厚钢板 δ15以外	kg	3.51	28.600
	紫铜板（综合）	kg	58.97	0.155
	其他材料费占材料费	%	—	2.000
机械	履带式起重机 50t	台班	1411.14	0.287
	载重汽车 15t	台班	779.76	0.306
	直流弧焊机 40kV·A	台班	93.03	1.057

工作内容：基础检查、中心线校核；垫铁配制；设备检查、运搬、清点、分类复核、安装、检查、水压试验、单体调试。

计量单位：套

定　额　编　号			A2-9-7
项　目　名　称			烟气换热器(GGH)
基　　价（元）			22847.14
其中	人　工　费（元）		9750.72
	材　料　费（元）		2873.06
	机　械　费（元）		10223.36

	名　　称	单位	单价（元）	消　耗　量
人工	综合工日	工日	140.00	69.648
材料	白布	m	6.14	4.950
	黄油钙基脂	kg	5.15	7.650
	角磨片 φ25	片	1.28	40.950
	聚氯乙烯薄膜	kg	15.52	3.870
	滤油纸 300×300	张	0.46	125.000
	密封胶	L	30.00	1.620
	棉纱头	kg	6.00	8.850
	尼龙砂轮片 φ100	片	2.05	22.100
	普低钢焊条 J507 φ3.2	kg	6.84	14.800
	纱布	张	0.68	28.600
	石棉绳	kg	3.50	7.200
	石棉橡胶板	kg	9.40	2.025
	无缝钢管 φ51~70×4.7~7	kg	4.44	30.150
	型钢	kg	3.70	87.600
	羊毛毡 6~8	m²	38.03	0.756
	氧气	m³	3.63	90.828
	乙炔气	kg	10.45	31.793
	枕木 2500×200×160	根	82.05	7.200
	中厚钢板 δ15以外	kg	3.51	49.700
	紫铜棒 φ16~80	kg	70.94	4.950
	其他材料费占材料费	%	—	2.000
机械	电动空气压缩机 10m³/min	台班	355.21	0.900
	履带式起重机 50t	台班	1411.14	4.114
	平板拖车组 20t	台班	1081.33	1.886
	汽车式起重机 25t	台班	1084.16	1.029
	真空滤油机 6000L/h	台班	257.40	1.543
	直流弧焊机 40kV·A	台班	93.03	5.870

308

工作内容：基础检查、中心线校核；垫铁配制；设备检查、运搬、清点、分类复核、安装、检查、水压试验、单体调试。

计量单位：台

定 额 编 号			A2-9-8	A2-9-9
项 目 名 称			浆液循环泵	离心式烟气冷却泵
基 价 （元）			3048.43	1095.12
其中	人 工 费 （元）		2422.56	966.98
	材 料 费 （元）		154.24	66.02
	机 械 费 （元）		471.63	62.12
名 称	单位	单价（元）	消 耗 量	
人工 综合工日	工日	140.00	17.304	6.907
材料 白布	m	6.14	—	0.261
低碳钢焊条	kg	6.84	—	0.923
镀锌薄钢板 δ2～2.5	kg	3.79	0.749	—
镀锌铁丝 16号	kg	3.57	0.449	0.275
黄油钙基脂	kg	5.15	0.856	0.707
金属清洗剂	kg	8.66	0.787	0.292
棉纱头	kg	6.00	1.685	1.031
平垫铁	kg	3.74	8.288	0.909
普低钢焊条 J507 φ3.2	kg	6.84	0.648	—
纱布	张	0.68	5.616	2.610
石棉橡胶板	kg	9.40	—	0.729
斜垫铁	kg	3.50	13.446	1.827
型钢	kg	3.70	—	1.076
氧气	m³	3.63	5.054	1.098
乙炔气	kg	10.45	1.769	0.378
油浸石棉盘根	kg	10.09	—	0.342
圆钢 φ10～14	kg	3.40	—	0.671
枕木 2500×200×160	根	82.05	0.028	0.009
中厚钢板 δ15以内	kg	3.60	—	0.671
紫铜板(综合)	kg	58.97	—	0.072
其他材料费占材料费	%	—	2.000	2.000
机械 叉式起重机 3t	台班	495.91	0.223	—
叉式起重机 5t	台班	506.51	—	0.048
电动单筒慢速卷扬机 50kN	台班	215.57	—	0.016
交流弧焊机 21kV·A	台班	57.35	—	0.251
履带式起重机 40t	台班	1291.95	0.178	—
门座吊 30t	台班	544.48	—	0.024
载重汽车 5t	台班	430.70	—	0.016
载重汽车 8t	台班	501.85	0.223	—
直流弧焊机 40kV·A	台班	93.03	0.206	—

工作内容：基础检查、中心线校核；垫铁配制；设备检查、运搬、清点、分类复核、安装、检查、水压试验、单体调试。

计量单位：t

定　额　编　号				A2-9-10	
项　目　名　称				外置式除雾器本体制安	
基　　　价（元）				6592.28	
其中	人　工　费（元）			1351.70	
	材　料　费（元）			4491.24	
	机　械　费（元）			749.34	
名　　称	单位	单价（元）		消　耗　量	
人工 综合工日	工日	140.00		9.655	
材料 低碳钢焊条	kg	6.84		25.792	
镀锌铁丝 16号	kg	3.57		0.408	
环氧富锌漆	kg	23.93		6.120	
砂轮片 φ200	片	4.00		1.061	
型钢	kg	3.70		1091.000	
氧气	m³	3.63		3.400	
乙炔气	kg	10.45		1.190	
枕木 2500×200×160	根	82.05		0.160	
其他材料费占材料费	%	—		2.000	
机械 交流弧焊机 21kV·A	台班	57.35		5.340	
履带式起重机 150t	台班	3979.80		0.019	
履带式起重机 50t	台班	1411.14		0.076	
平板拖车组 40t	台班	1446.84		0.036	
汽车式起重机 25t	台班	1084.16		0.190	
载重汽车 5t	台班	430.70		0.005	

工作内容：基础检查、中心线校核；垫铁配制；设备检查、运搬、清点、分类复核、安装、检查、水压试验、单体调试。

计量单位：套

定 额 编 号			A2-9-11	
项 目 名 称			外置式除雾器内部件安装	
基 价（元）			10427.98	
其中	人 工 费（元）		6613.04	
	材 料 费（元）		1351.88	
	机 械 费（元）		2463.06	
名 称	单位	单价（元）	消 耗 量	
人工	综合工日	工日	140.00	47.236
材料	白布	kg	6.67	0.900
	不锈钢焊条	kg	38.46	4.500
	低碳钢焊条	kg	6.84	1.287
	镀锌铁丝 16号	kg	3.57	0.432
	角磨片 φ25	片	1.28	47.700
	氯丁橡胶粘结剂	kg	12.35	1.179
	尼龙砂轮片 φ100	片	2.05	93.600
	普低钢焊条 J507 φ3.2	kg	6.84	21.600
	水	m³	7.96	22.500
	橡胶板	kg	2.91	41.850
	型钢	kg	3.70	74.250
	氧气	m³	3.63	8.825
	乙炔气	kg	10.45	3.081
	圆钢 φ10～14	kg	3.40	1.054
	枕木 2500×200×160	根	82.05	0.014
	中厚钢板 δ15以内	kg	3.60	21.150
	其他材料费占材料费	%	—	2.000
机械	电动单筒慢速卷扬机 50kN	台班	215.57	3.913
	电动空气压缩机 6m³/min	台班	206.73	1.800
	鼓风机 8m³/min	台班	25.09	0.380
	交流弧焊机 21kV·A	台班	57.35	3.788
	履带式起重机 40t	台班	1291.95	0.144
	门座吊 30t	台班	544.48	0.037
	载重汽车 15t	台班	779.76	0.432
	载重汽车 5t	台班	430.70	0.025
	直流弧焊机 40kV·A	台班	93.03	4.148
	轴流通风机 7.5kW	台班	40.15	2.016

工作内容：基础检查、中心线校核；垫铁配制；设备检查、运搬、清点、分类复核、安装、检查、水压试验、单体调试。

计量单位：台

定　额　编　号			A2-9-12
项　目　名　称			氧化风机
基　　价（元）			2344.28
其中	人　工　费（元）		1653.26
	材　料　费（元）		269.02
	机　械　费（元）		422.00
名　　称	单位	单价（元）	消　耗　量
人工	综合工日	工日	140.00	11.809
材料	白布	m	6.14	0.162
	黄油钙基脂	kg	5.15	0.724
	金属清洗剂	kg	8.66	0.507
	棉纱头	kg	6.00	0.724
	普低钢焊条 J507 φ3.2	kg	6.84	1.537
	纱布	张	0.68	1.447
	石棉绳	kg	3.50	0.544
	水	m³	7.96	2.916
	斜垫铁	kg	3.50	30.240
	氧气	m³	3.63	4.849
	乙炔气	kg	10.45	1.699
	中厚钢板 δ15以外	kg	3.51	19.440
	紫铜板(综合)	kg	58.97	0.072
	其他材料费占材料费	%	—	2.000
机械	电动单筒慢速卷扬机 30kN	台班	210.22	1.035
	汽车式起重机 25t	台班	1084.16	0.069
	载重汽车 10t	台班	547.99	0.171
	直流弧焊机 40kV·A	台班	93.03	0.386

工作内容：基础检查、中心线校核；垫铁配制；设备检查、运搬、清点、分类复核、安装、检查、水压试验、单体调试。

计量单位：台

定　额　编　号			A2-9-13	A2-9-14	A2-9-15
项　目　名　称			石灰石湿磨	石灰石干磨	真空皮带脱水机
基　　　价（元）			18378.20	17900.02	10538.85
其中	人　工　费（元）		11878.72	11753.84	7237.02
	材　料　费（元）		2050.03	1713.61	1059.27
	机　械　费（元）		4449.45	4432.57	2242.56
名　　称		单位	单价（元）	消　耗	量
人工	综合工日	工日	140.00	84.848	83.956	51.693
材料	白布	m	6.14	0.875	1.080	—
	白布	kg	6.67	0.054	0.065	—
	不锈钢扁钢（综合）	kg	11.50	—	—	0.023
	不锈钢焊条	kg	38.46	—	—	0.018
	低碳钢焊条	kg	6.84	7.009	11.600	6.930
	镀锌薄钢板 δ0.7～0.9	kg	3.79	0.216	1.499	0.806
	镀锌铁丝 16号	kg	3.57	3.600	3.240	3.470
	钢丝 φ0.1～0.5	kg	5.10	0.151	0.043	0.122
	黄油钙基脂	kg	5.15	5.760	4.680	3.461
	角磨片 φ25	片	1.28	0.162	—	—
	金属清洗剂	kg	8.66	3.360	1.715	1.995
	聚氯乙烯薄膜	kg	15.52	1.094	0.487	0.360
	螺纹钢筋 HRB400 φ10以内	kg	3.50	10.370	17.350	8.820
	氯丁橡胶粘结剂	kg	12.35	0.356	0.396	0.491
	滤油纸 300×300	张	0.46	57.000	—	—
	麻绳	kg	9.40	1.332	0.356	—
	密封胶	L	30.00	0.020	0.196	0.392
	棉纱头	kg	6.00	7.920	6.480	4.500
	耐油石棉橡胶板 δ1	kg	7.95	1.130	1.796	—
	尼龙砂轮片 φ100	片	2.05	—	—	4.500
	平垫铁	kg	3.74	1.314	0.788	1.026
	普低钢焊条 J507 φ3.2	kg	6.84	7.502	4.248	6.970
	热轧薄钢板 δ3.5～4.0	kg	3.93	13.390	32.580	11.390
	纱布	张	0.68	23.760	17.280	23.400
	石棉绳	kg	3.50	2.221	6.696	1.175
	石棉橡胶板	kg	9.40	0.158	0.753	0.991
	水	m³	7.96	0.583	0.864	3.680
	碳钢气焊条	kg	9.06	1.102	0.511	—
	铜丝布 16目	m²	71.25	—	0.054	—
	橡胶板	kg	2.91	0.648	1.497	—

续表

定　额　编　号			A2-9-13	A2-9-14	A2-9-15
项　目　名　称			石灰石湿磨	石灰石干磨	真空皮带脱水机
名　称	单位	单价(元)	消	耗	量
橡胶石棉盘根	kg	7.00	—	—	0.063
斜垫铁	kg	3.50	123.480	135.000	81.900
型钢	kg	3.70	24.120	12.600	5.400
羊毛毡 12～15	m²	179.49	—	1.140	—
羊毛毡 6～8	m²	38.03	0.464	—	—
氧气	m³	3.63	7.800	32.459	16.350
乙炔气	kg	10.45	2.910	11.384	5.870
枕木 2500×200×160	根	82.05	1.724	0.260	0.090
中(粗)砂	t	87.00	0.264	0.141	—
中厚钢板 δ15以内	kg	3.60	2.912	5.832	18.000
中厚钢板 δ15以外	kg	3.51	204.840	38.880	51.750
紫铜板(综合)	kg	58.97	0.497	0.220	0.203
紫铜棒 φ16～80	kg	70.94	0.810	0.212	—
其他材料费占材料费	%	—	2.000	2.000	2.000
叉式起重机 3t	台班	495.91	—	0.019	—
叉式起重机 5t	台班	506.51	0.171	0.108	0.108
电动单筒慢速卷扬机 30kN	台班	210.22	—	—	0.930
电动单筒慢速卷扬机 50kN	台班	215.57	5.513	2.914	—
电动空气压缩机 10m³/min	台班	355.21	0.270	0.686	—
电动空气压缩机 6m³/min	台班	206.73	—	—	0.048
鼓风机 8m³/min	台班	25.09	—	—	0.703
交流弧焊机 21kV·A	台班	57.35	2.637	2.376	2.713
履带式起重机 40t	台班	1291.95	—	—	0.142
履带式起重机 50t	台班	1411.14	0.274	—	—
平板拖车组 20t	台班	1081.33	—	0.433	—
汽车式起重机 25t	台班	1084.16	0.861	1.971	0.857
试压泵 60MPa	台班	24.08	—	—	0.231
载重汽车 10t	台班	547.99	0.861	1.029	0.471
真空滤油机 6000L/h	台班	257.40	2.428	—	—
直流弧焊机 40kV·A	台班	93.03	5.486	2.057	3.934
轴流通风机 7.5kW	台班	40.15	—	—	1.668

材料 列首, 机械 列首

工作内容：基础检查、中心线校核；垫铁配制；设备检查、运搬、清点、分类复核、安装、检查、水压试验、单体调试。

计量单位：台

定　额　编　号			A2-9-16	A2-9-17
项　目　名　称			旋流器	石灰浆搅拌器
基　　　价（元）			1891.73	1196.29
其中	人　工　费（元）		1029.42	873.32
	材　料　费（元）		288.65	40.71
	机　械　费（元）		573.66	282.26
名　　称	单位	单价（元）	消　　耗　　量	
人工 综合工日	工日	140.00	7.353	6.238
材料 白布	kg	6.67	—	0.225
镀锌薄钢板 δ0.7～0.9	kg	3.79	0.450	—
镀锌铁丝 16号	kg	3.57	0.540	0.360
金属清洗剂	kg	8.66	0.105	0.105
螺纹钢筋 HRB400 φ10以内	kg	3.50	21.600	—
棉纱头	kg	6.00	—	0.540
普低钢焊条 J507 φ3.2	kg	6.84	3.780	0.450
热轧薄钢板 δ3.5～4.0	kg	3.93	27.900	—
纱布	张	0.68	—	0.900
石棉绳	kg	3.50	2.880	—
型钢	kg	3.70	1.800	—
氧气	m³	3.63	4.410	1.350
乙炔气	kg	10.45	1.544	0.473
枕木 2500×200×160	根	82.05	0.225	—
中厚钢板 δ15以内	kg	3.60	—	5.400
其他材料费占材料费	%	—	2.000	2.000
机械 履带式起重机 40t	台班	1291.95	0.343	—
汽车式起重机 8t	台班	763.67	—	0.214
载重汽车 12t	台班	670.70	0.086	—
载重汽车 8t	台班	501.85	—	0.214
直流弧焊机 40kV·A	台班	93.03	0.783	0.123

工作内容：基础检查、中心线校核；垫铁配制；设备检查、运搬、清点、分类复核、安装、检查、水压试验、单体调试。

计量单位：台

定 额 编 号				A2-9-18	A2-9-19
项 目 名 称				石膏仓卸料装置	离心脱水机
基 价 （元）				3840.89	3443.21
其中	人 工 费 （元）			2058.70	2433.20
	材 料 费 （元）			143.76	329.88
	机 械 费 （元）			1638.43	680.13
名 称		单位	单价（元）	消 耗 量	
人工	综合工日	工日	140.00	14.705	17.380
材料	白布	m	6.14	1.418	—
	不锈钢扁钢(综合)	kg	11.50	—	0.005
	低碳钢焊条	kg	6.84	0.139	1.890
	镀锌薄钢板 δ0.7~0.9	kg	3.79	—	0.216
	镀锌铁丝 16号	kg	3.57	0.047	0.936
	黄油钙基脂	kg	5.15	1.890	0.936
	金属清洗剂	kg	8.66	1.785	0.545
	聚氯乙烯薄膜	kg	15.52	—	0.099
	氯丁橡胶粘结剂	kg	12.35	—	0.135
	密封胶	L	30.00	—	0.108
	棉纱头	kg	6.00	0.386	1.175
	尼龙砂轮片 φ100	片	2.05	—	1.202
	平垫铁	kg	3.74	—	0.279
	普低钢焊条 J507 φ3.2	kg	6.84	0.662	4.185
	热轧薄钢板 δ3.5~4.0	kg	3.93	9.450	3.060
	纱布	张	0.68	10.800	6.300
	石棉绳	kg	3.50	3.938	0.320
	石棉橡胶板	kg	9.40	—	0.266
	水	m³	7.96	—	2.115
	橡胶石棉盘根	kg	7.00	—	0.018
	斜垫铁	kg	3.50	—	22.050
	型钢	kg	3.70	0.225	1.575

续表

定 额 编 号			A2-9-18	A2-9-19
项 目 名 称			石膏仓卸料装置	离心脱水机
名 称	单位	单价(元)	消 耗 量	
材料	氧气	m³	3.63	2.385	8.406
	乙炔气	kg	10.45	0.851	2.763
	枕木 2500×200×160	根	82.05	0.001	0.027
	中厚钢板 δ15以内	kg	3.60	—	18.450
	紫铜板(综合)	kg	58.97	—	0.054
	紫铜棒 φ16~80	kg	70.94	0.315	—
	其他材料费占材料费	%	—	2.000	2.000
机械	叉式起重机 5t	台班	506.51		0.030
	电动单筒慢速卷扬机 30kN	台班	210.22	—	0.279
	电动单筒慢速卷扬机 50kN	台班	215.57	2.143	—
	电动空气压缩机 6m³/min	台班	206.73	—	0.013
	鼓风机 8m³/min	台班	25.09	—	0.210
	交流弧焊机 21kV·A	台班	57.35	0.060	1.281
	履带式起重机 40t	台班	1291.95	—	0.043
	履带式起重机 50t	台班	1411.14	0.450	—
	门座吊 30t	台班	544.48	0.003	—
	汽车式起重机 25t	台班	1084.16	—	0.257
	试压泵 60MPa	台班	24.08	—	0.069
	载重汽车 10t	台班	547.99	—	0.108
	载重汽车 5t	台班	430.70	1.200	—
	直流弧焊机 40kV·A	台班	93.03	0.210	1.179
	轴流通风机 7.5kW	台班	40.15	—	0.502

二、脱硝设备安装

工作内容：基础检查、中心线校核；垫铁配制；设备检查、搬运、安装、检查、分部试运、单体调试。

计量单位：t

定　额　编　号			A2-9-20
项　目　名　称			脱硝反应器本体制作与安装
基　　　价（元）			2939.82
其中	人　工　费（元）		1418.20
	材　料　费（元）		434.06
	机　械　费（元）		1087.56
名　　　称	单位	单价（元）	消　耗　量
人工 综合工日	工日	140.00	10.130
材料 镀锌铁丝 16号	kg	3.57	0.459
花篮螺栓 M16×250	套	5.48	0.042
环氧富锌漆	kg	23.93	6.350
金属清洗剂	kg	8.66	0.101
普低钢焊条 J507 φ3.2	kg	6.84	30.359
砂轮片 φ200	片	4.00	1.719
型钢	kg	3.70	8.249
氧气	m³	3.63	2.522
乙炔气	kg	10.45	0.884
枕木 2500×200×160	根	82.05	0.029
中厚钢板(综合)	kg	3.51	1.433
其他材料费占材料费	%	—	2.000
机械 交流弧焊机 21kV·A	台班	57.35	6.914
履带式起重机 150t	台班	3979.80	0.019
履带式起重机 50t	台班	1411.14	0.100
平板拖车组 20t	台班	1081.33	0.039
汽车式起重机 25t	台班	1084.16	0.252
载重汽车 5t	台班	430.70	0.369

工作内容：基础检查、中心线校核；垫铁配制；设备检查、搬运、安装、检查、分部试运、单体调试。

计量单位：m³

定 额 编 号			A2-9-21	
项 目 名 称			催化剂模块	
基 价（元）			135.36	
其中	人 工 费（元）		83.16	
	材 料 费（元）		6.07	
	机 械 费（元）		46.13	
名 称	单位	单价（元）	消 耗 量	
人工	综合工日	工日	140.00	0.594
材料	低碳钢焊条	kg	6.84	0.118
	镀锌铁丝 16号	kg	3.57	0.207
	棉纱头	kg	6.00	0.120
	砂轮片 φ200	片	4.00	0.055
	型钢	kg	3.70	0.680
	氧气	m³	3.63	0.069
	乙炔气	kg	10.45	0.030
	中厚钢板(综合)	kg	3.51	0.110
	其他材料费占材料费	%	—	2.000
机械	电动空气压缩机 10m³/min	台班	355.21	0.048
	鼓风机 18m³/min	台班	40.40	0.038
	交流弧焊机 21kV·A	台班	57.35	0.016
	汽车式起重机 25t	台班	1084.16	0.019
	载重汽车 5t	台班	430.70	0.014

工作内容：基础检查、中心线校核；垫铁配制；设备检查、搬运、安装、检查、分部试运、单体调试。

计量单位：台

定 额 编 号				A2-9-22	A2-9-23
项 目 名 称				稀释风机	氨气热空气混合器
基 价（元）				6146.64	3797.98
其中	人 工 费（元）			265.16	218.40
	材 料 费（元）			73.59	78.00
	机 械 费（元）			5807.89	3501.58
名 称		单位	单价（元）	消 耗 量	
人工	综合工日	工日	140.00	1.894	1.560
材料	不锈钢焊条	kg	38.46	0.054	0.765
	镀锌铁丝 16号	kg	3.57	0.900	0.855
	麻绳	kg	9.40	0.054	—
	尼龙绳 φ0.5～1	kg	8.08	1.800	—
	普低钢焊条 J507 φ3.2	kg	6.84	1.148	1.035
	橡胶盘根 低压	kg	14.53	1.350	0.990
	型钢	kg	3.70	1.710	1.440
	氧气	m³	3.63	0.585	0.585
	乙炔气	kg	10.45	0.203	0.203
	中厚钢板 δ15以内	kg	3.60	3.825	3.600
	其他材料费占材料费	%	—	2.000	2.000
机械	鼓风机 18m³/min	台班	40.40	0.305	0.388
	交流弧焊机 21kV·A	台班	57.35	0.150	0.086
	履带式起重机 150t	台班	3979.80	0.857	0.857
	履带式起重机 50t	台班	1411.14	1.569	—
	平板拖车组 20t	台班	1081.33	0.150	0.065

工作内容：基础检查、中心线校核；垫铁配制；设备检查、搬运、安装、检查、分部试运、单体调试。

计量单位：台

定 额 编 号			A2-9-24	A2-9-25	A2-9-26
项 目 名 称			液氨卸料压缩机组	液氨储罐	液氨蒸发器
基 价（元）			1195.67	1897.47	906.88
其中	人 工 费（元）		998.34	873.32	499.10
	材 料 费（元）		78.81	286.23	64.73
	机 械 费（元）		118.52	737.92	343.05
名 称	单位	单价（元）	消 耗 量		
人工	综合工日	工日	140.00	7.131	6.238	3.565
材料	白布	kg	6.67	3.929	4.266	—
	不锈钢焊条	kg	38.46	—	—	0.068
	低碳钢焊条	kg	6.84	—	3.330	—
	镀锌铁丝 16号	kg	3.57	0.360	2.579	1.080
	黄油钙基脂	kg	5.15	0.491	—	—
	角磨片 φ25	片	1.28	—	0.810	—
	金属清洗剂	kg	8.66	0.483	0.039	—
	麻绳	kg	9.40	—	3.879	2.070
	棉纱头	kg	6.00	0.653	0.171	0.068
	尼龙砂轮片 φ100	片	2.05	—	2.124	—
	尼龙绳 φ0.5~1	kg	8.08	—	0.311	0.158
	平垫铁	kg	3.74	3.483	—	—
	普低钢焊条 J507 φ3.2	kg	6.84	0.266	—	1.436
	纱布	张	0.68	—	—	1.800
	砂轮片 φ200	片	4.00	—	2.160	—
	橡胶板	kg	2.91	—	—	2.250
	斜垫铁	kg	3.50	6.480	6.840	—
	型钢	kg	3.70	—	3.825	—
	氧气	m³	3.63	0.225	1.206	0.734
	乙炔气	kg	10.45	0.077	0.374	0.252
	枕木 2500×200×160	根	82.05	—	1.112	—
	中厚钢板 δ15以内	kg	3.60	—	7.830	3.600
	其他材料费占材料费	%	—	2.000	2.000	2.000
机械	叉式起重机 5t	台班	506.51	0.112	—	—
	交流弧焊机 21kV·A	台班	57.35	—	0.906	—
	履带式起重机 50t	台班	1411.14	—	0.086	—
	汽车式起重机 8t	台班	763.67	—	0.257	0.253
	载重汽车 15t	台班	779.76	—	0.365	—
	载重汽车 5t	台班	430.70	0.129	—	0.279
	直流弧焊机 40kV·A	台班	93.03	0.067	0.900	0.319

工作内容：基础检查、中心线校核；垫铁配制；设备检查、搬运、安装、检查、分部试运、单体调试。

计量单位：台

定　额　编　号			A2-9-27	A2-9-28	A2-9-29
项　目　名　称			氨气缓冲罐	氨气稀释罐	氨气存气罐
基　　　价（元）			1082.22	1206.53	775.93
其中	人　工　费（元）		592.76	655.06	405.58
	材　料　费（元）		82.22	98.93	52.29
	机　械　费（元）		407.24	452.54	318.06
名　　　称	单位	单价（元）	消　　耗　　量		
人工 综合工日	工日	140.00	4.234	4.679	2.897
材料 不锈钢焊条	kg	38.46	0.072	0.140	—
镀锌铁丝 16号	kg	3.57	1.305	1.305	0.675
麻绳	kg	9.40	1.904	2.061	—
棉纱头	kg	6.00	0.086	0.086	0.113
尼龙绳 φ0.5～1	kg	8.08	0.198	0.198	—
普低钢焊条 J507 φ3.2	kg	6.84	1.679	2.066	0.959
纱布	张	0.68	2.250	2.250	1.125
石棉橡胶板	kg	9.40	—	—	1.800
橡胶板	kg	2.91	3.150	3.600	—
氧气	m³	3.63	0.734	0.734	0.734
乙炔气	kg	10.45	0.230	0.252	0.252
中厚钢板 δ15以内	kg	3.60	7.200	9.450	5.175
其他材料费占材料费	%	—	2.000	2.000	2.000
机械 电动空气压缩机 3m³/min	台班	118.19	—	—	0.257
汽车式起重机 8t	台班	763.67	0.279	0.313	0.231
载重汽车 5t	台班	430.70	0.163	0.180	0.202
载重汽车 8t	台班	501.85	0.189	0.202	—
直流弧焊机 40kV·A	台班	93.03	0.313	0.372	0.261

第十章 炉墙保温与砌筑、耐磨衬砌工程

说　　明

一、本章内容包括敷管式及膜式水冷壁炉墙砌筑、框架式炉墙砌筑、局部耐火材料砌筑、炉墙填料填塞、抹面与密封涂料、炉墙热态测试、炉墙砌筑脚手架及平台搭拆、耐磨衬砌等安装工程。

二、有关说明：

1. 本章炉墙砌筑定额适用于<220t/h轻型炉墙砌筑工程；重型炉墙砌筑、设备与管道保温绝热及油漆工程执行相应定额。

2. 炉墙砌筑定额包括局部油漆防腐、穿墙管表面涂刷沥青、膨胀缝设置、L型钩钉焊接、铁丝网下料、吊钩安装，钢筋加工点焊及绑扎。定额不包括炉墙金属密封件安装、炉墙金属护板（波型板）支承连接件安装、脚手架搭拆。

3. 耐火塑料定额适用于汽包底部及空气预热器伸缩节等施工部位；燃烧带敷设定额适用于炉膛高温区带钩钉的水冷壁管表面敷设；保温混凝土定额适用于炉墙节点的零星部位。

4. 炉墙填料填塞定额包括材料搬运、填塞料部位清理、按照压缩比或配比填塞、搅拌、修理。定额不包括填塞部位钢板密封焊接、脚手架搭拆。

5. 炉墙抹面及密封涂料定额包括材料搬运，钢筋加工、焊接、绑扎、钢丝网安装与涂刷沥青以及按照配比配料、表面修理、试块制作。定额不包括脚手架搭拆。

6. 炉墙保温护壳安装定额包括咬口成型、钉口成型紧固；金属支撑件安装定额包括托砖架、支承件、连接件、压条、钢板等安装、焊接。定额不包括托砖架、支承件、连接件、压条等制作加工以及脚手架搭拆。

7. 炉墙砌筑脚手架搭拆定额适用于锅炉炉墙保温与砌筑所需全部脚手架的搭拆。定额按照锅炉容量编制，对不同炉型已作了综合考虑，执行定额时不作换算。本定额不适用于锅炉炉膛内的满膛脚手架、锅炉附属设备和锅炉本体有关保温施工的脚手架搭拆。

8. 耐磨衬砌定额适用于热力设备、管道内或外衬砌耐磨材料工程。定额包括材料搬运、调制胶泥、清洗板块、下料、养护。定额不包括铺设钢板网或钢丝网，工程设计需要时，执行相应定额另行计算。

工程量计算规则

一、炉墙砌筑、局部耐火材料砌筑、炉墙填料填塞根据设计选用材质，按照设计图示尺寸的成品体积以m³为计量单位。计算工程量时不扣除宽度＜25mm膨胀缝、单个面积＜0.02 m²孔洞、炉门喇叭口斜度、墙根交叉处的小斜坡所占体积。

二、炉墙耐火层、保温层工程量计算规则：

1. 敷管式及膜式水冷壁炉墙工程量计算。

体积工程量计算式：$V = F \times \delta_1$，$\delta_1 = S \times \delta - \pi d^2 / 8$

式中　V—混凝土工程量体积（m³）；

　　　F—与水冷壁管接触部分的耐火（或保温）混凝土的外部表面积（m²）；

　　　δ_1—混凝土层计算厚度（m）；

　　　δ—混凝土层设计厚度（m）；

　　　S—受热面管道节距（m）；

　　　d—受热面管道外径（m）。

2. 管道穿墙处耐火混凝土（填料）工程量计算。

体积工程量计算式：$V = a \times b \times h - n \times \pi d^2 / 4 \times h$

式中　V—耐火混凝土（填料）体积（m³）；

　　　a—耐火混凝土（填料）宽度（m）；

　　　b—混凝土（填料）长度（m）；

　　　h—耐火混凝土（填料）厚度（m）；

　　　d—穿墙管外径（m）；

　　　n—穿墙管数量（根）。

3. 炉墙砌筑与保温制品或敷设矿物棉、泡沫石棉板工程量计算。

体积工程量计算式：$V = F \times \delta$

式中　V—工程量体积（m³）；

　　　F—敷设面积（m²）；

　　　δ—辐射层厚度（m）。

4. 计算炉墙砌筑与保温层厚度时，按照设计成品厚度计算工程量，不考虑材料的压实系数。计算炉墙砌筑与保温材料量时，应根据选用材料的性质，结合设计成品厚度计算。

三、抹面、密封涂料根据炉墙结构形式，按照设计图示尺寸的展开面积以"m²"为计量单位。计算工程量时不扣除宽度小于25mm膨胀缝、单个面积小于0.02 m²孔洞、管道相交时预留间距、滑动支架处预留的膨胀间隙等所占面积。罩壳、突出立面或平面的部分按照展开面积计算工程量，转角、交角、交叉等重复部分及局部加强、加厚部分不增加工程量。

四、炉墙保温护壳根据材质，按照设计图示尺寸的实铺面积以"m²"为计量单位计算工程量。计算工程量时不扣除宽度小于 5mm 膨胀缝、单个面积小于 0.1 m²孔洞、管道相交时预留间距、滑动支架处预留的膨胀间隙等所占面积。罩壳、突出立面或平面的部分按照表面积计算工程量，不计算转角、交角、交叉、咬合、收边、接头、施工下料损耗量等。

五、金属支撑件安装根据设计布置及图示尺寸，按照成品重量以"t"为计量单位。不计算下料及加工制作损耗量，计算支撑件安装重量的范围包括：托砖架、瓦斯管、钢板、支承件、连接件、压条等。

六、耐磨衬砌根据材料种类，按照设计图示尺寸实铺面积以"m²"为计量单位。扣除单个面积 0.1 m²以上孔洞、凸出耐磨面的物体所占面积。凸出耐磨面的部件需要做耐磨时，应按照其展开面积计算，并入耐磨工程量内。

一、敷管式、膜式炉墙砌筑

1. 混凝土砌筑

工作内容：材料搬运、放线下料、平台铺设；配料、搅拌、浇灌、捣打、表面处理、养生及试块制作；模板制作、安装及拆除等。

计量单位：m³

定 额 编 号			A2-10-1	A2-10-2
项 目 名 称			磷酸盐混凝土	耐火混凝土
			炉底	直斜墙及包墙
基 价 （元）			1718.66	1573.59
其中	人 工 费 （元）		1225.00	824.04
	材 料 费 （元）		141.30	552.00
	机 械 费 （元）		352.36	197.55
名 称	单位	单价（元）	消 耗 量	
人工	综合工日	工日	140.00	8.750	5.886
材料	磷酸盐混凝土	m³	—	(1.100)	—
	耐火混凝土	m³	—	—	(1.060)
	低碳钢焊条	kg	6.84	2.000	2.700
	镀锌钢丝网 φ3.6×40×40	m²	7.69	1.500	36.800
	镀锌铁丝 φ1.5～2.5	kg	3.57	5.900	—
	胶合板 δ6	m²	15.38	2.000	2.000
	螺纹钢筋 HRB400 φ10以内	t	3500.00	—	0.040
	木板	m³	1634.16	0.020	0.040
	橡胶板	kg	2.91	1.000	—
	型钢	kg	3.70	6.860	—
	圆钉 30～45	kg	5.13	0.100	0.700
	其他材料费占材料费	%	—	2.000	2.000
机械	单笼施工电梯 1t,75m	台班	318.26	—	0.048
	机动翻斗车 1t	台班	220.18	0.762	0.067
	交流弧焊机 21kV·A	台班	57.35	1.429	1.419
	涡浆式混凝土搅拌机 350L	台班	292.01	0.286	0.295
	轴流通风机 7.5kW	台班	40.15	0.476	—

工作内容：材料搬运、放线下料、平台铺设；配料、搅拌、浇灌、捣打、表面处理、养生及试块制作；模
板制作、安装及拆除等。

计量单位：m³

定 额 编 号				A2-10-3	A2-10-4	A2-10-5
项 目 名 称				保温混凝土		
				敷管式	膜式	
					水冷壁炉	
				直斜墙及包墙	墙厚(mm)	
					≤80	≤180
基 价（元）				508.15	1041.68	535.10
其中	人 工 费（元）			256.48	494.48	305.62
	材 料 费（元）			177.71	408.26	142.39
	机 械 费（元）			73.96	138.94	87.09
	名 称	单位	单价（元）	消 耗 量		
人工	综合工日	工日	140.00	1.832	3.532	2.183
材料	保温混凝土	m³	—	(1.060)	(1.060)	(1.060)
	低碳钢焊条	kg	6.84	—	2.000	0.500
	镀锌钢丝网 φ3.6×40×40	m²	7.69	—	32.200	6.400
	螺纹钢筋 HRB400 φ10以内	t	3500.00	0.040	0.020	0.020
	木板	m³	1634.16	0.020	0.040	0.010
	圆钉 30~45	kg	5.13	0.300	0.700	0.120
	其他材料费占材料费	%	—	2.000	2.000	2.000
机械	单笼施工电梯 1t,75m	台班	318.26	0.038	0.038	0.038
	机动翻斗车 1t	台班	220.18	0.029	0.029	0.029
	交流弧焊机 21kV·A	台班	57.35	—	1.133	0.229
	涡浆式混凝土搅拌机 350L	台班	292.01	0.190	0.190	0.190

2.保温制品砌筑

工作内容：表面清扫、除垢及局部油漆防腐；材料搬运、铺砌、接缝、固定等。　　　　　计量单位：m³

定　额　编　号				A2-10-6	A2-10-7
项　目　名　称				矿、岩棉超细棉缝合毡	矿棉、岩棉、泡沫石棉半硬板
基　　　价（元）				309.94	298.74
其中	人　工　费（元）			120.26	109.06
	材　料　费（元）			137.40	137.40
	机　械　费（元）			52.28	52.28
名　　称		单位	单价（元）	消　　耗　　量	
人工	综合工日	工日	140.00	0.859	0.779
材料	岩棉板毡	m³	—	(1.030)	(1.030)
	镀锌钢丝网 φ1.6×20×20	m²	16.24	6.800	6.800
	镀锌铁丝 φ1.5～2.5	kg	3.57	6.800	6.800
	其他材料费占材料费	%	—	2.000	2.000
机械	电动单筒快速卷扬机 10kN	台班	201.58	0.238	0.238
	载重汽车 5t	台班	430.70	0.010	0.010

二、框架式炉墙砌筑

工作内容：表面清扫、除垢及局部油漆防腐；钢筋加工、点焊或绑扎；配料、搅拌、浇灌，捣打、表面处理等。

计量单位：m³

定　额　编　号			A2-10-8	A2-10-9	A2-10-10
项　目　名　称			耐火混凝土	保温混凝土	保温制品
			直斜墙		
基　　　　价（元）			2226.87	562.51	260.05
其中	人　工　费（元）		703.92	225.68	75.74
	材　料　费（元）		1311.38	219.17	75.43
	机　械　费（元）		211.57	117.66	108.88
名　　　称	单位	单价（元）	消　　耗　　量		
人工 综合工日	工日	140.00	5.028	1.612	0.541
材料 保温混凝土	m³	—	—	(1.060)	—
保温制品	m³	—	—	—	(1.060)
耐火混凝土	m³	—	(1.040)	—	—
不锈钢焊条	kg	38.46	6.800	—	—
不锈钢圆钢 φ6	kg	15.39	56.600	—	—
低碳钢焊条	kg	6.84	—	0.500	0.130
镀锌铁丝 φ1.5～2.5	kg	3.57	0.640	—	8.700
胶合板 δ6	m²	15.38	2.000	0.600	—
螺纹钢筋 HRB400 φ10以内	t	3500.00	—	0.048	0.012
木板	m³	1634.16	0.040	0.020	—
石油沥青油毡 350号	m²	2.70	14.500	—	—
水泥 32.5级	kg	0.29	20.000	—	—
圆钉 30～45	kg	5.13	0.620	0.300	—
中(粗)砂	t	87.00	0.075	—	—
其他材料费占材料费	%	—	2.000	2.000	2.000
机械 单笼施工电梯 1t,75m	台班	318.26	0.029	0.038	0.038
电动单筒快速卷扬机 10kN	台班	201.58	—	—	0.286
机动翻斗车 1t	台班	220.18	0.067	0.029	0.029
交流弧焊机 21kV·A	台班	57.35	—	0.762	0.571
涡浆式混凝土搅拌机 350L	台班	292.01	0.286	0.190	—
直流弧焊机 20kV·A	台班	71.43	1.457	—	—

三、局部耐火材料砌筑

1.炉顶砌筑

工作内容：表面清扫、除垢及局部油漆防腐；钢筋加工、电焊或绑扎；配料、搅拌、浇灌,捣打、表面处理等。

计量单位：m³

定 额 编 号			A2-10-11	A2-10-12	A2-10-13
项 目 名 称			耐火混凝土		
			敷管式	膜式	框架式
基 价（元）			1621.62	1427.19	2377.69
其中	人 工 费（元）		993.86	874.58	974.96
	材 料 费（元）		356.52	314.35	1141.84
	机 械 费（元）		271.24	238.26	260.89
名 称	单位	单价（元）	消 耗		量
人工 综合工日	工日	140.00	7.099	6.247	6.964
材料 耐火混凝土	m³	—	(1.060)	(1.060)	(1.060)
不锈钢焊条	kg	38.46			0.500
不锈钢圆钢 φ6	kg	15.39	—	—	49.300
低碳钢焊条	kg	6.84	0.500	0.440	—
镀锌钢丝网 φ3.6×40×40	m²	7.69	33.000	29.040	—
镀锌铁丝 φ1.5～2.5	kg	3.57	—	—	0.700
胶合板 δ6	m²	15.38	2.000	1.760	3.000
螺纹钢筋 HRB400 φ10以内	t	3500.00	0.003	0.003	—
木板	m³	1634.16	0.030	0.026	0.150
石油沥青油毡 350号	m²	2.70	—	—	14.500
圆钉 30～45	kg	5.13	0.400	0.352	0.400
中(粗)砂	t	87.00	—	—	0.075
其他材料费占材料费	%	—	2.000	2.000	2.000
机械 单笼施工电梯 1t,75m	台班	318.26	0.286	0.251	0.143
电动单筒快速卷扬机 10kN	台班	201.58	—	—	0.057
机动翻斗车 1t	台班	220.18	0.067	0.059	0.067
交流弧焊机 21kV·A	台班	57.35	1.429	1.257	—
涡浆式混凝土搅拌机 250L	台班	253.07	—	—	0.248
涡浆式混凝土搅拌机 350L	台班	292.01	0.286	0.251	0.286
直流弧焊机 20kV·A	台班	71.43	—	—	0.600

工作内容：表面清扫、除垢及局部油漆防腐；钢筋加工、电焊或绑扎；配料、搅拌、浇灌，捣打、表面处理等。

计量单位：m³

定 额 编 号			A2-10-14	A2-10-15	A2-10-16
项 目 名 称			保温混凝土		
			敷管式	膜式	框架式
基 价（元）			480.43	422.88	269.83
其中	人 工 费（元）		264.60	232.82	169.12
	材 料 费（元）		34.91	31.38	34.91
	机 械 费（元）		180.92	158.68	65.80
名 称	单位	单价（元）	消 耗 量		
人工	综合工日	工日	140.00	1.890	1.663	1.208
材料	保温混凝土	m³	—	(1.060)	(1.060)	(1.060)
	木板	m³	1634.16	0.020	0.018	0.020
	圆钉 30～45	kg	5.13	0.300	0.264	0.300
	其他材料费占材料费	%	—	2.000	2.000	2.000
机械	单笼施工电梯 1t,75m	台班	318.26	0.286	0.251	0.095
	机动翻斗车 1t	台班	220.18	0.029	0.025	0.019
	涡浆式混凝土搅拌机 250L	台班	253.07	—	—	0.124
	涡浆式混凝土搅拌机 350L	台班	292.01	0.286	0.251	—

2.炉墙中局部浇筑耐火混凝土

工作内容：表面清扫、除垢及局部油漆防腐；钢筋加工、点焊或绑扎；配料、搅拌、浇灌,捣打、表面处理等。

计量单位：m³

定 额 编 号				A2-10-17	A2-10-18	A2-10-19
项 目 名 称				耐火混凝土	耐火塑料	保温混凝土
基 价（元）				1864.70	3001.67	526.13
其中	人 工 费（元）			839.72	1970.36	373.24
	材 料 费（元）			851.17	857.50	—
	机 械 费（元）			173.81	173.81	152.89
名 称		单位	单价（元）	消 耗 量		
人工	综合工日	工日	140.00	5.998	14.074	2.666
材料	保温混凝土	m³	—	—	—	(1.060)
	耐火混凝土	m³	—	(1.060)	—	—
	耐火塑料	m³	—	—	(1.060)	—
	不锈钢焊条	kg	38.46	1.500	0.800	—
	不锈钢圆钢 φ6	kg	15.39	32.000	34.400	—
	镀锌铁丝 φ1.5~2.5	kg	3.57	0.800	0.700	—
	胶合板 δ6	m²	15.38	1.000	0.600	—
	木板	m³	1634.16	0.150	0.150	—
	石油沥青油毡 350号	m²	2.70	7.000	8.000	—
	圆钉 30~45	kg	5.13	0.400	0.400	—
	其他材料费占材料费	%	—	2.000	2.000	2.000
机械	单笼施工电梯 1t,75m	台班	318.26	0.190	0.190	0.286
	电动单筒快速卷扬机 20kN	台班	228.04	0.038	0.038	—
	机动翻斗车 1t	台班	220.18	0.067	0.067	0.029
	涡浆式混凝土搅拌机 350L	台班	292.01	0.238	0.238	0.190
	直流弧焊机 20kV·A	台班	71.43	0.286	0.286	—

工作内容：表面清扫、除垢及局部油漆防腐；钢筋加工、点焊或绑扎；配料、搅拌、浇灌,捣打、表面处理等。

计量单位：m³

定 额 编 号				A2-10-20
项 目 名 称				燃烧带敷设
基 价（元）				1705.71
其中	人 工 费（元）			1227.10
	材 料 费（元）			333.89
	机 械 费（元）			144.72
名 称	单位	单价（元）	消 耗 量	
人工	综合工日	工日	140.00	8.765
材料	耐火塑料	m³	—	(1.060)
	木板	m³	1634.16	0.200
	圆钉 30～45	kg	5.13	0.100
	其他材料费占材料费	%	—	2.000
机械	单笼施工电梯 1t,75m	台班	318.26	0.190
	机动翻斗车 1t	台班	220.18	0.067
	涡浆式混凝土搅拌机 350L	台班	292.01	0.238

四、炉墙填料填塞

工作内容：材料搬运、填塞料部位清理；填塞、搅拌、修理等。

计量单位：m³

定 额 编 号				A2-10-21	A2-10-22
项 目 名 称				高硅氧纤维	矿棉、岩棉、玻璃棉
基 价（元）				551.98	197.08
其中	人 工 费（元）			519.54	164.64
	材 料 费（元）			—	—
	机 械 费（元）			32.44	32.44
名 称		单位	单价（元）	消 耗 量	
人工	综合工日	工日	140.00	3.711	1.176
材料	高硅氧纤维	kg	—	(202.000)	—
	矿渣棉(岩棉、玻璃棉)	m³	—	—	(1.060)
	其他材料费占材料费	%	—	2.000	2.000
机械	单笼施工电梯 1t,75m	台班	318.26	0.095	0.095
	机动翻斗车 1t	台班	220.18	0.010	0.010

五、抹面、密封涂料

工作内容：材料搬运、绑扎、涂刷沥青；配料、搅拌、抹面、压光、表面修理及试块制作等。

计量单位：m²

定　额　编　号			A2-10-23	A2-10-24
项　目　名　称			敷管式	
			炉墙抹面	炉墙密封涂料
基　　　价　（元）			33.12	51.91
其中	人　工　费（元）		8.26	27.02
	材　料　费（元）		18.92	18.64
	机　械　费（元）		5.94	6.25
名　　称	单位	单价（元）	消　　耗　　量	
人工	综合工日	工日	140.00	0.059	0.193
材料	密封涂料	m³	—	—	(0.021)
	抹面材料	m³	—	(0.027)	—
	低碳钢焊条	kg	6.84	0.020	0.020
	镀锌钢丝网　φ1.6×20×20	m²	16.24	1.050	1.050
	圆钢(综合)	kg	3.40	0.400	0.320
	其他材料费占材料费	%	—	2.000	2.000
机械	单笼施工电梯 1t，75m	台班	318.26	0.004	0.001
	电动单筒快速卷扬机 10kN	台班	201.58	—	0.001
	机动翻斗车 1t	台班	220.18	0.001	0.001
	交流弧焊机 21kV·A	台班	57.35	0.029	0.052
	涡浆式混凝土搅拌机 250L	台班	253.07	0.011	0.010

工作内容：材料搬运、绑扎、涂刷沥青；配料、搅拌、抹面、压光、表面修理及试块制作等。

计量单位：m²

定 额 编 号				A2-10-25	A2-10-26
项 目 名 称				膜式	
				炉墙抹面	炉墙密封涂料
基 价（元）				28.87	44.16
其中	人 工 费（元）			7.70	22.96
	材 料 费（元）			16.09	15.85
	机 械 费（元）			5.08	5.35
名 称		单位	单价（元）	消 耗 量	
人工	综合工日	工日	140.00	0.055	0.164
材料	密封涂料	m³	—	—	(0.018)
	抹面材料	m³	—	(0.023)	—
	低碳钢焊条	kg	6.84	0.017	0.017
	镀锌钢丝网 φ1.6×20×20	m²	16.24	0.893	0.893
	圆钢(综合)	kg	3.40	0.340	0.272
	其他材料费占材料费	%	—	2.000	2.000
机械	单笼施工电梯 1t,75m	台班	318.26	0.003	0.001
	电动单筒快速卷扬机 10kN	台班	201.58	—	0.001
	机动翻斗车 1t	台班	220.18	0.001	0.001
	交流弧焊机 21kV·A	台班	57.35	0.024	0.045
	涡浆式混凝土搅拌机 250L	台班	253.07	0.010	0.008

工作内容：材料搬运、绑扎、涂刷沥青；配料、搅拌、抹面、压光、表面修理及试块制作等。

计量单位：m²

定　额　编　号				A2-10-27	A2-10-28
项　目　名　称				框架式	
				炉墙抹面	炉顶密封涂料
基　　　　价（元）				8.81	36.58
其中	人　工　费（元）			5.74	18.90
	材　料　费（元）			—	13.05
	机　械　费（元）			3.07	4.63
名　　　称		单位	单价(元)	消　　耗　　量	
人工	综合工日	工日	140.00	0.041	0.135
材料	密封涂料	m³	—	—	(0.015)
	抹面材料	m³	—	(0.021)	—
	低碳钢焊条	kg	6.84	—	0.014
	镀锌钢丝网 φ1.6×20×20	m²	16.24	—	0.735
	圆钢(综合)	kg	3.40	—	0.224
	其他材料费占材料费	%	—	2.000	2.000
机械	单笼施工电梯 1t,75m	台班	318.26	0.001	0.001
	电动单筒快速卷扬机 10kN	台班	201.58	—	0.001
	机动翻斗车 1t	台班	220.18	0.001	0.001
	交流弧焊机 21kV·A	台班	57.35	—	0.037
	涡浆式混凝土搅拌机 250L	台班	253.07	0.010	0.007

六、炉墙保温护壳

工作内容：实测、划样、放样、下料、扳边、圈圆、滚线、咬口成型；钉扣成型紧固；支承件、连接件、压条等焊接。

计量单位：m³

定　额　编　号			A2-10-29
项　目　名　称			平板钉口安装
基　　　　　价（元）			9.30
其中	人　工　费（元）		4.62
	材　料　费（元）		0.14
	机　械　费（元）		4.54
名　　　称	单位	单价（元）	消　耗　量
人工	综合工日	工日	140.00	0.033
材料	镀锌薄钢板 δ0.5	m²	—	(1.108)
	防水密封胶	支	8.55	0.013
	自攻螺钉	百个	2.00	0.015
	其他材料费占材料费	%	—	2.000
机械	扳边机 2×1500mm	台班	16.72	0.005
	单笼施工电梯 1t,75m	台班	318.26	0.005
	载重汽车 4t	台班	408.97	0.007

工作内容：实测、划样、放样、下料、扳边、圈圆、滚线、咬口成型；钉扣成型紧固；支承件、连接件、压条等焊接。

计量单位：t

定　额　编　号				A2-10-30	A2-10-31
项　目　名　称				波纹板安装	金属支撑件安装
基　　　　　价（元）				74.21	2466.91
其中	人　工　费（元）			4.20	1501.50
	材　料　费（元）			65.56	432.27
	机　械　费（元）			4.45	533.14
	名　　称	单位	单价（元）	消　耗　　量	
人工	综合工日	工日	140.00	0.030	10.725
材料	镀锌型钢(综合)	t	—	—	(1.040)
	不锈钢焊条	kg	38.46	—	10.625
	防水密封胶	支	8.55	0.013	—
	尼龙砂轮片 φ100	片	2.05	—	1.375
	砂轮片 φ400	片	8.97	0.025	1.375
	压型彩钢板 δ0.5	m²	57.26	1.080	—
	羊毛毡垫圈	个	0.23	9.100	—
	自攻螺钉	百个	2.00	0.005	—
	其他材料费占材料费	%	—	2.000	2.000
机械	单笼施工电梯 1t,75m	台班	318.26	0.005	0.625
	砂轮切割机 350mm	台班	22.38	—	0.500
	载重汽车 4t	台班	408.97	0.007	0.150
	直流弧焊机 40kV·A	台班	93.03	—	2.813

七、炉墙砌筑脚手架及平台搭拆

工作内容：材料运搬、架子搭设、铺板、搭设栏杆、围板；脚手架拆除、材料回收、场地清理。

计量单位：台

定 额 编 号				A2-10-32	A2-10-33	A2-10-34	A2-10-35
项 目 名 称				锅炉蒸发量(t/h)			
				≤50	≤75	≤150	<220
基 价（元）				20631.34	22924.11	25470.91	28300.87
其中	人 工 费（元）			4517.10	5019.00	5576.62	6196.26
	材 料 费（元）			12314.91	13683.68	15204.09	16893.43
	机 械 费（元）			3799.33	4221.43	4690.20	5211.18
名 称		单位	单价(元)	消 耗 量			
人工	综合工日	工日	140.00	32.265	35.850	39.833	44.259
材料	镀锌铁丝 16号	kg	3.57	80.190	89.100	99.000	110.000
	脚手架钢管	kg	3.68	172.481	191.646	212.940	236.600
	木脚手板	m³	1307.59	8.529	9.477	10.530	11.700
	其他材料费占材料费	%	—	2.000	2.000	2.000	2.000
机械	单笼施工电梯 1t,75m	台班	318.26	9.026	10.029	11.143	12.381
	电动单筒慢速卷扬机 50kN	台班	215.57	3.610	4.011	4.457	4.952
	载重汽车 10t	台班	547.99	0.271	0.301	0.334	0.371

343

八、耐磨衬砌

工作内容：材料搬运、底面打磨清理、内部找平；镶砌板块加工、镶砌、打孔塞焊、勾缝、焊接、打磨等。

计量单位：m²

定　额　编　号				A2-10-36	
项　目　名　称				衬铸石板	
基　　　价（元）				52.58	
其中	人　工　费（元）			34.72	
	材　料　费（元）			17.86	
	机　械　费（元）			—	
名　　称	单位	单价（元）	消　　耗　　量		
人工	综合工日	工日	140.00	0.248	
材料	铸石板 180×110×30	m²	—	(1.100)	
	水	t	7.96	0.050	
	水玻璃胶泥 1：0.18：1.2：1.1	m³	2138.66	0.008	
	其他材料费占材料费	%	—	2.000	

344

工作内容：材料搬运、底面打磨清理、内部找平；镶砌板块加工、镶砌、打孔塞焊、勾缝、焊接、打磨等。

计量单位：t

定　额　编　号			A2-10-37	
项　目　名　称			衬不锈钢	
基　　　价（元）			8358.55	
其中	人　工　费（元）		4438.28	
	材　料　费（元）		2001.04	
	机　械　费（元）		1919.23	
名　　　称	单位	单价（元）	消　耗　量	
人工 综合工日	工日	140.00	31.702	
材料 不锈钢板 δ8以内	kg	—	(1080.000)	
不锈钢焊条	kg	38.46	45.210	
氮气	m³	4.72	31.860	
钨棒	kg	341.88	0.056	
钻头 φ6～13	个	2.14	25.000	
其他材料费占材料费	%	—	2.000	
机械 等离子弧焊机 300A	台班	207.55	6.500	
等离子切割机 400A	台班	219.59	0.389	
电动空气压缩机 6m³/min	台班	206.73	0.281	
电焊条烘干箱 60×50×75cm³	台班	26.46	0.654	
剪板机 20×2000mm	台班	316.68	0.086	
卷板机 20×2500mm	台班	276.83	0.264	
氩弧焊机 500A	台班	92.58	1.812	
载重汽车 5t	台班	430.70	0.328	

工作内容：材料搬运、底面打磨清理、内部找平；镶砌板块加工、镶砌、打孔塞焊、勾缝、焊接、打磨等。

计量单位：m²

定　额　编　号				A2-10-38
项　目　名　称				衬微晶板
基　　　价（元）				196.36
其中	人　工　费（元）			23.10
	材　料　费（元）			161.63
	机　械　费（元）			11.63
名　　称		单位	单价(元)	消　耗　量
人工	综合工日	工日	140.00	0.165
材料	微晶板	m²	—	(1.030)
	环氧树脂胶泥 1：0.1：0.08：2	m³	22637.21	0.007
	其他材料费占材料费	%	—	2.000
机械	载重汽车 5t	台班	430.70	0.027

第十一章 工业与民用锅炉安装工程

说　　明

一、本章内容包括工业与民用锅炉本体设备、烟气净化设备、水处理设备、换热器、输煤设备、除渣设备等安装工程。

二、有关说明：

1. 定额包括校管与放样的组装平台、起吊加固铁件、水压试验临时管路、专用工具等周转性材料，按照摊销量计入材料费。

2. 定额包括的工作内容除各节、项已经说明者外，其共性工作内容包括如下：

施工准备，施工地点范围内的设备、材料、成品、半成品、工具器具的搬运；

设备开箱清点、检查、编号；

基础验收、划线、铲除麻面；

设备安装；

水压试验、烘炉、煮炉；

安全门调整；

本体设备焊口无损探伤；

调试、试运；

移动临时水源、电源；

配合质量检查、验收；

超高作业增加的工作内容。

不包括电动机检查接线等电气类工作、设备基础灌浆、炉墙砌筑、保温及油漆、给水设备与鼓（引）风机安装、烟囱及烟道与风道制作安装、除尘设备安装以及锅炉电气、自动控制、遥控配风、热工、仪表的校验、调整、安装等项目。工程实际发生时，执行相应定额。

（1）锅炉本体设备安装定额中，包括锅炉单体调试以及与锅炉附属及辅助设备一起进行的系统调试和整套调试；包括锅炉及附属与辅助设备整体试运。

（2）定额中锅炉试运所消耗的水、电、燃料用量是综合考虑的，工程实际用量与定额不同时，不做调整。

（3）定额中包括消耗水、电费用，不包括消耗燃料（煤、油、气）费用。工程实际与定额不同时，可以根据定额消耗量调整其费用。

（4）锅炉安装定额中包括随锅炉本体供货的平台、栏杆、梯子、附件等安装。如需要现场配制平台、栏杆、梯子、附件等，可执行有关定额。

3. 锅炉本体设备安装包括燃煤锅炉、燃油锅炉本体设备安装。

349

（1）常压、立式锅炉安装适用于生产热水或蒸汽的各种常压、立式生活锅炉，不分结构形式均执行本定额。定额包括炉本体及炉本体范围内的安全阀、压力表、温度计、水位计、给水阀、蒸汽阀、排污阀等附件安装。不包括炉本体一次门以外管道安装、各种泵类与箱类安装。工程实际发生时，执行相应定额。

（2）快装成套燃煤锅炉安装适用于除锅炉辅助机械单件供货外，炉本体在生产厂家组装且砌筑、保温油漆等工序全部完成后，整体供应到现场的锅炉安装。整体锅炉包括炉本体及本体管道、主汽阀门、热水阀门、安全门、给水阀门、排污阀门、水位警报、水位计、温度计、压力表以及相配套的螺旋除灰渣机等附件。定额包括整体锅炉、上煤装置、除灰渣装置、体外省煤器等设备安装以及随锅炉生产厂家配套供货的烟道与风道系统和非标构件、配件的安装。定额不包括锅炉本体一次门以外的管道安装及其保温油漆工程，整体锅炉以外非锅炉生产厂家供应的设备和非标构件制作和安装。

（3）组装燃煤锅炉安装适用于生产厂家将锅炉本体分为上下两大件组装后出厂的蒸汽、热水燃煤锅炉安装。锅炉本体上下组件包括炉本体、本体管道、主汽阀门、热水阀门、安全门、给水阀门、排污阀门、水位警报、水位计、温度计、压力表以及相配套的附件。定额包括锅炉本体上下两大件组装与安装、上煤装置、除灰渣装置、调速箱、体外省煤器等设备安装以及随锅炉生产厂家配套供货的烟道与风道系统和非标构件、配件的安装。定额不包括锅炉本体一次门以外的管道安装及其保温油漆工程，锅炉上下两大件以外非锅炉生产厂家供应的设备和非标构件制作和安装，锅炉本体组件接口部分耐火砖砌筑、门拱砌筑、保温油漆工程。

a. 定额只限于锅炉本体组件分为两大件时的安装。

b. 锅炉本体下部组件包括链条炉排、底座等。如为散件供货需要在现场组合安装时，按照相应定额 乘以系数1.20。

c. 炉后体外省煤器如为散件供货，需要在现场接口研磨、上弯头、组合、水压试验后安装时，应按照相应定额乘以系数1.06。

（4）散装燃煤锅炉安装适用于通用供热锅炉安装。定额包括锅炉本体钢架、汽包、水冷壁、过热器、省煤器、空气预热器、本体管路、吹灰装置、各种门孔构件、平台、扶梯、栏杆、炉排等安装以及锅炉水压试验、烘炉、煮炉等。定额不包括炉墙砌筑、保温和油漆，锅炉辅助与附属设备、炉本体一次门以外管道与管件及阀门安装，非锅炉生产厂家随炉供货的平台、扶梯、栏杆、护板等金属构件安装，工程实际发生时，执行相关定额。

（5）整装燃油（气）锅炉安装适用于蒸发量在0.5～20t/h各类整装燃油（气）锅炉本体安装。整装燃油（气）锅炉包括炉本体、本体管道、阀门、管件、仪表及水位计等附件，整装燃油（气）锅炉、随炉本体配套供应的油（气）系统（含油或气、燃油泵、燃油箱、压气器、燃气罐、燃烧器、调速器等）、平台、扶梯、栏杆、电控箱等安装。定额不包括炉墙砌筑、保温和油漆，非锅炉生产厂家随炉供货的平台、扶梯、栏杆、护板等金属构件安装，整装燃油（气）炉本体一次门以外的油管道、气管道、水管道、管件、阀门安装以及保温、油漆、水压试验，整装炉的上水系统（给水泵和管路、注水器及管路）安装，工程实际发生时，执行相关定额。

（6）散装燃油（气）锅炉安装适用于蒸发量在6～20t/h各类散装燃油（气）锅炉（分部件供应）的本体安装。定额包括散装燃油（气）锅炉本体钢架、汽包、水冷系统、过热系统、省煤器及管路系统、本体内的水汽管道、各种钢结构、除灰装置、平台梯子栏杆、外护板、燃烧装置等安装。定额不包括炉墙砌筑、保温和油漆，散装燃油（气）锅炉的泵类、油箱、水箱类的安装，非锅炉生产厂家随炉供货的平台、扶梯、栏杆、护板等金属构件安装散装燃油（气）炉本体一次门以外的油管道、气管道、水管道、管件、阀门安装以及保温、油漆、水压试验，整装炉的上水系统（给水泵和管路、注水器及管路）安装。工程实际发生时，执行相关定额。

（7）本章不适用于燃用特殊或特种油质（气质）的锅炉安装。定额中烘炉、煮炉是按照燃油考虑的，当采用燃气时，应扣除定额中所含燃油用量，与建设单位协商另行计算燃气费用。

4. 烟气净化设备安装包括单筒干式、多筒干式、多管干式旋风除尘器安装，适用≤20t/h工业与民用锅炉配套的专用辅助设备安装工程。定额中包括设备本体、分离器、导烟管、顶盖、排灰筒及支座的组合与安装。定额不包括旋风子蜗壳制作、内衬镶砌，工程实际发生时，执行相关定额。

5. 锅炉水处理设备安装包括设备及随设备供应的管道、管件、阀门等安装，设备本体范围内的平台、梯子、栏杆安装；包括填料的运搬、筛分、装填；包括衬里设备防腐层检验、设备试运灌水或水压试验，随设备供应的盐液、缸罐、电子控制仪表等配套设备安装。定额不包括设备及管道的保温、油漆、设备灌浆、地脚螺栓配制、设备进出口第一片法兰以外的管道安装；工程实际发生时，执行相关定额。

6. 换热器安装包括设备及随设备供应的管道、管件、阀门、温度计、压力表等安装和水压试验。定额不包括设备及管道的保温、油漆、设备灌浆、地脚螺栓配制、设备进出口第一片法兰以外的管道安装。工程实际发生时，执行相关定额。

7. 输煤设备安装包括翻斗上煤机、碎煤机安装，适用≤20t/h工业与民用锅炉配套的专用辅助设备安装工程。

（1）翻斗上煤机安装定额包括传动装置立柱及支架平台安装、卷扬装置翻斗的组合与安装。

（2）碎煤机安装定额包括机架底座、活动齿轮、润滑系统、随设备供应的梯子与平台及栏杆等安装以及液压管路酸洗、安装。

（3）定额不包括设备框架、支架配制及油漆，电动机检查接线。

8. 除渣设备安装包括螺旋除渣机、刮板除渣机、链条除渣机安装，适用≤20t/h工业与民用锅炉配套的专用辅助设备安装工程，设备清洗、组装、机壳或机槽安装、渣机头部与尾部安装、传动装置及拉链安装。定额不包括设备支架、配件的配制及油漆，电动机检查接线；工程实际发生时，执行相关定额。

工程量计算规则

一、常压、立式、快装成套、组装的燃煤锅炉和整装燃油（气）锅炉根据锅炉蒸发量或供热量，按照设计安装整套数量以"台"为计量单位。

二、散装燃煤、燃油（气）锅炉根据锅炉蒸发量或供热量，按照设计图示尺寸的成品重量以"t"为计量单位。不计算焊条、下料及加工制作损耗量、设备包装材料、临时加固铁构件重量.计算随本体设备供货的本体管路与附属设备及附件重量,超出锅炉本体管路范围的管道，其重量按照管道定额规定计算，并执行管道定额计算安装费。锅炉重量的计算范围包括以下几个部分。

1. 钢架部分：包括钢架、燃烧室、省煤器及空气预热器的立柱与横梁。

2. 汽包部分：汽包、联箱及其支承座等。

3. 水冷壁部分：包括水冷壁管、对流管、降水管、上升管、管道支吊架、水冷壁固定装置、挂钩及拉钩等。

4. 过热器部分：包括过热器管及汽包至过热器的饱和蒸汽管、管钩、底座、支吊架等。

5. 省煤器部分：包括省煤器、锣片管、弯头、表计、进出水联箱、省煤器至汽包进水管、吹灰器、吹灰管路等。

6. 空气预热器部分：包括整体管式空气预热器、框架、风罩、折烟罩、热风管等。

7. 链式炉排部分：包括两侧墙板、前后移动轴、上下滑轨、传动链条、煤闸门、挡火器、减速箱、电动机等。

8. 本体管路部分：包括由生产厂家随本体供货的吹灰管、定期和连续排污管、压力表和水位表管、放水管以及管路配件（水位计、压力表、各类阀门）、支吊架等。

9. 平台、梯子部分：包括锅炉本体和省煤器的平台、梯子、栏杆、支架等。

10. 附件部分：包括各种烟道门、检查门、炉门、看火孔、灰渣斗、铸铁隔火板、炉顶搁条、密封装置、小构件等。

三、烟气净化、水处理、换热、输煤、除渣设备根据设备性能与出力，按照设计安装整套数量以"台"为计量单位。

一、锅炉本体设备安装

1. 常压、立式锅炉安装

工作内容：基础检查、中心线校核；垫铁配制；设备检查、运搬、清点、分类复核、安装、检查、水压试验、调试、试运。

计量单位：台

定　额　编　号				A2-11-1	A2-11-2	A2-11-3	A2-11-4
项　目　名　称				立式锅炉			
				蒸发量(t/h)			
				0.1	0.2	0.3	0.5
				供热量(MW)			
				0.07	0.14	0.21	0.35
基　　　　　价（元）				2727.76	3218.42	3832.35	4681.46
其中	人　工　费（元）			828.10	1085.70	1405.74	1862.28
	材　料　费（元）			735.73	840.49	986.27	1145.73
	机　械　费（元）			1163.93	1292.23	1440.34	1673.45
名　　称		单位	单价（元）	消　　耗　　量			
人工	综合工日	工日	140.00	5.915	7.755	10.041	13.302
材料	低碳钢焊条	kg	6.84	1.310	1.450	1.620	1.800
	电	kW·h	0.68	60.000	88.000	118.000	176.000
	镀锌铁丝 φ2.5～4.0	kg	3.57	4.000	4.000	4.500	4.500
	黄干油	kg	5.15	0.650	0.720	0.810	0.900
	机油	kg	19.66	0.650	0.720	0.810	0.900
	金属清洗剂	kg	8.66	0.306	0.339	0.378	0.420
	磷酸三钠	kg	2.63	10.490	11.660	12.960	14.400
	棉纱头	kg	6.00	1.350	1.450	1.620	1.800
	木柴	kg	0.18	6.500	7.200	8.100	9.000
	氢氧化钠（烧碱）	kg	2.19	10.490	11.660	12.960	14.400
	溶剂汽油 200号	kg	5.64	1.310	1.450	1.620	1.800
	石棉绳	kg	3.50	1.310	1.450	1.620	1.800
	水	m³	7.96	4.000	6.000	8.000	12.000

续表

定 额 编 号			A2-11-1	A2-11-2	A2-11-3	A2-11-4
项 目 名 称			立式锅炉			
			蒸发量(t/h)			
			0.1	0.2	0.3	0.5
			供热量(MW)			
			0.07	0.14	0.21	0.35
名 称	单位	单价(元)	消 耗 量			
材料	索具螺旋扣 M16×250	套	10.55	4.000	4.000	7.000	7.000
	斜垫铁	kg	3.50	4.400	4.400	4.400	4.400
	型钢	kg	3.70	19.680	21.870	24.300	27.000
	烟煤	t	942.48	0.320	0.360	0.400	0.450
	氧气	m³	3.63	2.750	3.080	3.400	3.780
	乙炔气	kg	10.45	0.910	1.020	1.120	1.250
	枕木 2500×250×200	根	128.21	0.650	0.720	0.810	0.900
	其他材料费占材料费	%	—	2.000	2.000	2.000	2.000
机械	电动单筒慢速卷扬机 30kN	台班	210.22	0.505	0.562	0.686	0.810
	电焊条烘干箱 60×50×75cm³	台班	26.46	0.029	0.038	0.038	0.048
	交流弧焊机 32kV·A	台班	83.14	0.305	0.343	0.381	0.429
	汽车式起重机 8t	台班	763.67	1.324	1.467	1.619	1.876
	试压泵 6MPa	台班	19.60	1.048	1.238	1.381	1.714

工作内容：基础检查、中心线校核；垫铁配制；设备检查、运搬、清点、分类复核、安装、检查、水压试
验、调试、试运。

计量单位：台

定　额　编　号				A2-11-5	A2-11-6	A2-11-7
项　目　名　称				立式锅炉		
				蒸发量(t/h)		
				1	1.5	2
				供热量(MW)		
				0.7	1.05	1.4
基　　　　价（元）				5434.95	6990.81	8471.74
其中	人　工　费（元）			2359.14	2989.42	3888.22
	材　料　费（元）			1296.62	1512.32	1704.02
	机　械　费（元）			1779.19	2489.07	2879.50
名　　　称		单位	单价（元）	消　　耗　　量		
人工	综合工日	工日	140.00	16.851	21.353	27.773
材料	低碳钢焊条	kg	6.84	2.000	2.230	2.490
	电	kW·h	0.68	220.000	308.000	380.000
	镀锌铁丝 φ2.5～4.0	kg	3.57	5.800	7.000	7.000
	黄干油	kg	5.15	1.000	1.110	1.230
	机油	kg	19.66	1.000	1.110	1.230
	金属清洗剂	kg	8.66	0.467	0.518	0.577
	磷酸三钠	kg	2.63	16.000	17.760	19.700
	棉纱头	kg	6.00	2.000	2.220	2.470
	木柴	kg	0.18	10.000	11.100	12.300
	氢氧化钠(烧碱)	kg	2.19	16.000	17.760	19.700
	溶剂汽油 200号	kg	5.64	2.000	2.220	2.470
	石棉绳	kg	3.50	2.000	2.200	2.500
	水	m³	7.96	15.000	21.000	26.000

续表

定　额　编　号			A2-11-5	A2-11-6	A2-11-7
项　目　名　称			立式锅炉		
			蒸发量(t/h)		
			1	1.5	2
			供热量(MW)		
			0.7	1.05	1.4
名　　　称	单位	单价(元)	消　　耗　　量		
材　料	索具螺旋扣 M16×250	套	10.55	7.000	7.000	7.000
	斜垫铁	kg	3.50	4.400	6.000	6.000
	型钢	kg	3.70	30.000	33.400	37.100
	烟煤	t	942.48	0.500	0.550	0.600
	氧气	m³	3.63	4.250	4.750	5.330
	乙炔气	kg	10.45	1.400	1.560	1.760
	枕木 2500×250×200	根	128.21	1.000	1.110	1.230
	其他材料费占材料费	%	—	2.000	2.000	2.000
机　械	电动单筒慢速卷扬机 30kN	台班	210.22	1.181	1.857	2.762
	电焊条烘干箱 60×50×75cm³	台班	26.46	0.048	0.057	0.076
	交流弧焊机 32kV·A	台班	83.14	0.476	0.600	0.752
	汽车式起重机 16t	台班	958.70	—	2.095	2.286
	汽车式起重机 8t	台班	763.67	1.905	—	—
	试压泵 6MPa	台班	19.60	1.800	1.981	2.181

2. 快装成套燃煤锅炉安装

工作内容：基础检查、中心线校核；垫铁配制；设备检查、运搬、清点、分类复核、安装、检查、水压试验、调试、试运。

计量单位：台

定 额 编 号				A2-11-8	A2-11-9	A2-11-10	A2-11-11
项 目 名 称				快装锅炉			
				蒸发量(t/h)			
				1	2	4	6
				供热量(MW)			
				0.7	1.4	2.8	4.2
基 价 （元）				28574.53	36890.59	46433.80	58399.12
其中	人 工 费 （元）			8645.00	11068.82	13846.14	17582.74
	材 料 费 （元）			16010.22	20775.82	26166.98	33412.29
	机 械 费 （元）			3919.31	5045.95	6420.68	7404.09
名 称		单位	单价（元）	消 耗 量			
人工	综合工日	工日	140.00	61.750	79.063	98.901	125.591
材料	低碳钢焊条	kg	6.84	22.400	28.000	35.000	44.000
	电	kW·h	0.68	360.000	1400.000	1850.000	2900.000
	镀锌铁丝 φ2.5~4.0	kg	3.57	5.800	7.250	9.060	11.330
	钢板	kg	3.17	42.400	68.000	100.000	140.000
	黄干油	kg	5.15	3.200	4.000	5.000	6.250
	机油	kg	19.66	6.400	8.000	10.000	12.500
	金属清洗剂	kg	8.66	1.792	2.240	2.800	3.500
	磷酸三钠	kg	2.63	29.440	36.800	46.000	57.500
	棉纱头	kg	6.00	2.680	3.360	4.200	5.250
	木柴	kg	0.18	416.000	520.000	650.000	812.500
	氢氧化钠(烧碱)	kg	2.19	29.440	36.800	46.000	57.500
	溶剂汽油 200号	kg	5.64	4.480	5.600	7.000	8.750
	石棉绳	kg	3.50	14.080	17.600	22.000	27.500
	石棉橡胶板	kg	9.40	1.280	1.600	2.000	2.500

续表

定　额　编　号				A2-11-8	A2-11-9	A2-11-10	A2-11-11
项　目　名　称				快装锅炉			
				蒸发量(t/h)			
				1	2	4	6
				供热量(MW)			
				0.7	1.4	2.8	4.2
名　称		单位	单价(元)	消　　耗　　量			
材料	水	m³	7.96	18.000	29.000	48.000	88.000
	索具螺旋扣 M16×250	套	10.55	2.560	3.200	4.000	5.000
	铁砂布	张	0.85	19.200	24.000	30.000	37.500
	斜垫铁	kg	3.50	33.000	42.000	48.000	65.500
	烟煤	t	942.48	14.720	18.400	23.000	28.750
	氧气	m³	3.63	11.330	14.180	17.730	22.000
	乙炔气	kg	10.45	3.740	4.680	5.850	7.260
	枕木 2500×250×200	根	128.21	3.200	4.000	5.000	6.250
	其他材料费占材料费	%	—	2.000	2.000	2.000	2.000
机械	电动单筒慢速卷扬机 30kN	台班	210.22	4.267	5.333	6.667	8.333
	电动单筒慢速卷扬机 50kN	台班	215.57	2.143	2.762	3.524	4.286
	电焊条烘干箱 60×50×75cm³	台班	26.46	0.571	0.762	0.952	1.143
	交流弧焊机 32kV·A	台班	83.14	5.714	7.619	9.524	11.429
	汽车式起重机 40t	台班	1526.12	1.333	1.724	2.219	2.410
	试压泵 6MPa	台班	19.60	1.829	2.286	2.857	3.571

工作内容：基础检查、中心线校核；垫铁配制；设备检查、运搬、清点、分类复核、安装、检查、水压试验、调试、试运。
计量单位：台

定　额　编　号				A2-11-12	A2-11-13	A2-11-14
项　目　名　称				快装锅炉		
				蒸发量(t/h)		
				8	10	20
				供热量(MW)		
				5.6	7	14
基　　　价（元）				70079.12	87598.92	108039.93
其中	人　工　费（元）			21099.40	26374.18	32528.30
	材　料　费（元）			40094.75	50118.44	61813.30
	机　械　费（元）			8884.97	11106.30	13698.33
名　　称		单位	单价（元）	消　　耗　　量		
人工	综合工日	工日	140.00	150.710	188.387	232.345
材料	低碳钢焊条	kg	6.84	52.800	66.000	81.400
	电	kW·h	0.68	3480.000	4350.000	5365.000
	镀锌铁丝 φ2.5~4.0	kg	3.57	13.596	16.995	20.961
	钢板	kg	3.17	168.000	210.000	259.000
	黄干油	kg	5.15	7.500	9.375	11.563
	机油	kg	19.66	15.000	18.750	23.125
	金属清洗剂	kg	8.66	4.200	5.250	6.475
	磷酸三钠	kg	2.63	69.000	86.250	106.375
	棉纱头	kg	6.00	6.300	7.875	9.713
	木柴	kg	0.18	975.000	1218.750	1503.125
	氢氧化钠(烧碱)	kg	2.19	69.000	86.250	106.375
	溶剂汽油 200号	kg	5.64	10.500	13.125	16.188
	石棉绳	kg	3.50	33.000	41.250	50.875
	石棉橡胶板	kg	9.40	3.000	3.750	4.625

361

续表

定　额　编　号			A2-11-12	A2-11-13	A2-11-14
项　目　名　称			快装锅炉		
			蒸发量(t/h)		
			8	10	20
			供热量(MW)		
			5.6	7	14
名　　称	单位	单价(元)	消　　耗　　量		
材料	水	m³	7.96	105.600	132.000	162.800
	索具螺旋扣 M16×250	套	10.55	6.000	7.500	9.250
	铁砂布	张	0.85	45.000	56.250	69.375
	斜垫铁	kg	3.50	78.600	98.250	121.175
	烟煤	t	942.48	34.500	43.125	53.188
	氧气	m³	3.63	26.400	33.000	40.700
	乙炔气	kg	10.45	8.712	10.890	13.431
	枕木 2500×250×200	根	128.21	7.500	9.375	11.563
	其他材料费占材料费	%	—	2.000	2.000	2.000
机械	电动单筒慢速卷扬机 30kN	台班	210.22	10.000	12.500	15.416
	电动单筒慢速卷扬机 50kN	台班	215.57	5.143	6.429	7.929
	电焊条烘干箱 60×50×75cm³	台班	26.46	1.372	1.715	2.115
	交流弧焊机 32kV·A	台班	83.14	13.715	17.144	21.144
	汽车式起重机 40t	台班	1526.12	2.892	3.615	4.459
	试压泵 6MPa	台班	19.60	4.285	5.357	6.606

362

3.组装燃煤锅炉安装

工作内容：基础检查、中心线校核；垫铁配制；设备检查、运搬、清点、分类复核、安装、检查、水压试验、调试、试运。

计量单位：台

定 额 编 号			A2-11-15	A2-11-16	A2-11-17
项 目 名 称			组装锅炉		
			蒸发量(t/h)		
			6	10	20
			供热量(MW)		
			4.2	7	14
基 价 （元）			88061.12	103482.80	131189.57
其中	人 工 费 （元）		25265.38	29109.22	36378.16
	材 料 费 （元）		49536.58	55395.28	73104.39
	机 械 费 （元）		13259.16	18978.30	21707.02
名 称	单位	单价（元）	消 耗 量		
人工	综合工日	工日	140.00	180.467	207.923	259.844
材料	低碳钢焊条	kg	6.84	45.800	68.600	82.000
	电	kW·h	0.68	2800.000	5400.000	10800.000
	镀锌铁丝 φ2.5～4.0	kg	3.57	14.400	23.000	29.000
	钢板	kg	3.17	140.000	188.000	209.000
	钢锯条	条	0.34	30.000	50.000	85.000
	黄干油	kg	5.15	6.250	8.500	11.000
	机油	kg	19.66	12.500	18.000	24.000
	金属清洗剂	kg	8.66	4.200	6.301	9.334
	磷酸三钠	kg	2.63	58.000	65.000	72.000
	棉纱头	kg	6.00	5.000	7.000	8.000
	木柴	kg	0.18	990.000	1100.000	1400.000
	氢氧化钠(烧碱)	kg	2.19	58.000	65.000	72.000
	溶剂汽油 200号	kg	5.64	11.000	20.000	30.000
	石棉绳	kg	3.50	37.500	58.000	75.500
	石棉橡胶板	kg	9.40	2.800	4.200	6.600
	铈钨棒	g	0.38	16.000	27.000	30.000
	水	m³	7.96	84.000	116.000	194.000
	索具螺旋扣 M16×250	套	10.55	4.000	4.000	4.000

续表

定　额　编　号			A2-11-15	A2-11-16	A2-11-17
项　目　名　称			组装锅炉		
			蒸发量(t/h)		
			6	10	20
			供热量(MW)		
			4.2	7	14
名　称	单位	单价(元)	消　　耗　　量		
材料	索具螺旋扣 M20×300	套	17.52	4.000	8.000	8.000
	铁砂布	张	0.85	38.000	55.000	84.000
	斜垫铁	kg	3.50	65.500	102.500	240.000
	氩弧焊丝	kg	7.44	0.390	0.510	0.600
	氩气	m³	19.59	1.100	1.800	2.200
	烟煤	t	942.48	45.000	47.000	59.000
	氧气	m³	3.63	47.500	117.500	147.500
	乙炔气	kg	10.45	15.680	38.780	48.680
	枕木 2500×250×200	根	128.21	7.800	11.100	14.600
	其他材料费占材料费	%	—	2.000	2.000	2.000
机械	电动单筒慢速卷扬机 30kN	台班	210.22	8.095	8.952	10.476
	电动单筒慢速卷扬机 50kN	台班	215.57	2.762	4.286	4.286
	电焊条烘干箱 60×50×75cm³	台班	26.46	2.381	2.952	3.619
	交流弧焊机 32kV·A	台班	83.14	23.810	29.524	36.190
	汽车式起重机 40t	台班	1526.12	2.771	—	—
	汽车式起重机 50t	台班	2464.07	—	2.981	3.086
	汽车式起重机 8t	台班	763.67	5.952	8.000	10.000
	试压泵 6MPa	台班	19.60	3.810	4.762	5.714
	氩弧焊机 500A	台班	92.58	0.762	0.990	1.333

4.散装燃煤锅炉安装

工作内容：基础检查、中心线校核；垫铁配制；设备检查、运搬、清点、分类复核、安装、检查、水压试验、调试、试运。

计量单位：t

定 额 编 号			A2-11-18	A2-11-19	A2-11-20	A2-11-21
项 目 名 称			散装锅炉			
			蒸发量(t/h)			
			4	6	10	20
基 价（元）			5790.42	4869.80	4165.06	3725.84
其中	人 工 费（元）		1616.02	1338.12	1272.46	1218.56
	材 料 费（元）		3179.43	2777.16	2317.63	2070.49
	机 械 费（元）		994.97	754.52	574.97	436.79
名 称	单位	单价(元)	消 耗 量			
人工	综合工日	工日	140.00	11.543	9.558	9.089	8.704
材料	白布	kg	6.67	0.409	0.382	0.363	0.344
	白油漆	kg	11.21	0.020	0.020	0.010	0.010
	冰醋酸 98%	mL	0.09	4.310	3.230	2.430	1.800
	低碳钢焊条	kg	6.84	3.500	3.200	2.850	2.600
	电	kW·h	0.68	191.000	137.000	121.000	110.000
	镀锌铁丝 φ2.5～4.0	kg	3.57	2.000	1.500	1.400	1.300
	对苯二酚	g	10.11	1.010	0.760	0.570	0.420
	钢板	kg	3.17	6.000	5.000	4.000	3.500
	钢管 DN40	kg	4.49	0.400	0.350	0.300	0.300
	钢锯条	条	0.34	2.300	2.200	2.100	2.000
	硅酸钠（水玻璃）	kg	1.62	0.540	0.520	0.500	0.480
	号码铅字	套	20.51	0.080	0.060	0.040	0.030
	黑铅粉	kg	5.13	0.080	0.070	0.060	0.050
	黄干油	kg	5.15	0.230	0.220	0.210	0.200
	机油	kg	19.66	0.830	0.820	0.810	0.800
	甲氨基酚硫酸盐	g	0.43	0.250	0.190	0.140	0.110
	焦炭	kg	1.42	24.000	18.000	13.000	10.000
	金属清洗剂	kg	8.66	0.117	0.112	0.105	0.093
	磷酸三钠	kg	2.63	2.000	1.800	1.750	1.800
	硫代硫酸钠	g	0.06	41.400	31.050	23.290	17.250
	硫酸铝钾	g	0.03	2.590	1.940	1.460	1.080
	螺纹钢筋 HRB400 φ10以内	t	3500.00	0.002	0.002	0.001	0.001
	棉纱头	kg	6.00	0.280	0.270	0.260	0.200
	木柴	kg	0.18	180.000	170.000	160.000	150.000
	尼龙砂轮片 φ100×16×3	片	2.56	2.400	1.800	1.350	1.010

续表

定 额 编 号			A2-11-18	A2-11-19	A2-11-20	A2-11-21
项 目 名 称			散装锅炉			
			蒸发量(t/h)			
			4	6	10	20
名 称	单位	单价(元)	消 耗 量			
硼酸	g	60.00	1.290	0.970	0.730	0.540
平垫铁	kg	3.74	1.100	0.900	0.890	0.860
铅板 80×300×3	kg	31.12	0.066	0.050	0.033	0.025
铅油(厚漆)	kg	6.45	0.530	0.520	0.510	0.500
青铅	kg	5.90	1.000	1.000	1.000	1.000
氢氧化钠(烧碱)	kg	2.19	2.000	1.800	1.750	1.800
溶剂汽油 200号	kg	5.64	0.700	0.650	0.600	0.500
软胶片 80×300	张	5.45	2.400	1.800	1.350	1.000
材 料 砂轮片 φ400	片	8.97	0.952	0.848	0.800	0.543
石棉泥	kg	2.14	4.500	3.500	2.000	1.500
石棉绳	kg	3.50	0.600	0.450	0.300	0.250
石棉橡胶板	kg	9.40	0.260	0.250	0.240	0.230
铈钨棒	g	0.38	10.000	8.500	5.340	3.840
水	m³	7.96	3.630	3.020	2.520	2.010
四氟带	kg	83.96	0.040	0.030	0.020	0.010
松节油	kg	3.39	0.130	0.120	0.110	0.100
塑料暗袋 80×300	副	7.01	0.120	0.090	0.070	0.050
索具螺旋扣 M16×250	套	10.55	0.200	0.190	0.180	0.150
碳钢气焊条	kg	9.06	0.090	0.080	0.070	0.070
贴片磁铁	副	1.56	0.050	0.030	0.030	0.020
铁砂布	张	0.85	1.900	1.800	1.700	1.550
无水碳酸钠	g	0.10	5.520	4.140	3.110	2.300
无水亚硫酸钠	g	0.10	10.880	8.150	6.110	4.530
像质计	个	26.50	0.120	0.090	0.070	0.050
斜垫铁	kg	3.50	1.100	0.900	0.890	0.860

定 额 编 号			A2-11-18	A2-11-19	A2-11-20	A2-11-21
项 目 名 称			散装锅炉			
			蒸发量(t/h)			
			4	6	10	20
名 称	单位	单价(元)	消 耗 量			
材料 型钢	kg	3.70	6.980	6.200	5.100	4.500
溴化钾	g	0.04	0.460	0.350	0.260	0.190
压敏胶粘带	m	1.15	1.380	1.040	0.780	0.580
氩弧焊丝	kg	7.44	0.300	0.250	0.140	0.080
氩气	m³	19.59	0.650	0.500	0.420	0.360
烟煤	t	942.48	2.700	2.400	2.000	1.800
氧气	m³	3.63	2.500	1.900	1.850	1.630
乙炔气	kg	10.45	0.950	0.720	0.700	0.620
英文字母铅码	套	34.19	0.080	0.060	0.040	0.030
增感屏 80×300	副	29.91	0.120	0.090	0.070	0.050
枕木 2500×250×200	根	128.21	0.080	0.070	0.060	0.050
其他材料费占材料费	%	—	2.000	2.000	2.000	2.000
机械 X射线胶片脱水烘干机 ZTH-340	台班	71.58	0.019	0.019	0.010	0.010
X射线探伤机	台班	91.29	0.305	0.229	0.171	0.133
电动单筒慢速卷扬机 30kN	台班	210.22	1.143	0.857	0.648	0.486
电动单筒慢速卷扬机 50kN	台班	215.57	0.714	0.476	0.362	0.276
电动空气压缩机 0.6m³/min	台班	37.30	0.105	0.095	0.086	0.076
电动胀管机	台班	37.87	1.143	1.019	0.962	0.648
电焊条烘干箱 60×50×75cm³	台班	26.46	0.114	0.095	0.086	0.076
交流弧焊机 42kV·A	台班	115.28	0.762	0.571	0.429	0.381
汽车式起重机 16t	台班	958.70	0.171	0.152	0.143	0.095
汽车式起重机 8t	台班	763.67	0.286	0.190	0.095	0.076
试压泵 6MPa	台班	19.60	0.324	0.305	0.286	0.238
氩弧焊机 500A	台班	92.58	0.190	0.162	0.114	0.086
直流弧焊机 20kV·A	台班	71.43	0.381	0.381	0.381	0.381

5.整装燃油(气)锅炉安装

工作内容：基础检查、中心线校核；垫铁配制；设备检查、运搬、清点、分类复核、安装、检查、水压试验、调试、试运。

计量单位：台

定 额 编 号				A2-11-22	A2-11-23	A2-11-24
项 目 名 称				整装锅炉		
				蒸发量(t/h)		
				0.7以下	1	2
基 价 （元）				8521.67	9832.95	12381.18
其中	人 工 费（元）			4645.76	5453.70	7094.78
	材 料 费（元）			989.19	1194.12	1749.56
	机 械 费（元）			2886.72	3185.13	3536.84
名 称		单位	单价(元)	消 耗 量		
人工	综合工日	工日	140.00	33.184	38.955	50.677
材料	轻油	t	—	(3.000)	(3.200)	(6.300)
	低碳钢焊条	kg	6.84	6.000	8.000	12.000
	电	kW·h	0.68	200.000	300.000	800.000
	镀锌钢管 DN25	m	11.00	25.000	25.000	25.000
	镀锌铁丝 φ2.5～4.0	kg	3.57	1.000	2.000	3.000
	酚醛调和漆	kg	7.90	0.500	1.500	2.000
	钢锯条	条	0.34	20.000	20.000	20.000
	黄干油	kg	5.15	1.000	1.000	1.000
	机油	kg	19.66	2.000	3.000	2.500
	金属清洗剂	kg	8.66	0.583	0.817	1.167
	磷酸三钠	kg	2.63	15.000	15.000	28.000
	棉纱头	kg	6.00	4.000	4.000	4.000
	平垫铁	kg	3.74	20.000	20.000	20.000
	铅油(厚漆)	kg	6.45	0.500	1.000	1.000
	氢氧化钠(烧碱)	kg	2.19	15.000	15.000	28.000
	溶剂汽油 200号	kg	5.64	7.000	7.500	9.000

续表

定 额 编 号			A2-11-22	A2-11-23	A2-11-24
项 目 名 称			整装锅炉		
			蒸发量(t/h)		
			0.7以下	1	2
名 称	单位	单价(元)	消 耗 量		
材料 石棉绳	kg	3.50	0.500	0.500	0.500
石棉橡胶板	kg	9.40	0.500	0.500	1.000
水	m³	7.96	14.000	16.000	25.000
铁砂布	张	0.85	10.000	10.000	15.000
氧气	m³	3.63	6.530	6.530	9.780
乙炔气	kg	10.45	2.480	2.480	3.720
枕木 2500×250×200	根	128.21	0.500	1.000	1.000
其他材料费占材料费	%	—	2.000	2.000	2.000
机械 电动单筒慢速卷扬机 30kN	台班	210.22	2.857	3.810	—
电动单筒慢速卷扬机 50kN	台班	215.57	—	—	3.810
电焊条烘干箱 60×50×75cm³	台班	26.46	0.190	0.305	0.381
交流弧焊机 32kV·A	台班	83.14	1.905	3.048	3.810
汽车式起重机 16t	台班	958.70	0.952	0.952	—
汽车式起重机 32t	台班	1257.67	—	—	0.952
汽车式起重机 8t	台班	763.67	0.952	0.952	0.952
试压泵 6MPa	台班	19.60	2.857	2.857	1.905
载重汽车 6t	台班	448.55	0.952	0.952	0.952

工作内容：基础检查、中心线校核；垫铁配制；设备检查、运搬、清点、分类复核、安装、检查、水压试
验、调试、试运。

计量单位：台

定 额 编 号				A2-11-25	A2-11-26	A2-11-27
项 目 名 称				整装锅炉		
				蒸发量(t/h)		
				3	4	6
基 价 （元）				14199.47	16039.16	21565.98
其中	人 工 费 （元）			8180.48	9190.30	12538.26
	材 料 费 （元）			2177.48	2720.47	3652.75
	机 械 费 （元）			3841.51	4128.39	5374.97
名 称		单位	单价(元)	消 耗 量		
人工	综合工日	工日	140.00	58.432	65.645	89.559
材 料	轻油	t	—	(9.500)	(13.000)	(19.500)
	白布	kg	6.67	0.176	0.176	0.176
	低碳钢焊条	kg	6.84	14.000	16.000	18.000
	电	kW•h	0.68	1200.000	1600.000	2200.000
	镀锌钢管 DN25	m	11.00	25.000	25.000	25.000
	镀锌铁丝 φ2.5～4.0	kg	3.57	4.000	5.000	6.000
	酚醛调和漆	kg	7.90	2.000	2.000	2.500
	钢锯条	条	0.34	20.000	20.000	30.000
	黄干油	kg	5.15	1.000	1.500	1.500
	机油	kg	19.66	4.500	4.500	5.000
	金属清洗剂	kg	8.66	1.167	1.167	1.400
	磷酸三钠	kg	2.63	35.000	46.000	56.000
	棉纱头	kg	6.00	6.000	6.000	7.000
	平垫铁	kg	3.74	20.000	20.000	20.000
	铅油(厚漆)	kg	6.45	1.000	1.500	1.800
	氢氧化钠(烧碱)	kg	2.19	35.000	46.000	56.000

续表

定额编号				A2-11-25	A2-11-26	A2-11-27
项目名称				整装锅炉		
				蒸发量(t/h)		
				3	4	6
名称		单位	单价(元)	消耗量		
材料	溶剂汽油 200号	kg	5.64	9.000	9.000	9.000
	石棉绳	kg	3.50	0.500	0.500	0.500
	石棉橡胶板	kg	9.40	1.000	1.000	1.000
	水	m^3	7.96	30.000	42.000	84.000
	铁砂布	张	0.85	20.000	20.000	35.000
	氧气	m^3	3.63	9.780	13.030	21.750
	乙炔气	kg	10.45	3.720	4.950	8.270
	枕木 2500×250×200	根	128.21	1.000	1.500	1.500
	其他材料费占材料费	%	—	2.000	2.000	2.000
机械	电动单筒慢速卷扬机 50kN	台班	215.57	3.810	4.762	6.667
	电焊条烘干箱 60×50×75cm^3	台班	26.46	0.476	0.571	0.667
	交流弧焊机 32kV·A	台班	83.14	4.762	5.714	6.667
	汽车式起重机 16t	台班	958.70	0.952	0.952	—
	汽车式起重机 32t	台班	1257.67	0.952	0.952	0.952
	汽车式起重机 40t	台班	1526.12	—	—	0.952
	试压泵 6MPa	台班	19.60	3.810	3.810	3.810
	载重汽车 6t	台班	448.55	0.952	0.952	1.429

工作内容：基础检查、中心线校核；垫铁配制；设备检查、运搬、清点、分类复核、安装、检查、水压试验、调试、试运。

计量单位：台

定 额 编 号				A2-11-28	A2-11-29	A2-11-30
项 目 名 称				整装锅炉		
				蒸发量(t/h)		
				8	10	20
基 价 （元）				25078.62	29639.11	41705.93
其中	人 工 费 （元）			15088.22	17411.24	23117.22
	材 料 费 （元）			4391.55	5447.05	9262.25
	机 械 费 （元）			5598.85	6780.82	9326.46
名 称		单位	单价(元)	消 耗 量		
人工	综合工日	工日	140.00	107.773	124.366	165.123
材料	轻油	t	—	(26.500)	(29.600)	(47.500)
	白布	kg	6.67	0.176	0.352	0.441
	低碳钢焊条	kg	6.84	18.000	20.000	30.000
	电	kW·h	0.68	2800.000	3600.000	7000.000
	镀锌钢管 DN25	m	11.00	25.000	25.000	25.000
	镀锌铁丝 φ2.5～4.0	kg	3.57	8.000	10.000	15.000
	酚醛调和漆	kg	7.90	3.500	4.000	5.000
	钢锯条	条	0.34	40.000	40.000	80.000
	黄干油	kg	5.15	2.500	3.000	5.000
	机油	kg	19.66	5.000	6.000	11.000
	金属清洗剂	kg	8.66	1.400	2.333	2.800
	磷酸三钠	kg	2.63	60.000	65.000	72.000
	棉纱头	kg	6.00	7.000	9.000	15.000
	平垫铁	kg	3.74	30.000	30.000	36.000
	铅油(厚漆)	kg	6.45	2.000	2.000	4.000
	氢氧化钠(烧碱)	kg	2.19	60.000	65.000	72.000

续表

定 额 编 号			A2-11-28	A2-11-29	A2-11-30
项 目 名 称			整装锅炉		
			蒸发量(t/h)		
			8	10	20
名 称	单位	单价(元)	消	耗	量
材 料	溶剂汽油 200号	kg	5.64	12.000	16.000	26.000
	石棉绳	kg	3.50	0.500	1.000	3.000
	石棉橡胶板	kg	9.40	1.500	2.000	3.500
	水	m³	7.96	96.000	120.000	180.000
	铁砂布	张	0.85	60.000	60.000	80.000
	氧气	m³	3.63	26.000	32.600	51.750
	乙炔气	kg	10.45	9.880	12.390	19.670
	枕木 2500×250×200	根	128.21	2.000	3.000	6.000
	其他材料费占材料费	%	—	2.000	2.000	2.000
机 械	电动单筒慢速卷扬机 50kN	台班	215.57	7.619	8.571	8.571
	电焊条烘干箱 60×50×75cm³	台班	26.46	0.667	0.857	1.143
	交流弧焊机 32kV·A	台班	83.14	6.667	8.571	11.429
	汽车式起重机 32t	台班	1257.67	0.952	1.429	1.429
	汽车式起重机 40t	台班	1526.12	0.952	0.952	—
	汽车式起重机 50t	台班	2464.07	—	—	1.429
	试压泵 6MPa	台班	19.60	4.762	4.762	5.714
	载重汽车 6t	台班	448.55	1.429	1.905	2.381

6.散装燃油(气)锅炉安装

工作内容：基础检查、中心线校核；垫铁配制；设备检查、运搬、清点、分类复核、安装、检查、水压试验、调试、试运。

计量单位：t

定 额 编 号				A2-11-31	A2-11-32	A2-11-33
项 目 名 称				散装锅炉		
				蒸发量(t/h)		
				6	10	20
基 价（元）				2996.01	2532.79	2265.25
其中	人 工 费（元）			1596.28	1437.10	1356.32
	材 料 费（元）			513.85	471.01	395.27
	机 械 费（元）			885.88	624.68	513.66
名 称		单位	单价(元)	消 耗 量		
人工	综合工日	工日	140.00	11.402	10.265	9.688
材料	轻油	t	—	(0.720)	(0.910)	(1.060)
	白布	kg	6.67	0.360	0.310	0.240
	白油漆	kg	11.21	0.020	0.010	0.010
	冰醋酸 98%	mL	0.09	3.230	2.430	1.800
	低碳钢焊条	kg	6.84	6.350	5.710	5.400
	电	kW·h	0.68	180.000	160.000	140.000
	镀锌钢管 DN25	m	11.00	0.660	0.560	0.500
	镀锌铁丝 φ2.5～4.0	kg	3.57	1.220	1.100	1.000
	对苯二酚	g	10.11	0.760	0.570	0.420
	酚醛调和漆	kg	7.90	—	0.580	0.560
	钢板	kg	3.17	6.210	6.150	6.000
	钢锯条	条	0.34	4.440	3.460	3.150
	号码铅字	套	20.51	0.060	0.040	0.030
	黄干油	kg	5.15	0.060	0.040	0.040
	机油	kg	19.66	0.220	0.210	0.180
	甲氨基酚硫酸盐	g	0.43	0.190	0.140	0.110
	焦炭	kg	1.42	24.440	23.070	18.400
	磷酸三钠	kg	2.63	1.940	1.900	1.890
	硫代硫酸钠	g	0.06	31.050	23.290	17.250
	硫酸铝钾	g	0.03	1.940	1.460	1.080
	棉纱头	kg	6.00	0.360	0.350	0.210
	耐火漆	kg	11.55	—	0.960	0.890

定 额 编 号			A2-11-31	A2-11-32	A2-11-33
项 目 名 称			散装锅炉		
			蒸发量(t/h)		
			6	10	20
名 称	单位	单价(元)	消	耗	量
材 料	尼龙砂轮片 φ100×16×3	片	2.56	1.800	1.350	1.010
	硼酸	g	60.00	0.970	0.730	0.540
	平垫铁	kg	3.74	1.110	0.770	0.700
	铅板 80×300×3	kg	31.12	0.049	0.033	0.025
	铅油(厚漆)	kg	6.45	0.060	0.060	0.040
	青铅	kg	5.90	2.780	2.310	1.370
	氢氧化钠(烧碱)	kg	2.19	1.940	1.900	1.890
	溶剂汽油 200号	kg	5.64	0.240	0.220	0.180
	软胶片 80×300	张	5.45	1.800	1.350	1.000
	砂轮片 φ400	片	8.97	0.848	0.800	0.543
	石棉绳	kg	3.50	0.280	0.230	0.130
	石棉橡胶板	kg	9.40	0.060	0.050	0.050
	水	m³	7.96	6.240	5.630	5.110
	塑料暗袋 80×300	副	7.01	0.090	0.070	0.050
	索具螺旋扣 M16×250	套	10.55	—	0.300	0.240
	贴片磁铁	副	1.56	0.030	0.030	0.020
	铁砂布	张	0.85	5.000	5.000	4.700
	无水碳酸钠	g	0.10	4.140	3.110	2.300
	无水亚硫酸钠	g	0.10	8.150	6.110	4.530
	像质计	个	26.50	0.090	0.070	0.050
	斜垫铁	kg	3.50	1.110	0.770	0.700
	型钢	kg	3.70	5.890	5.760	4.400
	溴化钾	g	0.04	0.350	0.260	0.190

定 额 编 号			A2-11-31	A2-11-32	A2-11-33
项 目 名 称			散装锅炉		
			蒸发量(t/h)		
			6	10	20
名 称	单位	单价(元)	消 耗 量		
材料	压敏胶粘带	m	1.15	1.040	0.780	0.580
	氩弧焊丝	kg	7.44	0.390	0.370	0.220
	氩气	m³	19.59	0.500	0.470	0.230
	氧气	m³	3.63	2.730	2.500	1.830
	乙炔气	kg	10.45	1.040	0.950	0.700
	英文字母铅码	套	34.19	0.060	0.040	0.030
	增感屏 80×300	副	29.91	0.090	0.070	0.050
	枕木 2500×250×200	根	128.21	0.090	0.090	0.100
	其他材料费占材料费	%	—	2.000	2.000	2.000
机械	X射线胶片脱水烘干机 ZTH-340	台班	71.58	0.019	0.010	0.010
	X射线探伤机	台班	91.29	0.229	0.171	0.133
	电动单筒慢速卷扬机 30kN	台班	210.22	0.648	0.476	0.429
	电动单筒慢速卷扬机 50kN	台班	215.57	0.362	0.200	0.105
	电动空气压缩机 6m³/min	台班	206.73	0.162	0.105	0.095
	电动胀管机	台班	37.87	1.019	0.962	0.648
	电焊条烘干箱 60×50×75cm³	台班	26.46	0.152	0.143	0.124
	交流弧焊机 32kV·A	台班	83.14	0.952	0.876	0.771
	汽车式起重机 16t	台班	958.70	0.152	0.133	0.133
	汽车式起重机 8t	台班	763.67	0.371	0.181	0.124
	试压泵 6MPa	台班	19.60	0.267	0.248	0.229
	氩弧焊机 500A	台班	92.58	0.105	0.105	0.086
	直流弧焊机 32kV·A	台班	87.75	0.571	0.571	0.476

二、烟气净化设备安装

1.单筒干式旋风除尘器安装

工作内容：基础检查、中心线校核；垫铁配制；设备检查、运搬、清点、分类复核、安装等。

计量单位：台

定 额 编 号				A2-11-34	A2-11-35	A2-11-36
项 目 名 称				单筒干式		
				重量(t)		
				≤0.5	≤1	>1
基 价 （元）				1368.77	1980.65	2178.39
其中	人 工 费（元）			610.96	706.86	888.86
	材 料 费（元）			250.85	259.89	275.63
	机 械 费（元）			506.96	1013.90	1013.90
名 称		单位	单价(元)	消 耗		量
人工	综合工日	工日	140.00	4.364	5.049	6.349
材料	低碳钢焊条	kg	6.84	2.000	3.000	5.000
	镀锌铁丝 φ2.5~4.0	kg	3.57	5.000	5.000	5.000
	钢板	kg	3.17	10.000	10.000	10.000
	金属清洗剂	kg	8.66	0.467	0.700	0.700
	棉纱头	kg	6.00	1.000	1.000	1.000
	平垫铁	kg	3.74	6.000	6.000	6.000
	石棉绳	kg	3.50	1.000	1.000	1.500
	斜垫铁	kg	3.50	12.000	12.000	12.000
	氧气	m³	3.63	14.800	14.800	14.800
	乙炔气	kg	10.45	4.880	4.880	4.880
	其他材料费占材料费	%	—	2.000	2.000	2.000
机械	电动单筒慢速卷扬机 50kN	台班	215.57	0.476	0.952	0.952
	电焊条烘干箱 60×50×75cm³	台班	26.46	0.048	0.095	0.095
	交流弧焊机 32kV·A	台班	83.14	0.476	0.952	0.952
	汽车式起重机 8t	台班	763.67	0.476	0.952	0.952

2. 多筒干式旋风除尘器安装

工作内容：基础检查、中心线校核；垫铁配制；设备检查、运搬、清点、分类复核、安装等。

定 额 编 号			A2-11-37	A2-11-38	A2-11-39
项 目 名 称			多筒干式		
			重量(t)		
			≤3.5	≤5	>5
基 价（元）			2245.55	3880.14	4710.09
其中	人 工 费（元）		1333.08	2388.54	2999.50
	材 料 费（元）		405.51	984.64	1203.63
	机 械 费（元）		506.96	506.96	506.96
名 称	单位	单价（元）	消 耗 量		
人工	综合工日	工日	140.00	9.522	17.061	21.425
材料	低碳钢焊条	kg	6.84	8.000	15.000	20.000
	镀锌铁丝 φ2.5～4.0	kg	3.57	10.000	18.000	25.000
	钢板	kg	3.17	15.000	40.000	80.000
	黄干油	kg	5.15	2.000	2.000	2.000
	机油	kg	19.66	2.000	2.000	2.000
	金属清洗剂	kg	8.66	1.167	2.333	3.500
	棉纱头	kg	6.00	2.000	3.500	5.000
	平垫铁	kg	3.74	6.000	8.000	8.000
	石棉绳	kg	3.50	2.500	3.500	5.000
	铁砂布	张	0.85	10.000	15.000	20.000
	斜垫铁	kg	3.50	12.000	16.000	16.000
	氧气	m³	3.63	15.000	30.030	30.030
	乙炔气	kg	10.45	4.950	10.000	10.010
	枕木 2500×250×200	根	128.21	—	2.000	2.000
	其他材料费占材料费	%	—	2.000	2.000	2.000
机械	电动单筒慢速卷扬机 50kN	台班	215.57	0.476	0.476	0.476
	电焊条烘干箱 60×50×75cm³	台班	26.46	0.048	0.048	0.048
	交流弧焊机 32kV·A	台班	83.14	0.476	0.476	0.476
	汽车式起重机 8t	台班	763.67	0.476	0.476	0.476

3. 多管干式旋风除尘器安装

工作内容：基础检查、中心线校核；垫铁配制；设备检查、运搬、清点、分类复核、安装等。

计量单位：台

定　额　编　号				A2-11-40	A2-11-41	A2-11-42
项　目　名　称				多管干式		
				重量(t)		
				≤3	≤6	>6
基　　　价（元）				3460.93	6013.51	8662.26
其中	人　工　费（元）			1782.62	2393.58	3054.94
	材　料　费（元）			377.23	1016.97	1703.58
	机　械　费（元）			1301.08	2602.96	3903.74
名　　称		单位	单价（元）	消　　耗　　量		
人工	综合工日	工日	140.00	12.733	17.097	21.821
材料	低碳钢焊条	kg	6.84	8.000	15.000	20.000
	镀锌铁丝 φ2.5～4.0	kg	3.57	8.000	18.000	25.000
	钢板	kg	3.17	12.000	50.000	80.000
	黄干油	kg	5.15	1.000	2.000	2.000
	机油	kg	19.66	1.000	2.000	2.000
	金属清洗剂	kg	8.66	1.167	2.333	3.500
	棉纱头	kg	6.00	1.000	3.500	5.000
	木板	m³	1634.16	—	—	0.300
	平垫铁	kg	3.74	8.000	8.000	8.000
	石棉绳	kg	3.50	2.000	3.500	5.000
	铁砂布	张	0.85	10.000	15.000	20.000
	斜垫铁	kg	3.50	16.000	16.000	16.000
	氧气	m³	3.63	15.000	30.030	30.030
	乙炔气	kg	10.45	4.950	10.000	10.000
	枕木 2500×250×200	根	128.21	—	2.000	2.000
	其他材料费占材料费	%	—	2.000	2.000	2.000
机械	电动单筒慢速卷扬机 50kN	台班	215.57	1.905	3.810	5.714
	电焊条烘干箱 60×50×75cm³	台班	26.46	0.190	0.381	0.571
	交流弧焊机 32kV·A	台班	83.14	1.905	3.810	5.714
	汽车式起重机 8t	台班	763.67	0.952	1.905	2.857

三、锅炉水处理设备安装

1.浮动床钠离子交换器安装

工作内容：基础检查、中心线校核；垫铁配制；设备检查、运搬、清点、分类复核、安装、检查、水压试验、单体调试。

计量单位：台

定 额 编 号				A2-11-43	A2-11-44	A2-11-45
项 目 名 称				软化水		
				出力(t)		
				≤2	≤4	≤6
基 价（元）				2062.17	2422.35	2765.48
其中	人 工 费（元）			958.44	1110.90	1233.12
	材 料 费（元）			426.51	559.89	693.37
	机 械 费（元）			677.22	751.56	838.99
名 称		单位	单价（元）	消 耗 量		
人工	综合工日	工日	140.00	6.846	7.935	8.808
材料	低碳钢焊条	kg	6.84	1.800	2.500	3.000
	镀锌铁丝 φ2.5～4.0	kg	3.57	3.000	4.000	4.000
	钢板	kg	3.17	8.000	10.000	10.000
	钢锯条	条	0.34	5.000	6.000	6.000
	黄干油	kg	5.15	0.100	0.100	0.150
	机油	kg	19.66	0.200	0.200	0.300
	金属清洗剂	kg	8.66	0.117	0.140	0.163
	氯化钠	kg	1.23	100.000	150.000	200.000
	棉纱头	kg	6.00	0.500	0.650	0.800
	平垫铁	kg	3.74	8.000	8.000	8.000
	铅油(厚漆)	kg	6.45	0.100	0.100	0.150
	石棉绳	kg	3.50	0.200	0.250	0.300
	石棉橡胶板	kg	9.40	3.000	3.500	4.000
	水	m³	7.96	4.000	8.000	12.000

定　额　编　号			A2-11-43	A2-11-44	A2-11-45
项　目　名　称			软化水		
			出力(t)		
			≤2	≤4	≤6
名　称	单位	单价(元)	消　耗　量		
材料	四氟带	kg	83.96	0.010	0.020	0.030
	碳钢气焊条	kg	9.06	0.350	0.500	0.600
	铁砂布	张	0.85	4.000	5.000	5.000
	斜垫铁	kg	3.50	4.000	4.000	4.000
	氧气	m³	3.63	12.930	14.350	16.980
	乙炔气	kg	10.45	4.910	5.450	6.450
	枕木 2500×250×200	根	128.21	0.200	0.220	0.250
	其他材料费占材料费	%	—	2.000	2.000	2.000
机械	电动单筒慢速卷扬机 30kN	台班	210.22	0.952	0.952	0.952
	电动空气压缩机 0.6m³/min	台班	37.30	0.238	0.286	0.381
	电焊条烘干箱 60×50×75cm³	台班	26.46	0.095	0.095	0.105
	汽车式起重机 8t	台班	763.67	0.476	0.571	0.667
	试压泵 6MPa	台班	19.60	0.952	0.952	1.048
	直流弧焊机 32kV·A	台班	87.75	0.952	0.952	1.048

工作内容：基础检查、中心线校核；垫铁配制；设备检查、运搬、清点、分类复核、安装、检查、水压试验、单体调试。

计量单位：台

定　额　编　号				A2-11-46	A2-11-47
项　目　名　称				软化水	
				出力(t)	
				≤10	≤12
基　　　　价（元）				3333.73	3571.93
其中	人　工　费（元）			1421.98	1541.12
	材　料　费（元）			969.59	1088.65
	机　械　费（元）			942.16	942.16
名　　称		单位	单价（元）	消　耗　量	
人工	综合工日	工日	140.00	10.157	11.008
材料	低碳钢焊条	kg	6.84	4.000	4.000
	镀锌铁丝 φ2.5～4.0	kg	3.57	5.000	5.000
	钢板	kg	3.17	12.000	12.000
	钢锯条	条	0.34	6.000	7.000
	黄干油	kg	5.15	0.200	0.200
	机油	kg	19.66	0.400	0.450
	金属清洗剂	kg	8.66	0.187	0.187
	氯化钠	kg	1.23	300.000	350.000
	棉纱头	kg	6.00	0.800	1.000
	平垫铁	kg	3.74	12.000	12.000
	铅油（厚漆）	kg	6.45	0.200	0.200
	石棉绳	kg	3.50	0.400	0.400
	石棉橡胶板	kg	9.40	5.000	6.000
	水	m³	7.96	20.000	24.000
	四氟带	kg	83.96	0.040	0.050
	碳钢气焊条	kg	9.06	0.700	0.500
	铁砂布	张	0.85	5.000	6.000
	斜垫铁	kg	3.50	6.000	6.000
	氧气	m³	3.63	20.230	21.750
	乙炔气	kg	10.45	7.690	8.270
	枕木 2500×250×200	根	128.21	0.300	0.300
	其他材料费占材料费	%	—	2.000	2.000
机械	电动单筒慢速卷扬机 30kN	台班	210.22	1.048	1.048
	电动空气压缩机 0.6m³/min	台班	37.30	0.381	0.381
	电焊条烘干箱 60×50×75cm³	台班	26.46	0.114	0.114
	汽车式起重机 8t	台班	763.67	0.762	0.762
	试压泵 6MPa	台班	19.60	1.143	1.143
	直流弧焊机 32kV·A	台班	87.75	1.143	1.143

382

2.组合式水处理设备安装

工作内容：基础检查、中心线校核；垫铁配制；设备检查、运搬、清点、分类复核、安装、检查、水压试验、单体调试。

计量单位：台

定　额　编　号				A2-11-48	A2-11-49	A2-11-50
项　目　名　称				软化水		
				出力(t)		
				≤2	≤4	≤8
基　　　价（元）				1081.32	1460.26	1877.01
其中	人　工　费（元）			245.42	331.24	712.04
	材　料　费（元）			341.37	460.95	527.62
	机　械　费（元）			494.53	668.07	637.35
名　　称		单位	单价(元)	消　　耗　　量		
人工	综合工日	工日	140.00	1.753	2.366	5.086
材料	低碳钢焊条	kg	6.84	0.400	0.540	1.000
	镀锌钢板(综合)	kg	3.79	—	—	5.000
	镀锌铁丝 φ2.5～4.0	kg	3.57	3.000	4.050	—
	钢板	kg	3.17	1.000	1.350	1.520
	钢锯条	条	0.34	5.000	6.750	7.000
	焊接钢管 DN100	m	29.68	—	—	1.500
	焊接钢管 DN50	m	13.35	3.380	4.563	—
	焊接钢管 DN80	m	22.81	—	—	1.600
	黄干油	kg	5.15	0.200	0.270	0.200
	机油	kg	19.66	0.400	0.540	0.450
	金属清洗剂	kg	8.66	0.117	0.157	0.187
	聚四氟乙烯	kg	209.40	0.050	0.068	0.050
	硫酸 98%	kg	1.92	20.000	27.000	20.000
	氯化钠	kg	1.23	10.000	13.500	30.000
	铅油(厚漆)	kg	6.45	0.200	0.270	0.200

续表

定 额 编 号			A2-11-48	A2-11-49	A2-11-50
项 目 名 称			软化水		
			出力(t)		
			≤2	≤4	≤8
名 称	单位	单价(元)	消 耗 量		
材 料	热轧薄钢板 δ3.0	m²	24.15	1.000	1.350	1.500
	石棉橡胶板	kg	9.40	3.000	4.050	5.000
	水	m³	7.96	4.000	5.400	8.000
	铁砂布	张	0.85	2.000	2.700	4.000
	斜垫铁	kg	3.50	4.000	5.400	10.000
	氧气	m³	3.63	2.000	2.700	3.000
	乙炔气	kg	10.45	0.760	1.026	1.140
	枕木 2500×250×200	根	128.21	0.200	0.270	0.300
	棕绳	kg	8.55	6.800	9.180	6.800
	其他材料费占材料费	%	—	2.000	2.000	2.000
机 械	电动单筒慢速卷扬机 30kN	台班	210.22	0.476	0.643	0.952
	电动空气压缩机 0.6m³/min	台班	37.30	0.143	0.193	0.381
	电焊条烘干箱 60×50×75cm³	台班	26.46	0.019	0.026	0.048
	交流弧焊机 32kV·A	台班	83.14	0.190	0.257	0.476
	汽车式起重机 8t	台班	763.67	0.476	0.643	0.476
	试压泵 6MPa	台班	19.60	0.476	0.643	0.952

四、换热器安装

工作内容：基础检查、中心线校核；垫铁配制；设备检查、运搬、清点、分类复核、安装等。

计量单位：台

定 额 编 号				A2-11-51	A2-11-52	A2-11-53	A2-11-54
项 目 名 称				设备			设备重量（t）
				重量(t)			≤3
				≤1	≤1.5	≤2	
基 价 （元）				1403.51	1837.55	2111.95	2717.67
其中	人 工 费 （元）			444.36	681.80	732.20	934.22
	材 料 费 （元）			324.94	339.78	358.62	390.60
	机 械 费 （元）			634.21	815.97	1021.13	1392.85
名 称		单位	单价（元）	消 耗 量			
人工	综合工日	工日	140.00	3.174	4.870	5.230	6.673
材料	低碳钢焊条	kg	6.84	1.220	1.320	1.420	1.520
	钢板	kg	3.17	54.600	56.600	59.100	64.300
	黑铅粉	kg	5.13	0.230	0.240	0.250	0.270
	机油	kg	19.66	0.150	0.180	0.200	0.220
	平垫铁	kg	3.74	8.000	8.000	8.000	8.000
	石棉橡胶板	kg	9.40	1.500	1.600	1.800	2.500
	斜垫铁	kg	3.50	4.000	4.000	4.000	4.000
	型钢	kg	3.70	8.000	9.000	10.000	11.000
	氧气	m³	3.63	4.830	4.950	5.280	5.550
	乙炔气	kg	10.45	1.930	1.980	2.110	2.220
	枕木 2500×250×200	根	128.21	0.060	0.070	0.080	0.090
	其他材料费占材料费	%	—	2.000	2.000	2.000	2.000
机械	电动单筒慢速卷扬机 30kN	台班	210.22	0.952	0.952	0.952	1.429
	电动空气压缩机 0.6m³/min	台班	37.30	0.238	0.238	0.286	0.381
	电焊条烘干箱 60×50×75cm³	台班	26.46	0.048	0.048	0.076	0.171
	汽车式起重机 8t	台班	763.67	0.476	0.714	0.952	1.190
	试压泵 6MPa	台班	19.60	0.952	0.952	0.952	0.952
	直流弧焊机 32kV·A	台班	87.75	0.476	0.476	0.714	1.667

工作内容：基础检查、中心线校核；垫铁配制；设备检查、运搬、清点、分类复核、安装等。

计量单位：台

定　额　编　号			A2-11-55	A2-11-56
项　目　名　称			设备重量(t)	
			≤4	≤5
基　　　　价（元）			3315.90	4078.54
其中	人　工　费（元）		1098.30	1363.46
	材　料　费（元）		464.85	564.30
	机　械　费（元）		1752.75	2150.78
名　　称	单位	单价(元)	消　耗　量	
人工　综合工日	工日	140.00	7.845	9.739
材料　低碳钢焊条	kg	6.84	2.000	2.500
钢板	kg	3.17	72.000	79.700
黑铅粉	kg	5.13	0.300	0.320
机油	kg	19.66	0.240	0.260
平垫铁	kg	3.74	12.000	16.000
石棉橡胶板	kg	9.40	4.000	6.000
斜垫铁	kg	3.50	6.000	8.000
型钢	kg	3.70	12.000	13.000
氧气	m³	3.63	6.000	9.000
乙炔气	kg	10.45	2.400	3.600
枕木 2500×250×200	根	128.21	0.100	0.110
其他材料费占材料费	%	—	2.000	2.000
机械　电动单筒慢速卷扬机 30kN	台班	210.22	1.905	1.905
电动空气压缩机 0.6m³/min	台班	37.30	0.476	0.571
电焊条烘干箱 60×50×75cm³	台班	26.46	0.238	0.267
汽车式起重机 8t	台班	763.67	1.429	1.905
试压泵 6MPa	台班	19.60	1.429	1.905
直流弧焊机 32kV·A	台班	87.75	2.381	2.619

五、输煤设备安装

1.翻斗上煤机安装

工作内容：基础检查、中心线校核；垫铁配制；设备检查、运搬、清点、分类复核、安装、检查、单体调试。

计量单位：台

定 额 编 号				A2-11-57	A2-11-58	A2-11-59	A2-11-60
项 目 名 称				垂直卷扬式	倾斜卷扬式	带小车式	单斗式
基 价（元）				1951.03	2238.91	1980.12	4216.02
其中	人 工 费（元）			777.70	944.30	888.86	1833.16
	材 料 费（元）			471.46	592.74	389.39	909.45
	机 械 费（元）			701.87	701.87	701.87	1473.41
名 称		单位	单价（元）	消 耗 量			
人工	综合工日	工日	140.00	5.555	6.745	6.349	13.094
材料	低碳钢焊条	kg	6.84	5.000	5.000	5.000	5.000
	镀锌铁丝 φ2.5～4.0	kg	3.57	2.000	2.000	2.000	—
	钢板	kg	3.17	30.000	50.000	40.000	50.000
	黄干油	kg	5.15	—	—	—	1.000
	机油	kg	19.66	2.000	2.000	1.000	1.000
	金属清洗剂	kg	8.66	0.700	0.700	0.700	1.167
	棉纱头	kg	6.00	1.000	1.000	1.000	1.500
	平垫铁	kg	3.74	6.000	6.000	6.000	3.000
	溶剂汽油 200号	kg	5.64	2.000	2.000	2.000	1.000
	铁砂布	张	0.85	—	—	—	15.000
	斜垫铁	kg	3.50	12.000	12.000	12.000	6.000
	型钢	kg	3.70	25.000	40.000	—	100.000
	氧气	m³	3.63	15.000	15.000	15.000	15.000
	乙炔气	kg	10.45	4.950	4.950	4.950	4.950
	枕木 2500×250×200	根	128.21	—	—	—	1.000
	其他材料费占材料费	%	—	2.000	2.000	2.000	2.000
机械	电动单筒慢速卷扬机 30kN	台班	210.22	0.476	0.476	0.476	2.381
	电焊条烘干箱 60×50×75cm³	台班	26.46	0.029	0.029	0.029	0.286
	交流弧焊机 32kV·A	台班	83.14	2.857	2.857	2.857	2.857
	汽车式起重机 8t	台班	763.67	0.476	0.476	0.476	0.953

2.碎煤机安装

工作内容：基础检查、中心线校核；垫铁配制；设备检查、运搬、清点、分类复核、安装、检查、单体调试。

计量单位：台

定　额　编　号				A2-11-61	A2-11-62
项　目　名　称				双辊齿式	
				直径(mm)	
				450×500	600×750
基　　价(元)				4707.63	5177.34
其中	人　工　费(元)			2902.20	3099.46
	材　料　费(元)			984.27	1059.42
	机　械　费(元)			821.16	1018.46
名　　称		单位	单价(元)	消　耗　量	
人工	综合工日	工日	140.00	20.730	22.139
材料	白布	kg	6.67	0.969	0.793
	低碳钢焊条	kg	6.84	8.250	9.000
	镀锌铁丝 φ2.5~4.0	kg	3.57	5.500	6.750
	钢板	kg	3.17	33.000	31.500
	黄干油	kg	5.15	2.200	2.700
	机油	kg	19.66	4.400	4.500
	金属清洗剂	kg	8.66	1.925	2.100
	硫酸 98%	kg	1.92	4.400	3.600
	棉纱头	kg	6.00	5.500	4.500
	木板	m³	1634.16	0.055	0.045
	平垫铁	kg	3.74	48.400	39.600
	铅油(厚漆)	kg	6.45	1.100	2.250
	氢氧化钠(烧碱)	kg	2.19	4.400	3.600
	溶剂汽油 200号	kg	5.64	2.750	4.500
	石棉橡胶板	kg	9.40	2.750	2.250
	铁砂布	张	0.85	16.500	13.500
	羊毛毡 6~8	m²	38.03	0.550	0.450
	氧气	m³	3.63	16.517	20.264
	乙炔气	kg	10.45	5.451	6.687
	枕木 2500×250×200	根	128.21	1.100	1.800
	其他材料费占材料费	%	—	2.000	2.000
机械	电动单筒慢速卷扬机 30kN	台班	210.22	0.667	0.857
	电焊条烘干箱 60×50×75cm³	台班	26.46	0.200	0.214
	交流弧焊机 32kV·A	台班	83.14	2.000	2.143
	汽车式起重机 8t	台班	763.67	0.667	0.857

六、除渣设备安装

1.螺旋除渣机安装

工作内容：基础检查、中心线校核；垫铁配制；设备检查、运搬、清点、分类复核、安装、检查、单体调试。

计量单位：台

定 额 编 号				A2-11-63
项 目 名 称				直径150mm、出力1.1t/h
基 价 （元）				1436.25
其中	人 工 费（元）			949.76
	材 料 费（元）			204.55
	机 械 费（元）			281.94
名 称		单位	单价（元）	消 耗 量
人工	综合工日	工日	140.00	6.784
材料	低碳钢焊条	kg	6.84	2.250
	镀锌铁丝 φ2.5～4.0	kg	3.57	2.250
	钢板	kg	3.17	9.000
	黄干油	kg	5.15	0.900
	机油	kg	19.66	0.900
	金属清洗剂	kg	8.66	0.525
	棉纱头	kg	6.00	0.900
	溶剂汽油 200号	kg	5.64	0.900
	石棉橡胶板	kg	9.40	6.750
	氧气	m³	3.63	6.750
	乙炔气	kg	10.45	2.228
	其他材料费占材料费	%	—	2.000
机械	电动单筒慢速卷扬机 30kN	台班	210.22	0.214
	电焊条烘干箱 60×50×75cm³	台班	26.46	0.086
	交流弧焊机 32kV·A	台班	83.14	0.857
	汽车式起重机 8t	台班	763.67	0.214

工作内容：基础检查、中心线校核；垫铁配制；设备检查、运搬、清点、分类复核、安装、检查、单体调试。

计量单位：台

定 额 编 号				A2-11-64	
项 目 名 称				直径200mm、出力1.2t/h	
基 价 （元）				1861.08	
其中	人 工 费（元）			1174.74	
	材 料 费（元）			330.90	
	机 械 费（元）			355.44	
名 称		单位	单价（元）	消 耗 量	
人工	综合工日	工日	140.00	8.391	
材料	低碳钢焊条	kg	6.84	4.500	
	镀锌铁丝 φ2.5～4.0	kg	3.57	4.500	
	钢板	kg	3.17	13.500	
	黄干油	kg	5.15	1.800	
	机油	kg	19.66	2.250	
	金属清洗剂	kg	8.66	1.050	
	棉纱头	kg	6.00	1.800	
	溶剂汽油 200号	kg	5.64	0.900	
	石棉橡胶板	kg	9.40	9.000	
	氧气	m³	3.63	10.125	
	乙炔气	kg	10.45	3.344	
	其他材料费占材料费	%	—	2.000	
机械	电动单筒慢速卷扬机 30kN	台班	210.22	0.214	
	电焊条烘干箱 60×50×75cm³	台班	26.46	0.171	
	交流弧焊机 32kV·A	台班	83.14	1.714	
	汽车式起重机 8t	台班	763.67	0.214	

2.刮板除渣机安装

工作内容：基础检查、中心线校核；垫铁配制；设备检查、运搬、清点、分类复核、安装、检查、单体调试。

计量单位：台

定 额 编 号			A2-11-65	A2-11-66
项 目 名 称			出渣量1t/h	出渣量2t/h
基 价（元）			1793.38	2338.98
其中	人 工 费（元）		1024.80	1449.70
	材 料 费（元）		413.14	497.04
	机 械 费（元）		355.44	392.24
名 称		单位	单价（元）	消 耗 量	
人工	综合工日	工日	140.00	7.320	10.355
材料	低碳钢焊条	kg	6.84	4.500	6.750
	镀锌铁丝 φ2.5～4.0	kg	3.57	4.500	6.750
	钢板	kg	3.17	13.500	22.500
	黄干油	kg	5.15	1.800	1.800
	机油	kg	19.66	2.250	2.250
	金属清洗剂	kg	8.66	1.155	1.575
	棉纱头	kg	6.00	1.800	2.250
	平垫铁	kg	3.74	15.300	15.300
	溶剂汽油 200号	kg	5.64	0.900	0.900
	斜垫铁	kg	3.50	30.600	30.600
	氧气	m³	3.63	10.125	13.514
	乙炔气	kg	10.45	3.344	4.460
	其他材料费占材料费	%	—	2.000	2.000
机械	电动单筒慢速卷扬机 30kN	台班	210.22	0.214	0.214
	电焊条烘干箱 60×50×75cm³	台班	26.46	0.171	0.214
	交流弧焊机 32kV·A	台班	83.14	1.714	2.143
	汽车式起重机 8t	台班	763.67	0.214	0.214

3.链条除渣机安装

工作内容：基础检查、中心线校核；垫铁配制；设备检查、运搬、清点、分类复核、安装、检查、单体调试。

计量单位：台

定　额　编　号				A2-11-67
项　目　名　称				输送长度10m、出力2t/h
基　　价（元）				6548.95
其中	人　工　费（元）			4039.70
	材　料　费（元）			1091.94
	机　械　费（元）			1417.31
名　　称	单位	单价（元）	消　耗　量	
人工	综合工日	工日	140.00	28.855
材料	低碳钢焊条	kg	6.84	5.000
	镀锌铁丝 φ2.5~4.0	kg	3.57	5.000
	钢板	kg	3.17	80.000
	黄干油	kg	5.15	3.000
	机油	kg	19.66	5.000
	金属清洗剂	kg	8.66	1.167
	棉纱头	kg	6.00	5.000
	平垫铁	kg	3.74	20.000
	铅油（厚漆）	kg	6.45	5.000
	溶剂汽油 200号	kg	5.64	1.000
	斜垫铁	kg	3.50	40.000
	氧气	m³	3.63	14.400
	乙炔气	kg	10.45	4.750
	枕木 2500×250×200	根	128.21	2.000
	其他材料费占材料费	%	—	2.000
机械	电动单筒慢速卷扬机 30kN	台班	210.22	0.952
	电焊条烘干箱 60×50×75cm³	台班	26.46	0.571
	交流弧焊机 32kV·A	台班	83.14	5.714
	汽车式起重机 8t	台班	763.67	0.952

工作内容：基础检查、中心线校核；垫铁配制；设备检查、运搬、清点、分类复核、安装、检查、单体调
试。

计量单位：台

定　额　编　号				A2-11-68
项　目　名　称				输送长度30m、出力4t/h
基　　　价（元）				11213.81
其中	人　工　费（元）			8281.42
	材　料　费（元）			1515.08
	机　械　费（元）			1417.31
名　　称	单位	单价（元）	消　耗　量	
人工 综合工日	工日	140.00	59.153	
材料 低碳钢焊条	kg	6.84	9.500	
镀锌铁丝 φ2.5～4.0	kg	3.57	10.000	
钢板	kg	3.17	100.000	
黄干油	kg	5.15	4.000	
机油	kg	19.66	8.000	
金属清洗剂	kg	8.66	2.333	
棉纱头	kg	6.00	8.000	
平垫铁	kg	3.74	30.000	
铅油（厚漆）	kg	6.45	5.000	
溶剂汽油 200号	kg	5.64	1.000	
斜垫铁	kg	3.50	60.000	
氧气	m³	3.63	28.980	
乙炔气	kg	10.45	9.560	
枕木 2500×250×200	根	128.21	2.000	
其他材料费占材料费	%	—	2.000	
机械 电动单筒慢速卷扬机 30kN	台班	210.22	0.952	
电焊条烘干箱 60×50×75cm³	台班	26.46	0.571	
交流弧焊机 32kV·A	台班	83.14	5.714	
汽车式起重机 8t	台班	763.67	0.952	

工作内容：基础检查、中心线校核；垫铁配制；设备检查、运搬、清点、分类复核、安装、检查、单体调试。

计量单位：台

定 额 编 号				A2-11-69
项 目 名 称				输送长度50m、出力5t/h
基 价 （元）				15393.40
其中	人 工 费 （元）			10276.14
	材 料 费 （元）			2608.39
	机 械 费 （元）			2508.87
名 称	单位	单价（元）	消 耗 量	
人工	综合工日	工日	140.00	73.401	
材料	低碳钢焊条	kg	6.84	20.000	
	镀锌铁丝 φ2.5～4.0	kg	3.57	13.000	
	钢板	kg	3.17	200.000	
	黄干油	kg	5.15	6.000	
	机油	kg	19.66	10.000	
	金属清洗剂	kg	8.66	4.667	
	棉纱头	kg	6.00	10.000	
	平垫铁	kg	3.74	50.000	
	铅油（厚漆）	kg	6.45	5.000	
	溶剂汽油 200号	kg	5.64	2.000	
	斜垫铁	kg	3.50	100.000	
	氧气	m³	3.63	45.030	
	乙炔气	kg	10.45	14.860	
	枕木 2500×250×200	根	128.21	4.000	
	其他材料费占材料费	%	—	2.000	
机械	电动单筒慢速卷扬机 30kN	台班	210.22	1.905	
	电焊条烘干箱 60×50×75cm³	台班	26.46	0.762	
	交流弧焊机 32kV·A	台班	83.14	7.619	
	汽车式起重机 8t	台班	763.67	1.905	

工作内容：基础检查、中心线校核；垫铁配制；设备检查、运搬、清点、分类复核、安装、检查、单体调试。

计量单位：台

定　额　编　号				A2-11-70
项　目　名　称				输送长度70m、出力8t/h
基　　　价　（元）				**17174.90**
其中	人　工　费（元）			11831.26
	材　料　费（元）			2834.77
	机　械　费（元）			2508.87
名　　　称	单位	单价（元）	消　耗　量	
人工	综合工日	工日	140.00	84.509
材料	低碳钢焊条	kg	6.84	20.000
	镀锌铁丝 φ2.5～4.0	kg	3.57	15.000
	钢板	kg	3.17	200.000
	黄干油	kg	5.15	6.000
	机油	kg	19.66	10.000
	金属清洗剂	kg	8.66	4.667
	棉纱头	kg	6.00	10.000
	平垫铁	kg	3.74	70.000
	铅油（厚漆）	kg	6.45	5.000
	溶剂汽油 200号	kg	5.64	2.000
	斜垫铁	kg	3.50	140.000
	氧气	m³	3.63	45.030
	乙炔气	kg	10.45	14.860
	枕木 2500×250×200	根	128.21	4.000
	其他材料费占材料费	%	—	2.000
机械	电动单筒慢速卷扬机 30kN	台班	210.22	1.905
	电焊条烘干箱 60×50×75cm³	台班	26.46	0.762
	交流弧焊机 32kV·A	台班	83.14	7.619
	汽车式起重机 8t	台班	763.67	1.905

395

工作内容：基础检查、中心线校核；垫铁配制；设备检查、运搬、清点、分类复核、安装、检查、单体调试。

计量单位：台

定　额　编　号				A2-11-71
项　目　名　称				输送长度50m以内、出力10t/h以内
基　　　　价（元）				18441.69
其中	人　工　费（元）			13220.06
	材　料　费（元）			2712.76
	机　械　费（元）			2508.87
名　　　称	单位	单价（元）	消　　耗　　量	
人工　综合工日	工日	140.00	94.429	
材料　低碳钢焊条	kg	6.84	20.000	
镀锌铁丝 φ2.5～4.0	kg	3.57	20.000	
钢板	kg	3.17	200.000	
黄干油	kg	5.15	6.000	
机油	kg	19.66	10.000	
金属清洗剂	kg	8.66	4.667	
棉纱头	kg	6.00	10.000	
平垫铁	kg	3.74	53.000	
铅油(厚漆)	kg	6.45	5.000	
溶剂汽油 200号	kg	5.64	10.000	
斜垫铁	kg	3.50	106.000	
氧气	m³	3.63	45.030	
乙炔气	kg	10.45	14.860	
枕木 2500×250×200	根	128.21	4.000	
其他材料费占材料费	%	—	2.000	
机械　电动单筒慢速卷扬机 30kN	台班	210.22	1.905	
电焊条烘干箱 60×50×75cm³	台班	26.46	0.762	
交流弧焊机 32kV·A	台班	83.14	7.619	
汽车式起重机 8t	台班	763.67	1.905	

396

第十二章 热力设备调试工程

说　　明

一、本章内容包括发电与供热项目工程中热力设备的分系统调试、整套启动调试、特殊项目测试与性能验收试验内容。

二、有关说明：

1. 分系统调试包括热力设备安装完毕后进行系统联动、对热力设备单体调试进行校验与修正、对相应设备与装置的配套部分进行系统调试。热力设备、装置性能试验执行特殊项目测试与性能验收试验相应定额。

2. 本章所用到的电源是按照永久电源考虑的，定额中不包括调试与试验所消耗的电量，其电费已包含在其他费用（甲方费用）中。当工程需要单独计算调试与试验电费时，应按照实际表计电量计算。

3. 调试定额是按照现行的火力发电建设工程启动试运及验收规程进行编制的，定额与规程未包括的调试项目和调试内容所发生的费用，应结合技术条件及相应的规定另行计算。

4. 调试定额中已经包括熟悉资料、编制调试方案、核对设备、现场调试、填写调试记录、整理调试报告等工作内容。

5. 锅炉分系统调试分空压机系统调试、风机系统调试、锅炉冷态通风试验、冷炉空气动力场试验、燃煤系统调试、制粉系统冷态调试、石灰石粉输送系统调试、除尘器系统调试、除灰与除渣系统调试、吹灰系统调试、锅炉汽水系统调试、燃油系统调试、锅炉化学清洗、锅炉管道吹洗、安全阀门调整等部分分系统调试。

6. 汽机分系统调试分循环水系统调试、凝结水与补给水系统调试、除氧给水系统调试、机械真空泵系统调试、射水抽气器系统调试、抽汽回热与轴封汽及辅助蒸汽系统调试、发电机空气冷却系统调试、主机调节与保安系统调试、主机润滑油与顶轴油系统调试、旁路系统调试、柴油发电机系统调试等部分分系统调试。

7. 水处理系统调试分预处理系统调试、补给水处理系统调试、废水处理系统调试、冲管阶段化学监督、加药系统调试、凝汽器铜管镀膜系统调试、取样装置系统调试、化学水处理试运等部分分系统调试。

（1）补给水处理系统调试不包括原水净化系统的调试，工程发生时，根据工艺系统流程参照相应定额执行。

（2）废水处理分系统调试是指对电厂生产运行产生的生活废水、生产废水处理系统的调试，不包括对焚烧垃圾废水处理、再生水处理系统的调试，工程发生时按照有关规定或参照相应定额执行。

（3）化学水处理试运定额中包括试运期间所消耗的水、氯化钠、氢氧化钠、盐酸费用，工程实际需要根据材料供应方式计算其费用。

8．厂内热网系统调试是指热电厂围墙内供热系统的调试，不包括围墙外热力网及泵站系统的调试。热量计量装置，经厂家调试合格后，不计算调试费用。

9．脱硫系统调试不分脱硫工艺流程，根据脱硫吸收塔吸附烟气所对应的锅炉蒸发量执行定额。

10．脱硝系统调试不分催化剂的材质和布置系统，根据锅炉蒸发量执行定额。

11．整套启动调试分锅炉、汽轮发电机、化学三大部分。锅炉部分包括锅炉、锅炉辅助设备、锅炉附属设备及装置系统的整套启动调试；汽机部分包括汽轮发电机、汽机辅助设备、汽机附属设备及装置系统的整套启动调试；化学部分包括补给水、预处理、补给水处理、循环水处理、废水处理系统的整套启动调试。发电厂电气部分及电气装置系统的整套启动调试、发电厂热工与仪表部分及配套装置系统的整套启动调试执行其他册的相关定额。

12．整套启动调试包括发电厂在并网发电前进行的热力部分整套调试和配合生产启动试运以及程序校验、运行调整、状态切换、动作试验等内容。不包括在整套启动试运过程中暴露出来的设备缺陷处理或因施工质量、设计质量等问题造成的返工所增加的调试工程量。

13．其他材料费中包括调试消耗、校验消耗材料费。

14．锅炉分系统调试、锅炉整套启动调试定额按照燃煤考虑，燃烧其他介质的锅炉在执行本定额时做相应调整。其中：流化床锅炉乘以系数1.1；燃生物质锅炉乘以系数1.25；焚烧垃圾锅炉乘以系数1.5。

工程量计算规则

一、热力系统调试根据热力工艺布置系统图，结合调试定额的工作内容进行划分，按照定额计量单位。

二、热力设备常规试验不单独计算工程量，特殊项目测试与性能验收试验根据工程需要按照实际数量计算工程量。

三、锅炉分系统调试除输煤系统调试外，其他系统根据单台锅炉蒸发量按照锅炉台数计算工程量；输煤系统调试根据上煤系统的胶带机布置，按照入主厂房的胶带机路数计算工程量。

四、汽机分系统调试根据单台汽轮发电机组容量按照台数计算工程量。

五、预处理系统、补给水处理系统调试根据单套制水系统出力按照套数计算工程量。废水处理系统根据分流或混流系统布置，按照单套处理能力的套数计算工程量。

六、冲管阶段化学监督、加药系统调试、取样装置系统调试根据单台锅炉蒸发量按照锅炉台数计算工程量。

七、凝汽器铜管镀膜系统调试根据汽轮发电机的出力按照汽机台数计算工程量。

八、化学水处理试运系统调试根据工艺系统设置，分单套处理能力，按照套数计算工程量。

九、厂内热网、脱硝系统调试根据单台锅炉蒸发量，按照锅炉台数计算工程量。

十、脱硫系统调试根据脱硫吸收塔吸附烟气所对应的锅炉蒸发量，按照吸收塔台数计算工程量。当多台锅炉总容量＞220t/h且配置一座吸收塔时，脱硫系统调试按照锅炉容量220t/h进行折算，锅炉容量≤220t/h时，按照锅炉容量150t/h进行折算，锅炉容量≤150t/h时，按照锅炉容量150t/h计算一套。

十一、锅炉整套启动系统根据单台锅炉蒸发量，按照台数计算工程量。

十二、汽机整套启动调试根据单台汽机容量，按照台数计算工程量。

十三、特殊项目测试与性能验收试验根据技术标准的要求，按照实际测试与试验的数量计算工程量。

一、分系统调试

1. 锅炉分系统调试

(1) 空压机系统调试

工作内容：1.配合储气罐安全阀校验与严密性试验；2.配合过滤器前后滤网冲洗；3.干燥器自动切换与自动疏水调整；4.空压机高低压缸安全阀校验；5.空压机卸荷器调整；6.配合热工进行设备级和系统级程控调试，声、光报警联锁保护校；7.备用压缩空气母管吹扫；8.冷却水温度调整。

计量单位：台

定　额　编　号			A2-12-1	A2-12-2	A2-12-3	A2-12-4
项　目　名　称			锅炉蒸发量(t/h)			
			≤50	≤75	≤150	＜220
基　　　价（元）			2141.07	3245.87	4529.44	5757.32
其中	人　工　费（元）		892.08	1345.26	1884.12	2068.36
	材　料　费（元）		79.11	122.26	181.05	299.60
	机　械　费（元）		1169.88	1778.35	2464.27	3389.36
名　　称	单位	单价（元）	消　耗　量			
人工	综合工日	工日	140.00	6.372	9.609	13.458	14.774
材料	理化橡皮管	箱	94.02	0.300	0.400	0.600	1.100
	碎布	箱	29.91	0.350	0.450	0.630	1.260
	遮挡式靠背管	个	5.13	7.160	12.870	19.210	28.390
	转速信号荧光感应纸	卷	10.26	0.210	0.270	0.360	0.680
	其他材料费占材料费	%	—	2.000	2.000	2.000	2.000
机械	笔记本电脑	台班	9.38	3.810	6.500	8.762	12.381
	红外测温仪	台班	36.22	3.572	5.572	7.619	10.476
	手持高精度数字测振仪和转速仪	台班	46.95	3.572	5.572	7.619	10.476
	数字精密压力表 YBS-B1	台班	16.02	3.667	5.448	7.627	10.476
	数字式电子微压计	台班	39.01	3.572	5.572	7.619	10.476
	小型工程车	台班	174.25	3.667	5.448	7.627	10.476

(2)风机系统调试

工作内容：1.联锁保护及热工信号校验；2.风机调节试运；3.喘振保护值整定与试验；4.配合热工进行设备级和系统级程控调试；5.风机并列运行试验；6.轴承振动、温度测量；7.进行动力油压调整及动叶调节试验；8.进行液力耦合器或变频器带负荷调试。

计量单位：台

定 额 编 号				A2-12-5	A2-12-6	A2-12-7	A2-12-8
项 目 名 称				锅炉蒸发量(t/h)			
				≤50	≤75	≤150	<220
基 价 （元）				5066.25	6656.16	10294.21	15503.88
其中	人 工 费 （元）			2693.60	3072.58	4974.34	7536.76
	材 料 费 （元）			128.68	207.71	330.51	480.00
	机 械 费 （元）			2243.97	3375.87	4989.36	7487.12
名 称		单位	单价（元）	消 耗 量			
人工	综合工日	工日	140.00	19.240	21.947	35.531	53.834
材料	理化橡皮管	箱	94.02	0.457	0.669	0.940	1.306
	碎布	箱	29.91	0.560	0.820	1.728	2.400
	遮挡式靠背管	个	5.13	12.320	21.730	34.560	52.000
	转速信号荧光感应纸	卷	10.26	0.316	0.462	0.650	0.902
	其他材料费占材料费	%	—	2.000	2.000	2.000	2.000
机械	笔记本电脑	台班	9.38	7.734	10.300	15.150	22.850
	红外测温仪	台班	36.22	7.334	10.850	16.300	24.450
	手持高精度数字测振仪和转速仪	台班	46.95	13.200	19.750	29.350	44.250
	数字式电子微压计	台班	39.01	5.867	8.900	13.050	19.800
	小型工程车	台班	174.25	6.067	9.250	13.600	20.300

(3)锅炉冷态通风试验

工作内容:1.风门、烟气挡板开关方向及操作机构试验与定位;2.测速管设计及配合制作;3.测点选择及配合安装;4.风压计布置、安装,胶皮管连接;5.一、二、三次风固定测速管的标定;6.一次风速调平;7.烟气系统负压测定;8.风流量测量装置校核。

计量单位:台

定 额 编 号				A2-12-9	A2-12-10	A2-12-11	A2-12-12
项 目 名 称				锅炉蒸发量(t/h)			
				≤50	≤75	≤150	＜220
基 价（元）				4794.57	7484.00	10428.58	14650.59
其中	人 工 费（元）			1221.36	1946.14	2770.18	3951.78
	材 料 费（元）			2956.11	4621.04	6374.87	8935.63
	机 械 费（元）			617.10	916.82	1283.53	1763.18
名 称		单位	单价（元）	消 耗 量			
人工	综合工日	工日	140.00	8.724	13.901	19.787	28.227
材料	理化橡皮管	箱	94.02	0.640	0.832	1.024	1.280
	皮托管 φ8×1000	只	435.90	6.500	10.200	14.100	19.800
	转速信号荧光感应纸	卷	10.26	0.451	0.587	0.722	0.902
	其他材料费占材料费	%	—	2.000	2.000	2.000	2.000
机械	笔记本电脑	台班	9.38	5.694	8.460	11.843	16.268
	红外测温仪	台班	36.22	1.720	2.555	3.577	4.914
	手持高精度数字测振仪和转速仪	台班	46.95	1.862	2.767	3.873	5.320
	数字式电子微压计	台班	39.01	3.465	5.148	7.207	9.899
	小型工程车	台班	174.25	1.600	2.377	3.328	4.572

(4)冷炉空气动力场试验

工作内容：1.炉内网面布置；2.毕托管校核与安装；3.风压计安装、胶布管连接；4.燃烧器角度、水平校核与摆动试验；5.各风机投运与总风压调整；6.炉内动力场测量；7.测量贴壁风速，一、二、三次风机及其他风的出口风速；8.测量切圆大小及位置；9.测量炉膛出口沿宽度方向的气流分布；10.各种工况下空气动力场试验，燃烧风、辅助风风门或燃烧器一、二次风门特性试验。

计量单位：台

定 额 编 号			A2-12-13	A2-12-14	A2-12-15	A2-12-16
项 目 名 称			锅炉蒸发量(t/h)			
			≤50	≤75	≤150	<220
基 价（元）			9875.80	13627.21	18380.21	24991.72
其中	人 工 费（元）		1955.94	3058.02	4358.90	5828.34
	材 料 费（元）		6823.35	8940.07	11740.58	16030.59
	机 械 费（元）		1096.51	1629.12	2280.73	3132.79
名 称	单位	单价（元）	消 耗 量			
人工 综合工日	工日	140.00	13.971	21.843	31.135	41.631
材料 镀锌铁丝	m	0.15	120.000	156.000	256.000	320.000
防护眼罩	个	2.99	2.800	4.160	5.824	8.000
放烟花用刀闸	个	1.54	0.800	1.040	1.280	1.600
放烟花用电线	m	0.85	60.700	73.800	151.300	206.700
放烟花用电压调压器	个	29.91	0.800	1.040	1.280	1.600
胶带	卷	4.51	2.000	2.600	5.120	6.400
理化橡皮管	箱	94.02	1.453	1.889	2.324	2.906
皮托管 Φ8×1000	只	435.90	13.400	17.500	22.300	30.700
碎布	箱	29.91	0.800	1.040	1.350	1.920
烟花	个	5.38	9.200	13.900	30.800	45.900
医用口罩	个	4.96	11.400	16.900	25.700	36.100
遮挡式靠背管	个	5.13	15.600	23.300	30.900	41.200
纸屑	箱	324.79	1.200	1.560	2.560	3.200
其他材料费占材料费	%	—	2.000	2.000	2.000	2.000
机械 笔记本电脑	台班	9.38	8.547	12.698	17.777	24.419
红外测温仪	台班	36.22	2.400	3.566	4.992	6.857
手持高精度数字测振仪和转速仪	台班	46.95	4.800	7.131	9.984	13.714
数字式电子微压计	台班	39.01	5.187	7.706	10.789	14.819
小型工程车	台班	174.25	2.400	3.566	4.992	6.857
叶轮式风速表	台班	9.21	9.067	13.471	18.859	25.905

(5)输煤系统调试

工作内容：一．卸煤系统:1.卸煤机械出力试验；2.输送设备空载及实载试验；3.计量装置空载校验；4.除铁器、木块分离器分离效果确认；5.除尘装置调试；6.煤样自动取样正确性确认；7.卸煤输送系统联锁保护校验及配合程控投运试验。二．上煤系统:1.配合原煤仓煤位测量正确性确认；2.磁铁分离器吸铁试验；3.除尘装置调试；4.联锁保护校验；5.系统联合式运；6.配合程控投运试验。

计量单位：路

定 额 编 号				A2-12-17	A2-12-18	A2-12-19	A2-12-20
项 目 名 称				锅炉蒸发量(t/h)			
				≤50	≤75	≤150	<220
基 价 （元）				2082.36	3097.97	4324.09	6043.50
其中	人 工 费 （元）			1379.42	2049.46	2869.16	3941.00
	材 料 费 （元）			15.41	27.25	26.74	32.66
	机 械 费 （元）			687.53	1021.26	1428.19	2069.84
名 称		单位	单价（元）	消 耗 量			
人工	综合工日	工日	140.00	9.853	14.639	20.494	28.150
材料	碎布	箱	29.91	0.320	0.430	0.580	0.700
	转速信号荧光感应纸	卷	10.26	0.540	1.350	0.864	1.080
	其他材料费占材料费	%	—	2.000	2.000	2.000	2.000
机械	笔记本电脑	台班	9.38	8.400	12.443	17.272	23.429
	红外测温仪	台班	36.22	2.000	2.972	4.160	5.715
	手持高精度数字测振仪和转速仪	台班	46.95	4.000	5.943	8.320	11.429
	小型工程车	台班	174.25	2.000	2.972	4.160	6.350

407

(6)制粉系统冷态调试

工作内容:制粉系统按钢球磨储仓式制粉系统,冷态调试:1.测粉装置投运中正确性、锁气器投运时密封性能确认;2.粗粉分离器细度调节挡板(折向门)位置开度检查与确认;3.油系统保护、风门开关及联锁校验确认;4.磨煤机油泵油压及联锁保护校验;5.装球量与电流关系、磨煤机通风量试验;6.配合热工进行电子秤校验;7.灭火装置、粉仓测温装置、煤粉取样装置调试;8.制粉系统冷态通风时各部位阻力确认;9.各煤粉管内风速均匀性测试与调整。   计量单位:台

定　额　编　号			A2-12-21	A2-12-22	A2-12-23	A2-12-24
项　目　名　称			锅炉蒸发量(t/h)			
			≤50	≤75	≤150	<220
基　　　　　价（元）			2580.71	3528.57	4846.14	7074.64
其中	人　工　费（元）		1079.26	1521.10	2164.68	3254.72
	材　料　费（元）		153.02	189.90	229.61	337.43
	机　械　费（元）		1348.43	1817.57	2451.85	3482.49
名　　　称	单位	单价（元）	消　　耗　　量			
人工	综合工日	工日	140.00	7.709	10.865	15.462	23.248
材料	理化橡皮管	箱	94.02	1.140	1.368	1.596	2.280
	遮挡式靠背管	个	5.13	7.000	9.600	12.740	20.000
	转速信号荧光感应纸	卷	10.26	0.675	0.810	0.945	1.350
	其他材料费占材料费	%	—	2.000	2.000	2.000	2.000
机械	笔记本电脑	台班	9.38	5.700	8.450	11.850	16.300
	高速信号录波仪	台班	42.91	3.500	4.500	6.000	9.000
	红外测温仪	台班	36.22	3.334	4.500	6.067	8.572
	手持高精度数字测振仪和转速仪	台班	46.95	6.667	9.000	12.133	17.143
	数字式电子微压计	台班	39.01	3.334	4.500	6.067	8.572
	小型工程车	台班	174.25	3.334	4.500	6.067	8.572

（7）石灰石粉输送系统调试

工作内容：1.石灰石输送风机速度控制与调节；2.石灰石破碎设备试转与调整；3.石灰石输送皮带试转与调整；4.进行投石灰石试验；5.进行Ca/S比调整试验。

计量单位：台

定　额　编　号				A2-12-25	A2-12-26	A2-12-27	A2-12-28
项　目　名　称				锅炉蒸发量(t/h)			
				≤50	≤75	≤150	<220
基　　价（元）				2002.45	2758.26	3914.14	5171.84
其中	人　工　费（元）			1293.18	1773.38	2521.54	3325.28
	材　料　费（元）			13.17	17.02	21.28	29.19
	机　械　费（元）			696.10	967.86	1371.32	1817.37
名　称		单位	单价(元)	消　耗　量			
人工	综合工日	工日	140.00	9.237	12.667	18.011	23.752
材料	碎布	箱	29.91	0.200	0.280	0.350	0.540
	转速信号荧光感应纸	卷	10.26	0.675	0.810	1.013	1.215
	其他材料费占材料费	%	—	2.000	2.000	2.000	2.000
机械	笔记本电脑	台班	9.38	3.900	6.750	9.100	12.950
	红外测温仪	台班	36.22	2.167	2.972	4.225	5.572
	手持高精度数字测振仪和转速仪	台班	46.95	4.333	5.943	8.450	11.143
	小型工程车	台班	174.25	2.167	2.972	4.225	5.572

(8)除尘器系统调试

工作内容：一.电除尘器系统:1.大梁与灰斗加热装置调试；2.配合进行振打试验；3.配合电气进行电气程控试验。二.布袋式除尘器系统:1.系统相关阀门的检查与验收；2.喷吹装置与程控装置的检查与验收；3.配合进行布袋预除灰试验。

计量单位：台

定 额 编 号				A2-12-29	A2-12-30	A2-12-31	A2-12-32
项 目 名 称				锅炉蒸发量(t/h)			
				≤50	≤75	≤150	<220
基 价 （元）				1827.03	2522.84	3622.06	4814.75
其中	人 工 费 （元）			1199.10	1644.44	2338.14	3083.22
	材 料 费 （元）			88.60	136.92	202.78	335.55
	机 械 费 （元）			539.33	741.48	1081.14	1395.98
名 称		单位	单价（元）	消 耗 量			
人工	综合工日	工日	140.00	8.565	11.746	16.701	22.023
材料	理化橡皮管	箱	94.02	0.336	0.448	0.672	1.232
	碎布	箱	29.91	0.392	0.504	0.706	1.411
	遮挡式靠背管	个	5.13	8.019	14.414	21.515	31.797
	转速信号荧光感应纸	卷	10.26	0.235	0.302	0.403	0.762
	其他材料费占材料费	%	—	2.000	2.000	2.000	2.000
机械	笔记本电脑	台班	9.38	7.167	10.029	17.150	19.429
	红外测温仪	台班	36.22	1.834	2.515	3.575	4.715
	手持高精度数字测振仪和转速仪	台班	46.95	1.834	2.515	3.575	4.715
	小型工程车	台班	174.25	1.834	2.515	3.575	4.715

(9)除灰、除渣系统调试

工作内容：一.除灰、除渣系统炉内的工作内容：1.系统内各锁气器调试；2.配合电除尘灰斗出灰门程控试验。二.除灰、除渣系统炉外的工作内容：1.输灰系统联动试验和参数整定；2.输渣系统联动试验和参数整定；3.灰库系统联动试验和参数整定；4.配合输灰、输渣和灰库系统程控调试。

计量单位：台

定　额　编　号				A2-12-33	A2-12-34	A2-12-35	A2-12-36
项　目　名　称				锅炉蒸发量(t/h)			
				≤50	≤75	≤150	<220
基　　　　价（元）				3176.39	3623.87	5156.48	6799.71
其中	人　工　费（元）			2475.34	2828.98	4022.48	5304.46
	材　料　费（元）			15.51	22.59	28.54	35.46
	机　械　费（元）			685.54	772.30	1105.46	1459.79
名　　称		单位	单价（元）	消　　耗　　量			
人工	综合工日	工日	140.00	17.681	20.207	28.732	37.889
材料	碎布	箱	29.91	0.400	0.560	0.800	1.000
	转速信号荧光感应纸	卷	10.26	0.316	0.526	0.395	0.473
	其他材料费占材料费	%	—	2.000	2.000	2.000	2.000
机械	笔记本电脑	台班	9.38	14.500	15.383	22.654	30.094
	红外测温仪	台班	36.22	1.846	2.110	2.999	3.955
	手持高精度数字测振仪和转速仪	台班	46.95	3.600	4.114	5.850	7.714
	小型工程车	台班	174.25	1.800	2.057	2.925	3.857

(10)吹灰系统调试

工作内容：1.配合吹灰蒸汽减压装置调试,安全阀校验与管道吹洗；2.吹灰器行程与旋转试验；3.吹灰时间整定；4.配合吹灰器程控试验及进汽门、疏水门自动打开试验。 计量单位：台

定 额 编 号				A2-12-37	A2-12-38	A2-12-39	A2-12-40
项 目 名 称				锅炉蒸发量(t/h)			
				≤50	≤75	≤150	<220
基 价 （元）				2812.37	3860.82	5495.24	7259.39
其中	人 工 费 （元）			1898.40	2603.58	3702.02	4881.80
	材 料 费 （元）			34.31	49.24	68.40	100.95
	机 械 费 （元）			879.66	1208.00	1724.82	2276.64
名 称		单位	单价(元)	消 耗 量			
人工	综合工日	工日	140.00	13.560	18.597	26.443	34.870
材料	理化橡皮管	箱	94.02	0.200	0.280	0.380	0.600
	碎布	箱	29.91	0.400	0.600	0.900	1.200
	转速信号荧光感应纸	卷	10.26	0.280	0.390	0.430	0.650
	其他材料费占材料费	%	—	2.000	2.000	2.000	2.000
机械	笔记本电脑	台班	9.38	11.500	15.943	23.450	31.143
	红外测温仪	台班	36.22	3.667	5.029	7.150	9.429
	小型工程车	台班	174.25	3.667	5.029	7.150	9.429

(11)锅炉汽水系统调试

工作内容：锅炉汽水系统调试包括减温水系统，疏水、放气、排污、炉底加热系统调试和锅炉工作压力试验；1.过、再热器减温水管道冲洗；2.疏水、放气、排污系统热工信号及联锁保护校验；3.系统阀门状态确认和调整；4.指导炉底加热的投用和退出；5.参加工作压力试验工作，进行监督指导示范操作；6.协助施工对承压部件及锅炉膨胀进行详细检查和记录。　计量单位：台

定　额　编　号				A2-12-41	A2-12-42	A2-12-43	A2-12-44
项　目　名　称				锅炉蒸发量(t/h)			
				≤50	≤75	≤150	＜220
基　　　价　（元）				3967.04	5863.15	8182.82	11202.65
其中	人　工　费（元）			843.36	1156.54	1644.44	2168.60
	材　料　费（元）			2217.08	3465.77	4781.15	6701.73
	机　械　费（元）			906.60	1240.84	1757.23	2332.32
名　　　称		单位	单价(元)	消　　耗　　量			
人工	综合工日	工日	140.00	6.024	8.261	11.746	15.490
材料	理化橡皮管	箱	94.02	0.480	0.624	0.768	0.960
	皮托管 φ8×1000	只	435.90	4.875	7.650	10.575	14.850
	转速信号荧光感应纸	卷	10.26	0.338	0.440	0.541	0.677
	其他材料费占材料费	%	—	2.000	2.000	2.000	2.000
机械	笔记本电脑	台班	9.38	5.156	6.814	8.955	13.402
	红外测温仪	台班	36.22	3.334	4.572	6.500	8.572
	手持高精度数字测振仪和转速仪	台班	46.95	3.334	4.572	6.500	8.572
	小型工程车	台班	174.25	3.334	4.572	6.500	8.572

(12)燃油系统调试

工作内容:燃油系统调试包括卸油、储油系统和燃油系统的调试;一.卸油、储油系统的工作内容:1.卸油系统及油库加热装置调试;2.卸油计量装置调试;3.油管路冲洗及油库废水除油处理系统调试;4.油污系统调试。二.燃油系统的工作内容:1.蒸汽加热系统压力与温度调整确认;2.油管路冲洗;3.油泵联锁试验与低油压报警试验;4.油泵出口及油系统压力调整;5.各电磁阀泄漏试验;6.油温度调整;7.速断阀无介质动作试验;8.油枪冷态雾化试验。　　计量单位:台

定　额　编　号			A2-12-45	A2-12-46	A2-12-47	A2-12-48
项　目　名　称			锅炉蒸发量(t/h)			
			≤50	≤75	≤150	<220
基　　　价（元）			1002.11	1373.25	1952.53	2574.04
其中	人　工　费（元）		489.58	671.30	954.80	1259.02
	材　料　费（元）		8.83	11.20	15.52	19.84
	机　械　费（元）		503.70	690.75	982.21	1295.18
名　　称	单位	单价（元）	消　　耗　　量			
人工	综合工日	工日	140.00	3.497	4.795	6.820	8.993
材料	碎布	箱	29.91	0.150	0.200	0.300	0.400
	转速信号荧光感应纸	卷	10.26	0.406	0.487	0.608	0.730
	其他材料费占材料费	%	—	2.000	2.000	2.000	2.000
机械	笔记本电脑	台班	9.38	3.667	5.029	7.150	9.429
	便携式双探头超声波流量计	台班	8.50	1.500	2.057	2.925	3.857
	红外测温仪	台班	36.22	1.500	2.057	2.925	3.857
	手持高精度数字测振仪和转速仪	台班	46.95	3.000	4.114	5.850	7.714
	小型工程车	台班	174.25	1.500	2.057	2.925	3.857

(13)锅炉化学清洗

工作内容:锅炉化学清洗工作由锅炉专业、化学专业和汽机专业共同完成;一.锅炉专业的工作内容:1. 临时系统设计及配合管道安装;2.配合施工进行系统严密性检查;3.过热器冲通试验;4.管道 冲洗;5.系统加热;6.酸洗、漂洗、钝化等阶段值班及回路切换;7.进行清洗质量检查。二. 化学专业的工作内容:1.绘制化学清洗系统图及计算化学清洗水容积,清洗药品质量检查,配置 酸洗液,水冲洗,系统加温试验,溢流调整试验,流量调整试验。   计量单位:台

定 额 编 号			A2-12-49	A2-12-50	A2-12-51	A2-12-52
项 目 名 称			锅炉蒸发量(t/h)			
			≤50	≤75	≤150	<220
基 价(元)			4718.27	6117.62	7622.32	11522.40
其中	人 工 费(元)		3642.66	4867.38	6202.98	9936.92
	材 料 费(元)		275.59	312.32	352.71	385.77
	机 械 费(元)		800.02	937.92	1066.63	1199.71
名 称	单位	单价(元)	消 耗 量			
人工	综合工日	工日	140.00	26.019	34.767	44.307	70.978
材料	酒精	kg	6.40	14.931	17.064	19.410	21.330
	取样瓶(袋)	个	4.27	14.931	17.064	19.410	21.330
	砂纸	张	0.47	31.129	35.576	40.468	44.470
	试纸	张	1.79	14.931	17.064	19.410	21.330
	酸洗分析药剂	套	6.38	8.050	9.200	10.465	11.500
	转速信号荧光感应纸	卷	10.26	1.770	1.770	1.770	1.770
	其他材料费占材料费	%	—	2.000	2.000	2.000	2.000
机械	笔记本电脑	台班	9.38	12.000	16.500	19.000	24.000
	便携式双探头超声波流量计	台班	8.50	0.309	0.353	0.402	0.441
	标准压力发生器	台班	76.77	0.047	0.047	0.047	0.047
	动态盐垢沉积仪	台班	36.87	0.047	0.047	0.047	0.047
	高精度测厚仪装置	台班	37.50	0.220	0.251	0.285	0.314
	红外测温仪	台班	36.22	2.374	2.713	3.086	3.391
	手持高精度数字测振仪和转速仪	台班	46.95	2.310	2.640	3.003	3.300
	酸洗小型试验台	台班	74.35	0.047	0.047	0.047	0.047
	小型工程车	台班	174.25	2.667	3.048	3.467	3.810
	旋转腐蚀挂片试验仪	台班	23.60	0.047	0.047	0.047	0.047
	循环冷却水动态模拟试验装置	台班	158.92	0.047	0.047	0.047	0.047

(14)锅炉管道吹洗

工作内容：锅炉吹管工作由锅炉专业、汽机专业和化学专业共同完成；锅炉专业的工作内容:1. 临时系统设计,配合安装与质量检查；2. 消音器、集粒器、靶板架设计及配合安装；3. 冲管流量与动量计算；4. 冲管温度与压力控制点选择；5. 临冲门开关试验；6. 冲管前各系统投运；7. 热工信号及联锁保护校验；8. 点火系统实验与投运；9. 锅炉升温升压及膨胀检查；10. 吹管阶段值班及操作指导；11. 监督噪声测量。

计量单位：台

定 额 编 号			A2-12-53	A2-12-54	A2-12-55	A2-12-56
项 目 名 称			锅炉蒸发量(t/h)			
			≤50	≤75	≤150	<220
基 价（元）			4728.06	6459.59	8693.54	11320.77
其中	人 工 费（元）		2901.50	3978.94	5657.68	7460.74
	材 料 费（元）		170.46	373.11	322.08	471.92
	机 械 费（元）		1656.10	2107.54	2713.78	3388.11
名 称	单位	单价（元）	消 耗 量			
人工	综合工日	工日	140.00	20.725	28.421	40.412	53.291
材料	酒精	kg	6.40	6.284	14.364	12.254	17.955
	取样瓶(袋)	个	4.27	7.500	15.000	12.254	17.955
	砂纸	张	0.47	21.368	33.840	41.667	61.050
	医用手套	副	13.50	6.284	14.364	12.254	17.955
	其他材料费占材料费	%	—	2.000	2.000	2.000	2.000
机械	笔记本电脑	台班	9.38	12.000	17.500	23.000	31.000
	便携式多组气体分析仪	台班	122.27	1.667	2.000	2.500	3.000
	便携式双探头超声波流量计	台班	8.50	2.833	3.600	4.775	6.000
	高精度40通道压力采集系统	台班	150.18	1.167	1.600	2.275	3.000
	高精度测厚仪装置	台班	37.50	0.500	0.686	0.975	1.286
	红外测温仪	台班	36.22	1.667	2.000	2.500	3.000
	可见分光光度计	台班	108.50	1.667	2.000	2.500	3.000
	离子色谱仪	台班	217.35	1.667	2.000	2.500	3.000
	钠离子分析仪	台班	15.52	1.750	3.500	2.625	3.500
	手持高精度数字测振仪和转速仪	台班	46.95	1.667	2.000	2.500	3.000
	小型工程车	台班	174.25	1.167	1.600	2.275	3.000
	原子吸收分光光度计	台班	95.28	1.667	2.000	2.500	3.000
	总有机碳分析仪	台班	30.26	1.667	2.000	2.500	3.000

(15) 安全阀门调整

工作内容：1.排气量核算；2.电磁三通阀试验；3.弹簧预压值核对；4.脉冲管与气源管吹扫；5.配合安全阀校验工作；6.配合控制安全阀校验；7.配合再热器安全阀校验；7.配合再热器安全阀校验；8.安全阀电气回路校验；9.配合蒸汽严密性试验；10.配合一、二次汽系统受热面膨胀与支吊架、弹簧检查。

计量单位：台

定 额 编 号				A2-12-57	A2-12-58	A2-12-59	A2-12-60
项 目 名 称				锅炉蒸发量(t/h)			
				≤50	≤75	≤150	<220
基 价 （元）				1065.17	1460.53	2076.55	2725.07
其中	人 工 费 （元）			539.56	739.90	1052.24	1387.40
	材 料 费 （元）			3.70	4.93	6.79	9.87
	机 械 费 （元）			521.91	715.70	1017.52	1327.80
名 称		单位	单价(元)	消 耗 量			
人工	综合工日	工日	140.00	3.854	5.285	7.516	9.910
材料	碎布	箱	29.91	0.080	0.100	0.130	0.200
	转速信号荧光感应纸	卷	10.26	0.120	0.180	0.270	0.360
	其他材料费占材料费	%	—	2.000	2.000	2.000	2.000
机械	安全阀整定装置	台班	65.02	1.667	2.286	3.250	4.286
	笔记本电脑	台班	9.38	3.834	5.257	7.475	8.357
	红外测温仪	台班	36.22	1.667	2.286	3.250	4.286
	数字精密压力表 YBS-B1	台班	16.02	1.667	2.286	3.250	4.286
	小型工程车	台班	174.25	1.667	2.286	3.250	4.286

417

2.汽机分系统调试

(1)循环冷却水系统调试

工作内容：一. 循环水系统调试的工作内容：1. 热工信号及联锁保护校验；2. 循环水泵试运转及调整；3. 系统管道水冲洗及阀门调整；4. 出口蝶阀及液压装置调整；5. 旋转滤网、清污机、冲洗水泵试转及调整投运；6. 冷却水泵试运转及投运；7. 系统投运及动态调整；8. 胶球清洗装置投运及调整。二. 辅机冷却水系统调试的工作内容：1. 热工信号及联锁保护校验；2. 水泵试转及调整；3. 系统管道冲洗及阀门调整；4. 旋转滤网试转及调整；5. 冷却器投运及调整；6. 冷却。

计量单位：台

定 额 编 号			A2-12-61	A2-12-62	A2-12-63	A2-12-64
项 目 名 称			单机容量(MW)			
			≤6	≤15	≤25	≤35
基 价（元）			3721.20	5544.35	7696.56	10864.17
其中	人 工 费（元）		1624.28	2413.04	3378.20	4640.44
	材 料 费（元）		27.11	36.84	47.54	66.07
	机 械 费（元）		2069.81	3094.47	4270.82	6157.66
名 称	单位	单价(元)	消 耗 量			
人工	综合工日	工日	140.00	11.602	17.236	24.130	33.146
材料	理化橡皮管	箱	94.02	0.150	0.200	0.250	0.350
	碎布	箱	29.91	0.310	0.420	0.550	0.760
	转速信号荧光感应纸	卷	10.26	0.312	0.463	0.648	0.890
	其他材料费占材料费	%	—	2.000	2.000	2.000	2.000
机械	笔记本电脑	台班	9.38	9.834	14.810	22.734	28.095
	便携式双探头超声波流量计	台班	8.50	7.667	11.391	15.947	21.905
	红外测温仪	台班	36.22	7.667	11.391	15.947	21.905
	手持高精度数字测振仪和转速仪	台班	46.95	15.333	22.781	31.893	43.809
	小型工程车	台班	174.25	5.250	7.900	10.600	16.400

(2)凝结水与补给水系统调试

工作内容：凝结水及补给水系统的工作内容:1.热工信号及联锁保护校验；2.凝结水泵试转及再循环系统调整；3.系统管道水冲洗阀门调整；4.凝结水补给水系统试运及凝结水箱自动补给水调节器投运调整；5.系统投运及动态调整。

计量单位：台

定 额 编 号				A2-12-65	A2-12-66	A2-12-67	A2-12-68
项 目 名 称				单机容量(MW)			
				≤6	≤15	≤25	≤35
基 价 （元）				2532.30	3784.94	5272.47	7243.33
其中	人 工 费（元）			1099.14	1632.96	2286.20	3140.20
	材 料 费（元）			17.82	26.68	38.78	52.38
	机 械 费（元）			1415.34	2125.30	2947.49	4050.75
名 称		单位	单价(元)	消 耗 量			
人工	综合工日	工日	140.00	7.851	11.664	16.330	22.430
材料	理化橡皮管	箱	94.02	0.120	0.180	0.270	0.360
	碎布	箱	29.91	0.100	0.150	0.200	0.280
	转速信号荧光感应纸	卷	10.26	0.312	0.463	0.648	0.890
	其他材料费占材料费	%	—	2.000	2.000	2.000	2.000
机械	笔记本电脑	台班	9.38	6.334	11.838	13.574	18.881
	便携式双探头超声波流量计	台班	8.50	4.334	6.438	9.014	12.381
	红外测温仪	台班	36.22	4.334	6.438	9.014	12.381
	手持高精度数字测振仪和转速仪	台班	46.95	8.667	12.876	18.027	24.762
	小型工程车	台班	174.25	4.334	6.438	9.014	12.381

(3)除氧给水系统调试

工作内容：一.除氧给水系:1.热工信号及联锁保护校验；2.系统水冲洗(给水管道、再循环管道)；3.系统阀门调整；4.配合除氧器安全门热态校验；5.除氧器再循环泵试转及调整；6.系统投运及停用动态调整；7.前置泵试转、系统冲洗及前置泵投运。二.电动给水泵的工作内容：1.热工信号及联锁保护校验；2.电机带耦合器试转；3.耦合器润滑油压、工作油压调整及油温调整；4.泵密封水管道冲洗；5.泵组带再循环试转；6.减温水管道冲洗及高压给水管道冲洗。

计量单位：台

定　额　编　号				A2-12-69	A2-12-70	A2-12-71	A2-12-72
项　目　名　称				单机容量(MW)			
				≤6	≤15	≤25	≤35
基　　　　价（元）				5608.50	8316.15	11896.77	15929.90
其中	人　工　费（元）			3297.28	4898.88	6858.46	8949.78
	材　料　费（元）			21.54	29.30	39.66	50.39
	机　械　费（元）			2289.68	3387.97	4998.65	6929.73
名　　　称		单位	单价（元）	消　　耗　　量			
人工	综合工日	工日	140.00	23.552	34.992	48.989	63.927
材料	理化橡皮管	箱	94.02	0.100	0.120	0.150	0.180
	碎布	箱	29.91	0.080	0.120	0.180	0.240
	转速信号荧光感应纸	卷	10.26	0.909	1.350	1.890	2.466
	其他材料费占材料费	%	—	2.000	2.000	2.000	2.000
机械	笔记本电脑	台班	9.38	12.050	20.100	34.200	40.850
	便携式双探头超声波流量计	台班	8.50	9.040	13.150	18.850	24.600
	红外测温仪	台班	36.22	9.040	13.150	18.850	24.600
	手持高精度数字测振仪和转速仪	台班	46.95	18.080	26.300	37.700	49.200
	小型工程车	台班	174.25	5.300	7.900	11.850	18.000

(4)机械真空泵系统调试

工作内容：1.热工信号及联锁保护校验；2.机械真空泵试转及调整；3.气水分离箱水位自动调节装置调整；4.真空系统管道冲洗及阀门调整；5.凝汽器真空系统灌水检查；6.水室真空泵试转及投运；7.真空系统试抽真空及严密性检查；8.真空系统投运及动态调整。　　　　　计量单位：台

定　额　编　号			A2-12-73	A2-12-74	A2-12-75	A2-12-76
项　目　名　称			单机容量(MW)			
			≤6	≤15	≤25	≤35
基　　　价（元）			1805.08	2676.82	3745.59	5145.73
其中	人　工　费（元）		929.32	1380.54	1932.84	2655.10
	材　料　费（元）		7.77	11.57	16.02	21.55
	机　械　费（元）		867.99	1284.71	1796.73	2469.08
名　　　称	单位	单价（元）	消　　耗　　量			
人工	综合工日	工日	140.00	6.638	9.861	13.806	18.965
材料	碎布	箱	29.91	0.060	0.090	0.120	0.150
	转速信号荧光感应纸	卷	10.26	0.568	0.843	1.181	1.622
	其他材料费占材料费	%	—	2.000	2.000	2.000	2.000
机械	笔记本电脑	台班	9.38	6.000	8.400	11.560	16.000
	红外测温仪	台班	36.22	2.667	3.962	5.547	7.619
	手持高精度数字测振仪和转速仪	台班	46.95	5.333	7.924	11.093	15.238
	小型工程车	台班	174.25	2.667	3.962	5.547	7.619

(5)射水抽气器系统调试

工作内容：1.热工信号及联锁保护校验；2.射水泵试转及系统调整；3.真空系统管道冲洗及阀门的调整；4.凝汽器真空系统灌水检查；5.真空系统试抽真空及严密性检查；6.真空系统投运及动态调整。

计量单位：台

定 额 编 号			A2-12-77	A2-12-78	A2-12-79	A2-12-80
项 目 名 称			单机容量(MW)			
			≤6	≤15	≤25	≤35
基 价（元）			1665.78	2474.66	3460.71	4752.34
其中	人 工 费（元）		799.40	1187.62	1662.78	2283.82
	材 料 费（元）		7.77	11.57	16.02	21.55
	机 械 费（元）		858.61	1275.47	1781.91	2446.97
名 称	单位	单价(元)	消 耗 量			
人工	综合工日	工日	140.00	5.710	8.483	11.877	16.313
材料	碎布	箱	29.91	0.060	0.090	0.120	0.150
	转速信号荧光感应纸	卷	10.26	0.568	0.843	1.181	1.622
	其他材料费占材料费	%	—	2.000	2.000	2.000	2.000
机械	笔记本电脑	台班	9.38	5.000	7.415	9.980	13.643
	红外测温仪	台班	36.22	2.667	3.962	5.547	7.619
	手持高精度数字测振仪和转速仪	台班	46.95	5.333	7.924	11.093	15.238
	小型工程车	台班	174.25	2.667	3.962	5.547	7.619

(6)抽汽回热、轴封汽、辅助蒸汽系统调试

工作内容：1.热工信号及联锁保护校验；2.系统管道冲洗；3.低、低压加热器自动疏水装置调整及投用；
4.低、高压加热器危急疏水装置及投用；5.抽汽逆止门控制系统调整；6.辅助蒸汽系统安全门
热态校验；7.辅汽及轴封汽减温减压装置投运及调整；8.系统投运及动态调整。

计量单位：台

定　额　编　号			A2-12-81	A2-12-82	A2-12-83	A2-12-84
项　目　名　称			单机容量(MW)			
			≤6	≤15	≤25	≤35
基　　　价（元）			2629.67	3643.70	4951.67	6738.33
其中	人　工　费（元）		1697.78	2300.90	3026.94	4139.52
	材　料　费（元）		4.62	6.88	8.42	10.99
	机　械　费（元）		927.27	1335.92	1916.31	2587.82
名　　　称	单位	单价（元）	消　　耗　　量			
人工	综合工日	工日	140.00	12.127	16.435	21.621	29.568
材料	碎布	箱	29.91	0.100	0.150	0.180	0.230
	转速信号荧光感应纸	卷	10.26	0.150	0.220	0.280	0.380
	其他材料费占材料费	%	—	2.000	2.000	2.000	2.000
机械	笔记本电脑	台班	9.38	8.268	14.318	18.323	24.572
	红外测温仪	台班	36.22	4.664	6.113	9.284	12.381
	手持高精度数字测振仪和转速仪	台班	46.95	4.602	6.173	9.406	12.381
	小型工程车	台班	174.25	2.667	3.962	5.547	7.619

（7）发电机空气冷却系统调试

工作内容：1.空冷系统气密性试验；2.相关联锁保护传动；3.空冷风机及相关转动机械试转；4.系统冲洗、投运及动态调整。

计量单位：台

定　额　编　号				A2-12-85	A2-12-86	A2-12-87	A2-12-88
项　目　名　称				单机容量(MW)			
				≤6	≤15	≤25	≤35
基　　　　价（元）				2432.47	3586.29	5038.82	6915.91
其中	人　工　费（元）			1348.76	2003.96	2805.74	3854.06
	材　料　费（元）			9.00	13.40	17.85	23.99
	机　械　费（元）			1074.71	1568.93	2215.23	3037.86
名　　　称		单位	单价（元）	消　　耗　　量			
人工	综合工日	工日	140.00	9.634	14.314	20.041	27.529
材料	碎布	箱	29.91	0.100	0.150	0.180	0.230
	转速信号荧光感应纸	卷	10.26	0.568	0.843	1.181	1.622
	其他材料费占材料费	%	—	2.000	2.000	2.000	2.000
机械	笔记本电脑	台班	9.38	8.000	12.372	16.720	23.215
	红外测温仪	台班	36.22	4.000	5.943	8.320	11.429
	手持高精度数字测振仪和转速仪	台班	46.95	8.000	11.886	16.640	22.857
	小型工程车	台班	174.25	2.750	3.900	5.600	7.650

(8)主机调节、保安系统调试

工作内容：1.热工信号及联锁保护校验；2.液压调节系统静态调试；3.保安系统静态调试；4.主汽门及调速汽门关闭时间测定；5.配合电夜调节控制系统静态调试；6.控制油系统的试运及压力调整；7.系统投运及联动调试。

计量单位：台

定 额 编 号			A2-12-89	A2-12-90	A2-12-91	A2-12-92
项 目 名 称			单机容量(MW)			
			≤6	≤15	≤25	≤35
基 价（元）			2469.35	3661.50	5130.49	7071.74
其中	人 工 费（元）		1199.10	1781.22	2493.96	3425.80
	材 料 费（元）		7.25	10.81	14.22	19.01
	机 械 费（元）		1263.00	1869.47	2622.31	3626.93
名 称	单位	单价（元）	消 耗 量			
人工	综合工日	工日	140.00	8.565	12.723	17.814	24.470
材料	碎布	箱	29.91	0.100	0.150	0.180	0.230
	转速信号荧光感应纸	卷	10.26	0.401	0.596	0.834	1.146
	其他材料费占材料费	%	—	2.000	2.000	2.000	2.000
机械	笔记本电脑	台班	9.38	7.334	10.881	14.834	20.810
	高速信号录波仪	台班	42.91	4.334	6.438	9.014	12.381
	红外测温仪	台班	36.22	4.334	6.438	9.014	12.381
	手持高精度数字测振仪和转速仪	台班	46.95	8.667	12.876	18.027	24.762
	小型工程车	台班	174.25	2.550	3.750	5.300	7.400

425

(9)主机润滑油、顶轴油系统调试

工作内容：一.主机润滑油、顶轴油系统及盘车装置的工作内容：1.热工信号及联锁保护校验；2.润滑油泵（交、直流）试转及调整；3.顶轴油泵试转及调整；4.顶轴油压分配及轴顶抬起高度调整；5.排烟风机试转，油箱真空调整；6.冷油器投用；7.事故排油系统调试；8.润滑油压、流量分配调整；9.盘车装置自动及手动投运、调试。二.润滑油净化处理系统的工作内容：1.热工信号及联锁保护校验；2.油输送泵试转及调整；3.净化装置调试。

计量单位：台

定 额 编 号			A2-12-93	A2-12-94	A2-12-95	A2-12-96
项 目 名 称			单机容量(MW)			
			≤6	≤15	≤25	≤35
基 价（元）			2862.86	4220.40	5874.66	8170.63
其中	人 工 费（元）		1448.86	2152.50	3013.64	4139.52
	材 料 费（元）		7.25	10.20	14.22	19.32
	机 械 费（元）		1406.75	2057.70	2846.80	4011.79
名 称		单位	单价（元）	消 耗 量		
人工	综合工日	工日	140.00	10.349	15.375	21.526	29.568
材料	碎布	箱	29.91	0.100	0.130	0.180	0.240
	转速信号荧光感应纸	卷	10.26	0.401	0.596	0.834	1.146
	其他材料费占材料费	%	—	2.000	2.000	2.000	2.000
机械	笔记本电脑	台班	9.38	6.300	8.800	12.050	16.400
	高速信号录波仪	台班	42.91	4.667	6.934	9.707	13.334
	红外测温仪	台班	36.22	4.667	6.934	9.707	13.334
	手持高精度数字测振仪和转速仪	台班	46.95	9.333	13.867	19.413	26.667
	小型工程车	台班	174.25	3.100	4.450	6.050	8.900

(10)旁路系统调试

工作内容：1.旁路管道及减温水系统的冲洗；2.热工信号及联锁保护校验；3.系统投运及功能调整。

计量单位：台

定　额　编　号			A2-12-97	A2-12-98
项　目　名　称			单机容量(MW)	
			≤6	≤15
基　　　价（元）			1460.08	2168.33
其中	人　工　费（元）		799.40	1187.62
	材　料　费（元）		14.52	18.60
	机　械　费（元）		646.16	962.11
名　　　称	单位	单价（元）	消　　耗　　量	
人工	综合工日	工日	140.00	5.710	8.483
材料	理化橡皮管	箱	94.02	0.100	0.120
	碎布	箱	29.91	0.100	0.150
	转速信号荧光感应纸	卷	10.26	0.180	0.240
	其他材料费占材料费	%	—	2.000	2.000
机械	笔记本电脑	台班	9.38	4.834	7.424
	红外测温仪	台班	36.22	2.334	3.467
	手持高精度数字测振仪和转速仪	台班	46.95	2.334	3.467
	小型工程车	台班	174.25	2.334	3.467

工作内容：1.旁路管道及减温水系统的冲洗；2.热工信号及联锁保护校验；3.系统投运及功能调整。

计量单位：台

定　额　编　号					A2-12-99	A2-12-100
项　目　名　称					单机容量(MW)	
					≤25	≤35
基　　　价（元）					3025.93	4158.51
其中	人　工　费（元）				1662.78	2283.82
	材　料　费（元）				23.64	29.61
	机　械　费（元）				1339.51	1845.08
名　　称		单位	单价（元）		消　耗　量	
人工	综合工日	工日	140.00		11.877	16.313
材料	理化橡皮管	箱	94.02		0.150	0.180
	碎布	箱	29.91		0.180	0.240
	转速信号荧光感应纸	卷	10.26		0.360	0.480
	其他材料费占材料费	%	—		2.000	2.000
机械	笔记本电脑	台班	9.38		9.594	13.738
	红外测温仪	台班	36.22		4.854	6.667
	手持高精度数字测振仪和转速仪	台班	46.95		4.854	6.667
	小型工程车	台班	174.25		4.854	6.667

428

(11)柴油发电机系统调试

工作内容：1.热工信号及联锁保护校验；2.冷却水、压缩空气、润滑油等辅助系统的投运、调试；3.燃料油系统冲洗及调整；4.柴油发电机组整组启动及超速保护试验；5.柴油发电机带负荷试运行。

计量单位：台

定 额 编 号				A2-12-101	A2-12-102
项 目 名 称				单机容量(MW)	
				≤6	≤15
基 价 （元）				2032.48	3018.79
其中	人 工 费 （元）			1110.62	1650.04
	材 料 费 （元）			7.25	9.90
	机 械 费 （元）			914.61	1358.85
名 称		单位	单价（元）	消 耗 量	
人工	综合工日	工日	140.00	7.933	11.786
材料	碎布	箱	29.91	0.100	0.120
	转速信号荧光感应纸	卷	10.26	0.401	0.596
	其他材料费占材料费	%	—	2.000	2.000
机械	笔记本电脑	台班	9.38	6.650	9.880
	红外测温仪	台班	36.22	2.800	4.160
	手持高精度数字测振仪和转速仪	台班	46.95	5.600	8.320
	小型工程车	台班	174.25	2.800	4.160

工作内容：1.热工信号及联锁保护校验；2.冷却水、压缩空气、润滑油等辅助系统的投运、调试；3.燃料油系统冲洗及调整；4.柴油发电机组整组启动及超速保护试验；5.柴油发电机带负荷试运行。

计量单位：台

定 额 编 号				A2-12-103	A2-12-104
项 目 名 称				单机容量(MW)	
				≤25	≤35
基 价 （元）				4179.36	5803.76
其中	人 工 费（元）			2284.66	3173.10
	材 料 费（元）			13.21	17.48
	机 械 费（元）			1881.49	2613.18
名 称		单位	单价(元)	消 耗 量	
人工	综合工日	工日	140.00	16.319	22.665
材料	碎布	箱	29.91	0.150	0.180
	转速信号荧光感应纸	卷	10.26	0.825	1.146
	其他材料费占材料费	%	—	2.000	2.000
机械	笔记本电脑	台班	9.38	13.680	19.000
	红外测温仪	台班	36.22	5.760	8.000
	手持高精度数字测振仪和转速仪	台班	46.95	11.520	16.000
	小型工程车	台班	174.25	5.760	8.000

3.化学分系统调试
(1)预处理系统调试

工作内容：预处理系统包括机械搅拌澄清池调试、压力式混合器调试、重力式滤池调试和空气擦洗滤池调试。

计量单位：套

定 额 编 号				A2-12-105	A2-12-106
项 目 名 称				出力(t/h)	
				≤40	>40
基 价（元）				4864.07	6952.98
其中	人 工 费（元）			1173.06	1675.66
	材 料 费（元）			198.78	288.82
	机 械 费（元）			3492.23	4988.50
名 称		单位	单价(元)	消 耗 量	
人工	综合工日	工日	140.00	8.379	11.969
材料	酒精	kg	6.40	4.600	6.800
	取样瓶(袋)	个	4.27	4.600	6.800
	医用手套	副	13.50	10.800	15.600
	其他材料费占材料费	%	—	2.000	2.000
机械	笔记本电脑	台班	9.38	5.000	10.143
	便携式多组气体分析仪	台班	122.27	5.000	7.143
	便携式双探头超声波流量计	台班	8.50	5.000	7.143
	可见分光光度计	台班	108.50	5.000	7.143
	离子色谱仪	台班	217.35	5.000	7.143
	钠离子分析仪	台班	15.52	5.250	7.500
	小型工程车	台班	174.25	2.600	3.550
	原子吸收分光光度计	台班	95.28	5.000	7.143
	总有机碳分析仪	台班	30.26	5.000	7.143

(2)补给水处理系统调试

工作内容：补给水处理系统包括过滤器调试、软化水系统调试、固定床一级除盐系统调试、真空式脱气器调试、生水加热器调试、固定床二级除盐系统调试。

计量单位：套

定 额 编 号			A2-12-107	A2-12-108
项 目 名 称			出力(t/h)	
			≤40	>40
基 价（元）			5610.56	8030.17
其中	人 工 费（元）		1856.68	2839.76
	材 料 费（元）		404.06	465.69
	机 械 费（元）		3349.82	4724.72
名 称		单位	单价（元）	消 耗 量	
人工	综合工日	工日	140.00	13.262	20.284
材料	酒精	kg	6.40	13.213	18.876
	取样瓶(袋)	个	4.27	13.213	18.876
	医用手套	副	13.50	18.900	18.900
	其他材料费占材料费	%	—	2.000	2.000
机械	笔记本电脑	台班	9.38	11.500	17.500
	便携式双探头超声波流量计	台班	8.50	4.000	5.715
	电子天平(0.0001mg)	台班	350.59	3.000	4.286
	红外测温仪	台班	36.22	3.667	5.238
	红外光谱仪	台班	148.08	3.000	4.286
	混凝土实验搅拌仪	台班	20.56	3.000	4.286
	离子色谱仪	台班	217.35	2.667	3.810
	钠离子分析仪	台班	15.52	1.400	2.000
	台式pH/ISE测试仪	台班	49.69	3.000	4.286
	小型工程车	台班	174.25	3.400	4.450
	余氯分析仪	台班	9.55	3.667	5.238
	浊度仪	台班	14.70	4.000	5.715
	总有机碳分析仪	台班	30.26	2.667	3.810

(3)废水处理系统调试

工作内容：废水处理系统调试包括经常性废水处理系统调试和非经常性废水处理系统的调试；一.经常性废水处理系统的工作内容：1.酸碱液浓度配制、暴气装置的调整、暴气率试验；2.系统设备联动、循环处理、pH值调整、分析监督。二.非经常性废水处理系统的工作内容：1.暴气装置的调整、暴气率试验；2.加药剂量系统的调整；3.系统设备联动、pH中和、氧化、凝聚系统的调整；4.澄清器系统调整、污泥系统调整,脱水机调整。

计量单位：套

定 额 编 号			A2-12-109	A2-12-110	A2-12-111
项 目 名 称			处理能力(t/h)		
			≤5	≤10	≤15
基 价 （元）			1237.06	1614.87	1918.08
其中	人 工 费（元）		906.22	1165.22	1294.72
	材 料 费（元）		68.14	108.74	153.69
	机 械 费（元）		262.70	340.91	469.67
名 称	单位	单价（元）	消 耗 量		
人工 综合工日	工日	140.00	6.473	8.323	9.248
材料 酒精	kg	6.40	1.200	2.400	4.000
取样瓶(袋)	个	4.27	1.200	2.400	4.000
医用手套	副	13.50	4.000	6.000	8.000
其他材料费占材料费	%	—	2.000	2.000	2.000
机械 BOD测试仪	台班	44.04	5.000	6.500	9.286
便携式双探头超声波流量计	台班	8.50	5.000	6.429	7.143

433

（4）冲管阶段化学监督

工作内容：1.取样系统水冲洗,取样管位置校对；2.热力系统、锅炉水冲洗及排污监督；3.给水、炉水、蒸汽品质监督。

计量单位：台

定 额 编 号			A2-12-112	A2-12-113
项 目 名 称			锅炉蒸发量(t/h)	
			≤50	≤75
基 价 （元）			2600.72	3897.38
其中	人 工 费 （元）		1221.36	1846.74
	材 料 费 （元）		23.03	34.22
	机 械 费 （元）		1356.33	2016.42
名 称	单位	单价(元)	消 耗 量	
人工	综合工日	工日	140.00	8.724	13.191
材料	酒精	kg	6.40	0.335	0.498
	取样瓶(袋)	个	4.27	1.120	1.664
	砂纸	张	0.47	1.140	1.693
	医用手套	副	13.50	1.120	1.664
	其他材料费占材料费	%	—	2.000	2.000
机械	笔记本电脑	台班	9.38	4.250	6.150
	便携式多组气体分析仪	台班	122.27	1.600	2.377
	便携式双探头超声波流量计	台班	8.50	2.934	4.358
	高精度40通道压力采集系统	台班	150.18	1.400	2.100
	高精度测厚仪装置	台班	37.50	1.334	1.981
	红外测温仪	台班	36.22	1.200	1.783
	可见分光光度计	台班	108.50	1.600	2.377
	离子色谱仪	台班	217.35	1.600	2.377
	钠离子分析仪	台班	15.52	1.680	2.496
	手持高精度数字测振仪和转速仪	台班	46.95	0.934	1.387
	原子吸收分光光度计	台班	95.28	1.600	2.377
	总有机碳分析仪	台班	30.26	1.600	2.377

工作内容：1.取样系统水冲洗,取样管位置校对；2.热力系统、锅炉水冲洗及排污监督；3.给水、炉水、
　　　　　蒸汽品质监督。

计量单位：台

定　额　编　号				A2-12-114	A2-12-115
项　目　名　称				锅炉蒸发量(t/h)	
				≤150	<220
基　　　价（元）				5382.76	8117.49
其中	人　工　费（元）			2551.78	4160.24
	材　料　费（元）			47.38	65.82
	机　械　费（元）			2783.60	3891.43
名　　称		单位	单价（元）	消　　耗　　量	
人工	综合工日	工日	140.00	18.227	29.716
材料	酒精	kg	6.40	0.689	0.958
	取样瓶(袋)	个	4.27	2.304	3.200
	砂纸	张	0.47	2.344	3.256
	医用手套	副	13.50	2.304	3.200
	其他材料费占材料费	%	—	2.000	2.000
机械	笔记本电脑	台班	9.38	9.300	13.850
	便携式多组气体分析仪	台班	122.27	3.292	4.572
	便携式双探头超声波流量计	台班	8.50	6.035	8.381
	高精度40通道压力采集系统	台班	150.18	2.800	4.000
	高精度测厚仪装置	台班	37.50	2.743	3.810
	红外测温仪	台班	36.22	2.469	3.429
	可见分光光度计	台班	108.50	3.292	4.572
	离子色谱仪	台班	217.35	3.292	4.572
	钠离子分析仪	台班	15.52	3.456	4.800
	手持高精度数字测振仪和转速仪	台班	46.95	1.920	2.667
	原子吸收分光光度计	台班	95.28	3.292	4.572
	总有机碳分析仪	台班	30.26	3.292	4.572

(5)加药系统调试

工作内容：一.循环水及汽水加药系统的工作内容：1.系统检查；2.水压,药液汁量箱校验；3.计量泵试转、计量泵压力、安全阀调整；4.计量泵流量校验。二.水处理系统加药试验的工作内容：1.水处理用离子交换树脂、垫料、凝聚剂等材料、药品的性能检测；2.各类小型方案试验制定；3.处理工艺效果和小型试验的实施。

计量单位：台

定 额 编 号				A2-12-116	A2-12-117
项 目 名 称				锅炉蒸发量(t/h)	
				≤50	≤75
基 价 （元）				1939.07	3226.94
其中	人 工 费（元）			1635.06	2736.30
	材 料 费（元）			49.89	96.98
	机 械 费（元）			254.12	393.66
名 称		单位	单价（元）	消 耗 量	
人工	综合工日	工日	140.00	11.679	19.545
材料	酒精	kg	6.40	0.788	1.319
	取样瓶(袋)	个	4.27	0.788	1.319
	医用手套	副	13.50	3.000	6.000
	其他材料费占材料费	%	—	2.000	2.000
机械	便携式精密露点仪	台班	88.78	1.400	2.343
	便携式可燃气体检漏仪	台班	13.03	8.800	12.300
	便携式双探头超声波流量计	台班	8.50	0.840	1.406
	余氯分析仪	台班	9.55	0.840	1.406

工作内容：一.循环水及汽水加药系统的工作内容：1.系统检查；2.水压，药液汁量箱校验；3.计量泵试转、计量泵压力、安全阀调整；4.计量泵流量校验。二.水处理系统加药试验的工作内容：1.水处理用离子交换树脂、垫料、凝聚剂等材料、药品的性能检测；2.各类小型方案试验制定；3.处理工艺效果和小型试验的实施。

计量单位：台

定　额　编　号				A2-12-118	A2-12-119
项　目　名　称				锅炉蒸发量(t/h)	
				≤150	<220
基　　　价（元）				5061.07	7850.42
其中	人　工　费（元）			4324.74	6674.08
	材　料　费（元）			146.61	209.00
	机　械　费（元）			589.72	967.34
名　　称		单位	单价（元）	消　耗　　量	
人工	综合工日	工日	140.00	30.891	47.672
材料	酒精	kg	6.40	2.084	4.021
	取样瓶(袋)	个	4.27	2.084	4.021
	医用手套	副	13.50	9.000	12.000
	其他材料费占材料费	%	—	2.000	2.000
机械	便携式精密露点仪	台班	88.78	3.703	5.715
	便携式可燃气体检漏仪	台班	13.03	16.950	30.550
	便携式双探头超声波流量计	台班	8.50	2.222	3.429
	余氯分析仪	台班	9.55	2.222	3.429

437

（6）凝汽器铜管镀膜系统调试

工作内容：1.系统检查，设备试运，镀膜工艺确定；2.镀膜设备投运及调整。　　　　计量单位：台

定　额　编　号			A2-12-120	A2-12-121
项　目　名　称			单机容量(MW)	
			≤6	≤15
基　　　价（元）			1827.65	2659.24
其中	人　工　费（元）		586.46	871.50
	材　料　费（元）		38.77	57.99
	机　械　费（元）		1202.42	1729.75
名　　称	单位	单价（元）	消　　耗　　量	
人工	综合工日	工日	140.00	4.189	6.225
材料	酒精	kg	6.40	1.032	1.533
	取样瓶(袋)	个	4.27	1.032	1.533
	医用手套	副	13.50	2.000	3.000
	其他材料费占材料费	%	—	2.000	2.000
机械	便携式多组气体分析仪	台班	122.27	3.999	5.479
	便携式双探头超声波流量计	台班	8.50	1.500	2.229
	可见分光光度计	台班	108.50	1.500	2.229
	离子色谱仪	台班	217.35	1.667	2.476
	钠离子分析仪	台班	15.52	1.050	1.560
	原子吸收分光光度计	台班	95.28	1.667	2.476
	总有机碳分析仪	台班	30.26	0.017	0.025

工作内容：1.系统检查,设备试运,镀膜工艺确定；2.镀膜设备投运及调整。　　　　　　　　计量单位：台

定 额 编 号				A2-12-122	A2-12-123
项 目 名 称				单机容量(MW)	
				≤25	≤35
基 价 （元）				3618.74	4963.97
其中	人 工 费（元）			1206.52	1675.66
	材 料 费（元）			78.19	114.72
	机 械 费（元）			2334.03	3173.59
名 称		单位	单价（元）	消 耗 量	
人工	综合工日	工日	140.00	8.618	11.969
材料	酒精	kg	6.40	2.123	2.949
	取样瓶(袋)	个	4.27	2.123	2.949
	医用手套	副	13.50	4.000	6.000
	其他材料费占材料费	%	—	2.000	2.000
机械	便携式多组气体分析仪	台班	122.27	7.086	9.286
	便携式双探头超声波流量计	台班	8.50	3.086	4.286
	可见分光光度计	台班	108.50	3.086	4.286
	离子色谱仪	台班	217.35	3.429	4.762
	钠离子分析仪	台班	15.52	2.160	3.000
	原子吸收分光光度计	台班	95.28	3.429	4.762
	总有机碳分析仪	台班	30.26	0.034	0.047

(7)取样装置系统调试

工作内容：1.装置检查,取样点核对,冷却水调整；2.取样系统减压阀、安全阀、高压阀调整；3.冷却装置调整。

计量单位：台

定 额 编 号				A2-12-124	A2-12-125
项 目 名 称				锅炉蒸发量(t/h)	
				≤50	≤75
基 价 （元）				498.51	1060.90
其中	人 工 费 （元）			249.90	571.06
	材 料 费 （元）			85.72	117.63
	机 械 费 （元）			162.89	372.21
名 称		单位	单价(元)	消 耗 量	
人工	综合工日	工日	140.00	1.785	4.079
材料	酒精	kg	6.40	2.815	3.217
	取样瓶(袋)	个	4.27	2.815	3.217
	医用手套	副	13.50	4.000	6.000
	其他材料费占材料费	%	—	2.000	2.000
机械	便携式精密露点仪	台班	88.78	1.334	3.048
	便携式可燃气体检漏仪	台班	13.03	1.334	3.048
	便携式双探头超声波流量计	台班	8.50	1.500	3.429
	余氯分析仪	台班	9.55	1.500	3.429

工作内容：1.装置检查,取样点核对,冷却水调整；2.取样系统减压阀、安全阀、高压阀调整；3.冷却装置
调整。

计量单位：台

定 额 编 号				A2-12-126	A2-12-127
项 目 名 称				锅炉蒸发量(t/h)	
				≤150	＜220
基 价 （元）				1210.60	1387.98
其中	人 工 费 （元）			642.32	713.72
	材 料 费 （元）			149.55	209.00
	机 械 费 （元）			418.73	465.26
名 称		单位	单价(元)	消 耗 量	
人工	综合工日	工日	140.00	4.588	5.098
材料	酒精	kg	6.40	3.619	4.021
	取样瓶(袋)	个	4.27	3.619	4.021
	医用手套	副	13.50	8.000	12.000
	其他材料费占材料费	%	—	2.000	2.000
机械	便携式精密露点仪	台班	88.78	3.429	3.810
	便携式可燃气体检漏仪	台班	13.03	3.429	3.810
	便携式双探头超声波流量计	台班	8.50	3.857	4.286
	余氯分析仪	台班	9.55	3.857	4.286

441

(8)化学水处理试运

工作内容：1.净水、除盐水系统设备运行周期试验；2.加药量、排泥周期、反冲洗强度调整；3.再生工艺和酸碱耗调整；4.运行水质鉴定。

计量单位：套

定　额　编　号			A2-12-128	A2-12-129
项　目　名　称			反渗透装置试运	
			出力(t/h)	
			≤50	≤100
基　　　价（元）			22790.93	44343.01
其中	人　工　费（元）		3475.08	6454.00
	材　料　费（元）		17901.26	35782.40
	机　械　费（元）		1414.59	2106.61
名　　称		单位	单价（元）	消　耗　量	
人工	综合工日	工日	140.00	24.822	46.100
材料	酒精	kg	6.40	0.688	0.983
	取样瓶(袋)	个	4.27	1.400	2.000
	水	m³	7.96	2200.000	4400.000
	碎布	箱	29.91	0.300	0.500
	医用手套	副	13.50	1.400	2.000
	其他材料费占材料费	%	—	2.000	2.000
机械	可见分光光度计	台班	108.50	2.000	3.000
	离子色谱仪	台班	217.35	2.000	3.000
	钠离子分析仪	台班	15.52	3.150	4.500
	试压泵 60MPa	台班	24.08	0.500	0.500
	原子吸收分光光度计	台班	95.28	2.000	3.000
	载重汽车 5t	台班	430.70	1.000	1.500
	总有机碳分析仪	台班	30.26	2.667	3.810

工作内容：1.净水、除盐水系统设备运行周期试验；2.加药量、排泥周期、反冲洗强度调整；3.再生工艺
和酸碱耗调整；4.运行水质鉴定。

计量单位：套

定　额　编　号				A2-12-130	A2-12-131
项　目　名　称				过滤、二级纳交换系统	
				出力(t/h)	
				30～60	70～150
基　　　价（元）				22916.45	39912.46
其中	人　工　费（元）			5957.42	6950.30
	材　料　费（元）			15329.23	30638.34
	机　械　费（元）			1629.80	2323.82
名　　称		单位	单价（元）	消　耗　量	
人工	综合工日	工日	140.00	42.553	49.645
材料	酒精	kg	6.40	0.688	0.983
	氯化钠	kg	1.23	2480.000	4960.000
	取样瓶(袋)	个	4.27	1.400	2.000
	水	m³	7.96	1500.000	3000.000
	碎布	箱	29.91	0.300	0.500
	医用手套	副	13.50	1.400	2.000
	其他材料费占材料费	%	—	2.000	2.000
机械	可见分光光度计	台班	108.50	2.500	3.500
	离子色谱仪	台班	217.35	2.500	3.500
	钠离子分析仪	台班	15.52	2.800	4.000
	试压泵 60MPa	台班	24.08	0.500	0.500
	原子吸收分光光度计	台班	95.28	2.500	3.500
	载重汽车 5t	台班	430.70	1.000	1.500
	总有机碳分析仪	台班	30.26	3.000	4.286

工作内容：1.净水、除盐水系统设备运行周期试验；2.加药量、排泥周期、反冲洗强度调整；3.再生工艺和酸碱耗调整；4.运行水质鉴定。

计量单位：套

定　额　编　号				A2-12-132	A2-12-133
项　目　名　称				过滤、并列氢钠二级钠系统	
				出力(t/h)	
				30～60	70～150
基　　　价　(元)				43907.81	93230.56
其中	人　工　费（元）			4269.44	5262.32
	材　料　费（元）			38973.91	86655.25
	机　械　费（元）			664.46	1312.99
名　　称		单位	单价(元)	消　耗　量	
人工	综合工日	工日	140.00	30.496	37.588
材料	酒精	kg	6.40	0.688	0.983
	氯化钠	kg	1.23	1800.000	4000.000
	氢氧化钠(烧碱)	kg	2.19	420.000	840.000
	取样瓶(袋)	个	4.27	2.000	4.000
	水	m³	7.96	1750.000	3420.000
	碎布	箱	29.91	0.300	0.500
	盐酸	kg	12.41	1700.000	4100.000
	医用手套	副	13.50	2.000	4.000
	其他材料费占材料费	%	—	2.000	2.000
机械	可见分光光度计	台班	108.50	0.033	0.047
	离子色谱仪	台班	217.35	0.004	0.005
	钠离子分析仪	台班	15.52	0.035	0.049
	试压泵 60MPa	台班	24.08	0.500	0.500
	原子吸收分光光度计	台班	95.28	0.004	0.005
	载重汽车 5t	台班	430.70	1.500	3.000
	总有机碳分析仪	台班	30.26	0.033	0.047

444

工作内容：1.净水、除盐水系统设备运行周期试验；2.加药量、排泥周期、反冲洗强度调整；3.再生工艺和酸碱耗调整；4.运行水质鉴定。

计量单位：套

定 额 编 号				A2-12-134	A2-12-135
项 目 名 称				过滤、一级除盐系统	
				出力(t/h)	
				30～60	70～150
基 价 （元）				91805.54	160532.36
其中	人 工 费（元）			6454.00	7446.74
	材 料 费（元）			83075.04	149346.28
	机 械 费（元）			2276.50	3739.34
名 称		单位	单价(元)	消 耗 量	
人工	综合工日	工日	140.00	46.100	53.191
材料	酒精	kg	6.40	0.688	0.983
	氢氧化钠(烧碱)	kg	2.19	2880.000	5040.000
	取样瓶(袋)	个	4.27	2.000	4.000
	水	m³	7.96	1950.000	3900.000
	碎布	箱	29.91	0.300	0.500
	盐酸	kg	12.41	4800.000	8400.000
	医用手套	副	13.50	2.000	4.000
	其他材料费占材料费	%	—	2.000	2.000
机械	可见分光光度计	台班	108.50	3.000	4.286
	离子色谱仪	台班	217.35	3.000	4.286
	钠离子分析仪	台班	15.52	3.150	4.500
	试压泵 60MPa	台班	24.08	0.500	0.500
	原子吸收分光光度计	台班	95.28	3.000	4.286
	载重汽车 5t	台班	430.70	2.000	4.000
	总有机碳分析仪	台班	30.26	3.000	4.286

工作内容：1.净水、除盐水系统设备运行周期试验；2.加药量、排泥周期、反冲洗强度调整；3.再生工艺和酸碱耗调整；4.运行水质鉴定。

计量单位：套

定 额 编 号				A2-12-136	A2-12-137
项 目 名 称				过滤、二级除盐系统	
				出力(t/h)	
				30～60	70～150
基 价（元）				156351.14	250229.04
其中	人 工 费（元）			499.66	713.72
	材 料 费（元）			153144.28	245345.28
	机 械 费（元）			2707.20	4170.04
名 称		单位	单价（元）	消 耗 量	
人工	综合工日	工日	140.00	3.569	5.098
材料	酒精	kg	6.40	0.688	0.983
	氢氧化钠(烧碱)	kg	2.19	4680.000	7020.000
	取样瓶(袋)	个	4.27	1.400	2.000
	水	m³	7.96	3850.000	7700.000
	碎布	箱	29.91	0.300	0.500
	盐酸	kg	12.41	8800.000	13200.000
	医用手套	副	13.50	1.400	2.000
	其他材料费占材料费	%	—	2.000	2.000
机械	可见分光光度计	台班	108.50	3.000	4.286
	离子色谱仪	台班	217.35	3.000	4.286
	钠离子分析仪	台班	15.52	3.150	4.500
	试压泵 60MPa	台班	24.08	0.500	0.500
	原子吸收分光光度计	台班	95.28	3.000	4.286
	载重汽车 5t	台班	430.70	3.000	5.000
	总有机碳分析仪	台班	30.26	3.000	4.286

4.厂内热网系统调试

工作内容：1.热网供热减温减压装置投运及调整；2.热网管道、蒸发站管道、加热站管道冲洗及阀门调整；3.热工信号及联锁保护校验；4.配合安全门热态检验；5.热网回水及处理系统投运及调整；6.系统投停及动态调整。

计量单位：台

定　额　编　号			A2-12-138	A2-12-139
项　目　名　称			锅炉蒸发量(t/h)	
			≤50	≤75
基　　　价（元）			2168.50	2684.17
其中	人　工　费（元）		1498.84	1713.04
	材　料　费（元）		17.70	20.41
	机　械　费（元）		651.96	950.72
名　　称		单位	单价（元）	消　耗　　量	
人工	综合工日	工日	140.00	10.706	12.236
材料	碎布	箱	29.91	0.100	0.120
	转速信号荧光感应纸	卷	10.26	1.400	1.600
	其他材料费占材料费	%	—	2.000	2.000
机械	笔记本电脑	台班	9.38	5.667	10.476
	红外测温仪	台班	36.22	2.800	3.650
	手持高精度数字测振仪和转速仪	台班	46.95	2.800	3.650
	小型工程车	台班	174.25	2.100	3.150

447

工作内容：1.热网供热减温减压装置投运及调整；2.热网管道、蒸发站管道、加热站管道冲洗及阀门调整；3.热工信号及联锁保护校验；4.配合安全门热态检验；5.热网回水及处理系统投运及调整；6.系统投停及动态调整。

计量单位：台

定 额 编 号				A2-12-140	A2-12-141
项 目 名 称				锅炉蒸发量(t/h)	
				≤150	<220
基 价（元）				3147.57	3664.90
其中	人 工 费（元）			1926.96	2141.16
	材 料 费（元）			18.70	26.42
	机 械 费（元）			1201.91	1497.32
名 称		单位	单价（元）	消 耗 量	
人工	综合工日	工日	140.00	13.764	15.294
材料	碎布	箱	29.91	0.150	0.180
	转速信号荧光感应纸	卷	10.26	1.350	2.000
	其他材料费占材料费	%	—	2.000	2.000
机械	笔记本电脑	台班	9.38	11.500	12.595
	红外测温仪	台班	36.22	4.250	4.850
	手持高精度数字测振仪和转速仪	台班	46.95	4.250	4.850
	小型工程车	台班	174.25	4.250	5.600

448

5.脱硫工艺系统调试

工作内容：脱硫工艺系统调试工作内容包括工艺水系统调试、烟气系统冷态调试、二氧化硫吸收系统调试、烟气换热系统调试、石灰石粉储存及浆液制备系统调试、石膏脱水系统调试和脱硫废水处理系统调试。

计量单位：套

定 额 编 号			A2-12-142	A2-12-143
项 目 名 称			烟气量为锅炉蒸发量(t/h)	
			≤150	<220
基 价 （元）			28740.35	32484.74
其中	人 工 费 （元）		18368.70	20354.60
	材 料 费 （元）		752.35	843.99
	机 械 费 （元）		9619.30	11286.15
名 称		单位	单价（元）	消 耗 量	
人工	综合工日	工日	140.00	131.205	145.390
材料	U型管夹	套	9.49	2.000	2.000
	表计插座	个	10.68	4.000	4.000
	理化橡皮管	箱	94.02	1.000	1.000
	取压短管	个	6.84	2.000	2.000
	取样瓶(袋)	个	4.27	20.020	22.000
	温度计套管	个	8.55	2.000	2.000
	医用口罩	个	4.96	48.000	60.000
	医用手套	副	13.50	16.380	18.000
	专用吸油纸	张	1.28	5.000	5.000
	其他材料费占材料费	%	—	2.000	2.000
机械	BOD测试仪	台班	44.04	19.500	22.500
	笔记本电脑	台班	9.38	30.334	40.000
	便携式多组气体分析仪	台班	122.27	19.500	22.500
	便携式双探头超声波流量计	台班	8.50	15.167	17.500
	标准测力仪	台班	11.02	13.000	15.000
	红外测温仪	台班	36.22	19.500	22.500
	精密声级计	台班	5.61	15.167	17.500
	手持高精度数字测振仪和转速仪	台班	46.95	30.333	35.000
	数字式电子微压计	台班	39.01	15.167	17.500
	数字压力表	台班	4.51	15.167	17.500
	小型工程车	台班	174.25	15.250	18.400
	浊度仪	台班	14.70	19.500	22.500

449

6.脱硝工艺系统调试

工作内容：脱硝工艺系统调试工作内容包括氨卸料与存储系统调试、液氨蒸发系统调试、稀释风系统、注氨系统、SCR吹灰系统和SCR反应器系统调试。

计量单位：台

定 额 编 号				A2-12-144	A2-12-145
项 目 名 称				锅炉蒸发量(t/h)	
				≤50	≤75
基 价 （元）				13772.37	17607.31
其中	人 工 费 （元）			8936.20	11914.84
	材 料 费 （元）			1007.66	1166.82
	机 械 费 （元）			3828.51	4525.65
名 称		单位	单价(元)	消 耗 量	
人工	综合工日	工日	140.00	63.830	85.106
材料	氮气	瓶	69.72	10.500	12.000
	肥皂水	kg	0.62	21.000	24.000
	理化橡皮管	箱	94.02	1.000	1.000
	医用口罩	个	4.96	30.000	40.000
	其他材料费占材料费	%	—	2.000	2.000
机械	氨气检漏仪	台班	73.63	14.334	16.381
	笔记本电脑	台班	9.38	10.000	15.000
	便携式污染检测仪	台班	25.08	12.667	14.476
	红外测温仪	台班	36.22	7.550	9.100
	手持高精度数字测振仪和转速仪	台班	46.95	15.100	18.200
	数字式电子微压计	台班	39.01	9.100	10.300
	小型工程车	台班	174.25	5.000	6.000
	烟气采样器	台班	20.26	7.550	9.100

工作内容：脱硝工艺系统调试工作内容包括氨卸料与存储系统调试、液氨蒸发系统调试、稀释风系统、注
氨系统、SCR吹灰系统和SCR反应器系统调试。

计量单位：台

定　额　编　号				A2-12-146	A2-12-147
项　目　名　称				锅炉蒸发量(t/h)	
				≤150	<220
基　　　　价（元）				21754.00	25896.07
其中	人　工　费（元）			14893.62	17872.40
	材　料　费（元）			1336.84	1485.14
	机　械　费（元）			5523.54	6538.53
名　　　称		单位	单价（元）	消　　耗　　量	
人工	综合工日	工日	140.00	106.383	127.660
材料	氮气	瓶	69.72	13.650	15.000
	肥皂水	kg	0.62	27.300	30.000
	理化橡皮管	箱	94.02	1.000	1.000
	医用口罩	个	4.96	50.000	60.000
	其他材料费占材料费	%	—	2.000	2.000
机械	氨气检漏仪	台班	73.63	18.634	20.476
	笔记本电脑	台班	9.38	20.000	25.000
	便携式污染检测仪	台班	25.08	16.467	18.095
	红外测温仪	台班	36.22	11.200	14.350
	手持高精度数字测振仪和转速仪	台班	46.95	22.400	28.700
	数字式电子微压计	台班	39.01	14.350	15.800
	小型工程车	台班	174.25	7.500	9.000
	烟气采样器	台班	20.26	11.200	14.350

二、整套启动调试

1. 锅炉整套启动调试

工作内容：锅炉整套启动调试工作内容包括热工信号及联锁保护校验、分系统投运、点火及燃油系统试验、安全阀校验及蒸汽严密性试验、机组空负荷运行调试、低负荷调试、主要辅机设备及附属系统带负荷调试、制粉系统热态调试、燃烧调整、机组带负荷试验、带负荷锅炉相关热控自动投用试验、甩负荷试验和72h+24h连续试运行。

计量单位：台

定 额 编 号				A2-12-148	A2-12-149
项 目 名 称				燃煤锅炉蒸发量(t/h)	
				≤50	≤75
基 价（元）				21490.27	29883.45
其中	人 工 费（元）			18277.28	25946.76
	材 料 费（元）			322.99	526.53
	机 械 费（元）			2890.00	3410.16
名 称		单位	单价(元)	消 耗 量	
人工	综合工日	工日	140.00	130.552	185.334
材料	碎布	箱	29.91	0.500	1.000
	医用口罩	个	4.96	20.000	30.000
	医用手套	副	13.50	15.000	25.000
	其他材料费占材料费	%	—	2.000	2.000
机械	笔记本电脑	台班	9.38	33.667	49.905
	红外测温仪	台班	36.22	10.000	11.429
	手持高精度数字测振仪和转速仪	台班	46.95	10.000	11.429
	小型工程车	台班	174.25	10.000	11.429

工作内容：锅炉整套启动调试工作内容包括热工信号及联锁保护校验、分系统投运、点火及燃油系统试验、安全阀校验及蒸汽严密性试验、机组空负荷运行调试、低负荷调试、主要辅机设备及附属系统带负荷调试、制粉系统热态调试、燃烧调整、机组带负荷试验、带负荷锅炉相关热控自动投用试验、甩负荷试验和72h+24h连续试运行。

计量单位：台

定 额 编 号				A2-12-150	A2-12-151
项 目 名 称				燃煤锅炉蒸发量(t/h)	
				≤150	<220
基 价 （元）				40093.00	57164.87
其中	人 工 费 （元）			35479.78	51535.12
	材 料 费 （元）			730.08	933.63
	机 械 费 （元）			3883.14	4696.12
名 称		单位	单价（元）	消 耗 量	
人工	综合工日	工日	140.00	253.427	368.108
材料	碎布	箱	29.91	1.500	2.000
	医用口罩	个	4.96	40.000	50.000
	医用手套	副	13.50	35.000	45.000
	其他材料费占材料费	%	—	2.000	2.000
机械	笔记本电脑	台班	9.38	61.140	89.000
	红外测温仪	台班	36.22	12.857	15.000
	手持高精度数字测振仪和转速仪	台班	46.95	12.857	15.000
	小型工程车	台班	174.25	12.857	15.000

453

2.汽机整套启动调试

工作内容：汽机整套启动调试工作内容包括热工信号及联锁保护校验、分系统投运、主机冲转前检查(冷态启动)、主机冲转、并网及空负荷技术指标控制调整、发电机冷却系统运行、主机带负荷阶段试验、汽机辅助设备及附属系统带负荷调试、轴承及转子振动测量、带负荷汽机相关热控自动投用试验、甩负荷试验和72h+24h连续满负荷试运行。

计量单位：台

定 额 编 号				A2-12-152	A2-12-153
项 目 名 称				发电单机容量(MW)机组	
				≤6	≤15
基 价 （元）				16201.45	23117.64
其中	人 工 费 （元）			12581.52	18798.22
	材 料 费 （元）			213.66	322.02
	机 械 费 （元）			3406.27	3997.40
名 称		单位	单价(元)	消 耗 量	
人工	综合工日	工日	140.00	89.868	134.273
材料	碎布	箱	29.91	0.500	0.800
	医用口罩	个	4.96	12.000	18.000
	医用手套	副	13.50	10.000	15.000
	其他材料费占材料费	%	—	2.000	2.000
机械	笔记本电脑	台班	9.38	30.500	46.000
	便携式双探头超声波流量计	台班	8.50	10.500	12.000
	高精度测厚仪装置	台班	37.50	10.500	12.000
	红外测温仪	台班	36.22	10.500	12.000
	手持高精度数字测振仪和转速仪	台班	46.95	9.100	10.400
	小型工程车	台班	174.25	10.500	12.000

工作内容：汽机整套启动调试工作内容包括热工信号及联锁保护校验、分系统投运、主机冲转前检查(冷态启动)、主机冲转、并网及空负荷技术指标控制调整、发电机冷却系统运行、主机带负荷阶段试验、汽机辅助设备及附属系统带负荷调试、轴承及转子振动测量、带负荷汽机相关热控自动投用试验、甩负荷试验和72h+24h连续满负荷试运行。

计量单位：台

定　额　编　号			A2-12-154	A2-12-155
项　目　名　称			发电单机容量(MW)机组	
			≤25	≤35
基　　　　价（元）			30940.58	41654.63
其中	人　工　费（元）		25946.76	36077.02
	材　料　费（元）		433.43	541.79
	机　械　费（元）		4560.39	5035.82
名　　　称	单位	单价（元）	消　　耗　　量	
人工	综合工日	工日	140.00	185.334	257.693
材料	碎布	箱	29.91	1.200	1.500
	医用口罩	个	4.96	24.000	30.000
	医用手套	副	13.50	20.000	25.000
	其他材料费占材料费	%	—	2.000	2.000
机械	笔记本电脑	台班	9.38	58.500	84.286
	便携式双探头超声波流量计	台班	8.50	13.500	14.286
	高精度测厚仪装置	台班	37.50	13.500	14.286
	红外测温仪	台班	36.22	13.500	14.286
	手持高精度数字测振仪和转速仪	台班	46.95	11.700	12.381
	小型工程车	台班	174.25	13.500	14.286

3.化学整套启动调试

工作内容：化学整套启动调试工作内容包括分系统投运、整组启动化学监督、化学热工系统投运、化学净水、补给水及废液排放系统调试和72h+24h连续试运行。

计量单位：台

定 额 编 号				A2-12-156	A2-12-157
项 目 名 称				燃煤锅炉蒸发量(t/h)	
				≤50	≤75
基 价（元）				14880.84	12263.91
其中	人 工 费（元）			12805.38	9975.70
	材 料 费（元）			114.51	142.60
	机 械 费（元）			1960.95	2145.61
名 称		单位	单价(元)	消 耗 量	
人工	综合工日	工日	140.00	91.467	71.255
材料	酒精	kg	6.40	3.495	3.994
	取样瓶(袋)	个	4.27	3.495	3.994
	碎布	箱	29.91	0.100	0.120
	医用口罩	个	4.96	5.000	8.000
	医用手套	副	13.50	3.495	3.994
	其他材料费占材料费	%	—	2.000	2.000
机械	笔记本电脑	台班	9.38	14.000	16.429
	小型工程车	台班	174.25	10.500	11.429

定　额　编　号				A2-12-158	A2-12-159
项　目　名　称				燃煤锅炉蒸发量(t/h)	
				≤150	<220
基　　　　　价（元）				15833.51	21433.06
其中	人　工　费（元）			13202.70	18293.24
	材　料　费（元）			176.08	204.47
	机　械　费（元）			2454.73	2935.35
名　　　称		单位	单价（元）	消　耗　量	
人工	综合工日	工日	140.00	94.305	130.666
材料	酒精	kg	6.40	4.494	4.993
	取样瓶(袋)	个	4.27	4.494	4.993
	碎布	箱	29.91	0.150	0.180
	医用口罩	个	4.96	12.000	15.000
	医用手套	副	13.50	4.494	4.993
	其他材料费占材料费	%	—	2.000	2.000
机械	笔记本电脑	台班	9.38	22.857	34.286
	小型工程车	台班	174.25	12.857	15.000

三、特殊项目测试与性能验收试验

1.流化床锅炉燃烧试验

工作内容：1.床温、床压、炉膛出口温度控制与调整；2.燃烧量的控制与调整；3.过剩空气系数调整；4.燃料粒度配比的控制与调整；5.配风方式试验；6.试验方案措施的制定。　　　　计量单位：台

定 额 编 号				A2-12-160	A2-12-161
项 目 名 称				锅炉蒸发量(t/h)	
				≤75	<220
基 价（元）				2683.59	3974.30
其中	人 工 费（元）			1248.94	1784.30
	材 料 费（元）			273.30	390.44
	机 械 费（元）			1161.35	1799.56
名 称		单位	单价（元）	消　耗　　量	
人工	综合工日	工日	140.00	8.921	12.745
材料	理化橡皮管	箱	94.02	2.086	2.980
	遮挡式靠背管	个	5.13	14.000	20.000
	其他材料费占材料费	%	—	2.000	2.000
机械	笔记本电脑	台班	9.38	8.334	11.905
	红外测温仪	台班	36.22	3.750	6.050
	手持高精度数字测振仪和转速仪	台班	46.95	5.000	7.143
	数字式电子微压计	台班	39.01	3.750	6.050
	小型工程车	台班	174.25	3.250	5.150

2.流化床锅炉投石灰石试验

工作内容：1.投石灰石系统设备试转及检查；2.进行钙硫比调整试验；3.试验方案措施的制定。

计量单位：台

定　额　编　号				A2-12-162	A2-12-163
项　目　名　称				锅炉蒸发量(t/h)	
				≤75	<220
基　　　　价（元）				2184.31	3132.23
其中	人　工　费（元）			749.42	1070.58
	材　料　费（元）			114.75	163.92
	机　械　费（元）			1320.14	1897.73
名　　称		单位	单价（元）	消　　耗　　量	
人工	综合工日	工日	140.00	5.353	7.647
材料	理化橡皮管	箱	94.02	0.700	1.000
	遮挡式靠背管	个	5.13	9.100	13.000
	其他材料费占材料费	%	—	2.000	2.000
机械	笔记本电脑	台班	9.38	4.667	6.667
	红外测温仪	台班	36.22	4.334	6.191
	手持高精度数字测振仪和转速仪	台班	46.95	4.334	6.191
	数字式电子微压计	台班	39.01	4.334	6.191
	小型工程车	台班	174.25	4.286	6.191

459

3.给水、减温水调节漏流量与特性试验

工作内容：1.电动门、调节门检查与整定；2.调节门漏流量测定；3.自动调节门流量特性试验。

计量单位：台

定　额　编　号				A2-12-164	A2-12-165
项　目　名　称				锅炉蒸发量(t/h)	
				≤75	<220
基　　　价（元）				1158.06	1682.40
其中	人　工　费（元）			699.44	999.18
	材　料　费（元）			63.22	93.47
	机　械　费（元）			395.40	589.75
名　　称		单位	单价（元）	消　耗　量	
人工	综合工日	工日	140.00	4.996	7.137
材料	理化橡皮管	箱	94.02	0.300	0.500
	碎布	箱	29.91	0.100	0.120
	遮挡式靠背管	个	5.13	6.000	8.000
	其他材料费占材料费	%	—	2.000	2.000
机械	笔记本电脑	台班	9.38	5.000	7.143
	小型工程车	台班	174.25	2.000	3.000

4. 等离子点火装置调整试验

工作内容：1.冷却水系统调试；2.压缩空气系统调试；3.一、二次风系统冷态调试；4.电气系统调试(包括冷态拉弧试验)；5.图像火检系统的调试；6.各项联锁保护的传动试验；7.热态调整试验。

计量单位：台

定 额 编 号			A2-12-166	A2-12-167
项 目 名 称			锅炉蒸发量(t/h)	
			≤75	<220
基 价 （元）			3721.75	5266.96
其中	人 工 费（元）		3086.44	4409.16
	材 料 费（元）		—	—
	机 械 费（元）		635.31	857.80
名 称	单位	单价(元)	消 耗 量	
人工	综合工日	工日	140.00	22.046	31.494
机械	笔记本电脑	台班	9.38	12.000	17.143
	小型工程车	台班	174.25	3.000	4.000

5. 微油点火装置调整试验

工作内容：1. 各项连锁保护传动试验；2. 阀门、挡板试验；3. 小型雾化试验；4. 热态调整。

计量单位：台

定　额　编　号				A2-12-168	A2-12-169
项　目　名　称				锅炉蒸发量(t/h)	
				≤75	<220
基　　　　　　价（元）				3011.77	4722.24
其中	人　工　费（元）			2482.34	3971.66
	材　料　费（元）			—	—
	机　械　费（元）			529.43	750.58
名　　称		单位	单价（元）	消　耗　量	
人工	综合工日	工日	140.00	17.731	28.369
机械	笔记本电脑	台班	9.38	10.000	15.000
	小型工程车	台班	174.25	2.500	3.500

6.制粉系统出力测试

工作内容：1.按照试验方案要求配合进行试验仪表设备安装；2.系统运行方式及运行参数调整,系统隔离；3.正式试验；4.试验结果计算、分析、总结。
计量单位：台

定 额 编 号				A2-12-170	A2-12-171
项 目 名 称				锅炉蒸发量(t/h)	
				≤75	＜220
基 价（元）				7546.10	11469.55
其中	人 工 费（元）			5619.74	8717.66
	材 料 费（元）			222.80	318.24
	机 械 费（元）			1703.56	2433.65
名 称		单位	单价（元）	消 耗 量	
人工	综合工日	工日	140.00	40.141	62.269
材料	防尘口罩	只	4.96	4.253	6.075
	理化橡皮管	箱	94.02	0.827	1.181
	石棉手套	副	13.50	4.189	5.984
	遮挡式靠背管	个	5.13	12.286	17.552
	其他材料费占材料费	%	—	2.000	2.000
机械	笔记本电脑	台班	9.38	23.032	32.903
	便携式煤粉取样装置	台班	15.15	4.132	5.903
	煤粉气流筛	台班	86.11	4.634	6.620
	数字式电子微压计	台班	39.01	3.964	5.662
	小型工程车	台班	174.25	5.000	7.143

463

7.磨煤机单号测试

工作内容：1.按照试验方案要求配合进行试验仪表设备安装；2.系统运行方式及运行参数调整，系统隔离；3.正式试验；4.试验结果计算、分析、总结。

计量单位：台

定 额 编 号				A2-12-172	A2-12-173
项 目 名 称				锅炉蒸发量(t/h)	
				≤75	<220
基 价 （元）				7752.76	11039.05
其中	人 工 费 （元）			6443.36	9204.58
	材 料 费 （元）			148.65	212.35
	机 械 费 （元）			1160.75	1622.12
名 称		单位	单价(元)	消 耗 量	
人工	综合工日	工日	140.00	46.024	65.747
材料	防尘口罩	只	4.96	3.335	4.764
	理化橡皮管	箱	94.02	0.600	0.857
	石棉手套	副	13.50	3.263	4.662
	遮挡式靠背管	个	5.13	5.600	8.000
	其他材料费占材料费	%	—	2.000	2.000
机械	笔记本电脑	台班	9.38	20.704	29.577
	便携式煤粉取样装置	台班	15.15	2.667	3.810
	煤粉气流筛	台班	86.11	2.667	3.810
	数字式电子微压计	台班	39.01	2.667	3.810
	小型工程车	台班	174.25	3.400	4.650

8.机组热耗测试

工作内容：1.试验测点(温度、压力、流量等)安装位置讨论确认；2.按照试验方案要求配合进行试验仪表设备(热电偶、变送器、电功率表等)安装；3.机组明漏、内漏检查，热力系统检查及优化调整；4.机组运行方式及运行参数调整，阀门隔离；5.流量平衡试验；6.预备性试验；7.正式试验；8.试验结果计算、分析、总结。

计量单位：台

定 额 编 号				A2-12-174	A2-12-175
项 目 名 称				发电机容量(MW)	
				≤15	≤35
基 价（元）				5688.74	8369.14
其中	人 工 费（元）			2978.78	4468.10
	材 料 费（元）			703.71	1005.29
	机 械 费（元）			2006.25	2895.75
名 称		单位	单价（元）	消 耗 量	
人工	综合工日	工日	140.00	21.277	31.915
材料	凡士林	kg	6.56	0.189	0.270
	高精度热电偶补偿导线	m	2.99	140.000	200.000
	砂纸	张	0.47	2.699	3.855
	铜芯聚氯乙烯绝缘屏蔽电线 RVVP-2×1.0mm²	m	1.28	210.000	300.000
	其他材料费占材料费	%	—	2.000	2.000
机械	笔记本电脑	台班	9.38	12.000	15.000
	便携式双探头超声波流量计	台班	8.50	1.987	2.838
	高精度40通道压力采集系统	台班	150.18	4.800	6.857
	高精度测厚仪装置	台班	37.50	1.614	2.305
	高精度多功能电功率采集仪	台班	144.59	1.852	2.646
	红外测温仪	台班	36.22	3.408	4.869
	数字压力表	台班	4.51	1.594	2.276
	小型工程车	台班	174.25	4.000	6.000

9. 机组轴系振动测试

工作内容：1. 按照试验方案要求配合进行试验仪表设备安装；2. 机组低速下的原始晃动监测；3. 机组升速和降速过程中的振动监测；4. 机组带负荷期间典型工况下的振动监测；5. 安排汽温度对主机振动影响试验；6. 变润滑油温对主机振动影响试验；7. 试验情况分析与总结。　　计量单位：台

定　额　编　号				A2-12-176	A2-12-177
项　目　名　称				发电机容量(MW)	
				≤15	≤35
基　　　　　价（元）				7131.55	9971.60
其中	人　工　费（元）			4471.46	6387.64
	材　料　费（元）			—	—
	机　械　费（元）			2660.09	3583.96
名　　　称		单位	单价(元)	消　　耗　　量	
人工	综合工日	工日	140.00	31.939	45.626
机械	笔记本电脑	台班	9.38	22.500	32.500
	红外测温仪	台班	36.22	7.040	10.057
	小型工程车	台班	174.25	6.000	7.500
	振动动态信号采集分析系统	台班	76.57	15.000	21.000

10. 机组供电煤耗测试

工作内容：1. 按照试验方案要求进行机组热力系统优化调整、运行方式及运行参数调整；2. 正式试验；
3. 结合炉热效率试验、机组热耗试验结果 进行计算、分析、总结。（注释：试验与炉热效率
试验、机组热耗试验同期进行；若单独进行本试验，费用须在本定额基础上，加上炉热效率试
验、机组热耗试验的定额）

计量单位：套

定　额　编　号				A2-12-178	A2-12-179
项　目　名　称				发电机容量(MW)	
				≤15	≤35
基　　　　　价（元）				7158.97	10237.41
其中	人　工　费（元）			4988.90	7127.12
	材　料　费（元）			—	—
	机　械　费（元）			2170.07	3110.29
名　　称		单位	单价（元）	消　耗　　量	
人工	综合工日	工日	140.00	35.635	50.908
机械	笔记本电脑	台班	9.38	15.000	22.500
	高精度多功能电功率采集仪	台班	144.59	7.408	10.583
	红外测温仪	台班	36.22	6.816	9.737
	数字压力表	台班	4.51	3.187	4.553
	小型工程车	台班	174.25	4.000	5.715

11. 机组RB试验

工作内容：1.RB动作回路的检查确认；2.最大带载能力及RB目标负荷等参数的检查与确认；3.与其他控制系统的联调试验；4.跳磨程序的联锁试验；5.现场RB试验；6.试验结果计算、分析、总结报告。

计量单位：套

定　额　编　号				A2-12-180	A2-12-181
项　目　名　称				发电机容量(MW)	
				≤15	≤35
基　　　　价（元）				28509.75	40727.99
其中	人　工　费（元）			27477.80	39253.76
	材　料　费（元）			—	—
	机　械　费（元）			1031.95	1474.23
名　　称		单位	单价（元）	消　耗　量	
人工	综合工日	工日	140.00	196.270	280.384
机械	笔记本电脑	台班	9.38	14.124	20.177
	标准信号发生器	台班	8.56	3.296	4.708
	小型工程车	台班	174.25	5.000	7.143

12.污染物排放测试

工作内容：1.大气污染物排放浓度测试；2.大气污染物排放速率测试；3.水污染物排放浓度测试。

计量单位：样次

定 额 编 号				A2-12-182	A2-12-183
项 目 名 称				锅炉蒸发量(t/h)	
				≤75	<220
基 价（元）				4762.73	6833.04
其中	人 工 费（元）			3676.54	5252.10
	材 料 费（元）			347.49	496.41
	机 械 费（元）			738.70	1084.53
名 称		单位	单价（元）	消 耗 量	
人工	综合工日	工日	140.00	26.261	37.515
材料	标志牌	个	1.37	0.616	0.880
	表计插座	个	10.68	0.616	0.880
	镀锌铁丝	m	0.15	0.616	0.880
	防爆插头	个	11.03	0.616	0.880
	防尘口罩	只	4.96	2.464	3.520
	防护眼罩	个	2.99	0.616	0.880
	硅胶管	m	4.27	30.800	44.000
	聚四氟乙烯生料带	卷	1.71	0.616	0.880
	铠装热电偶	只	24.79	0.616	0.880
	理化橡皮管	箱	94.02	0.616	0.880
	麻丝	kg	7.44	0.616	0.880
	密封胶	kg	19.66	0.616	0.880
	清洁剂 500mL	瓶	8.66	1.232	1.760
	石棉手套	副	13.50	1.232	1.760
	石棉纸	kg	9.40	1.232	1.760
	橡胶手套	副	13.50	1.232	1.760
	烟气取样枪	个	32.48	0.616	0.880
	一次性耳塞	个	3.25	2.464	3.520
	仪表接头(不锈钢)	个	10.26	0.616	0.880
	其他材料费占材料费	%	—	2.000	2.000
机械	BOD测试仪	台班	44.04	0.030	0.042
	pH测试仪	台班	6.96	0.147	0.210

续表

定　额　编　号				A2-12-182	A2-12-183
项　目　名　称				锅炉蒸发量(t/h)	
				≤75	＜220
名　称	单位	单价(元)		消　耗　量	
	笔记本电脑	台班	9.38	9.000	12.000
	便携式电导率表	台班	7.02	0.059	0.084
	便携式多组气体分析仪	台班	122.27	0.030	0.042
	便携式精密露点仪	台班	88.78	0.030	0.042
	便携式烟气预处理器	台班	31.90	0.088	0.126
	电焊条烘干箱 60×50×75cm³	台班	26.46	0.147	0.210
	电子天平(0.0001mg)	台班	350.59	0.088	0.126
机	粉尘快速测试仪	台班	28.79	0.088	0.126
	加热烟气采样枪	台班	46.66	0.088	0.126
	可拆式烟尘采样枪	台班	39.30	0.088	0.126
	钠离子分析仪	台班	15.52	0.059	0.084
	气体、粉尘、烟尘采样仪校验装置	台班	19.96	0.088	0.126
	气体分析仪	台班	35.11	0.059	0.084
	热电偶精密测温仪	台班	9.62	0.147	0.210
械	湿度采样管	台班	5.35	0.059	0.084
	水流指示器	个	83.76	0.616	0.880
	小型工程车	台班	174.25	3.000	4.500
	压力校验仪	台班	42.81	0.059	0.084
	烟尘测试仪	台班	39.30	0.088	0.126
	烟尘浓度采样仪	台班	25.17	0.088	0.126
	烟气采样器	台班	20.26	0.088	0.126
	烟气分析仪	台班	76.59	0.088	0.126

13. 噪声测试

工作内容：1. 各设备噪声测试；2. 设备背景噪声测试；3. 厂界噪声测试；4. 各敏感点噪声测试；5. 测试结果计算、分析、总结。

计量单位：样次

定　额　编　号			A2-12-184	A2-12-185
项　目　名　称			锅炉蒸发量(t/h)	
			≤75	<220
基　　　　价（元）			2494.37	3545.69
其中	人　工　费（元）		1846.74	2512.02
	材　料　费（元）		93.71	133.87
	机　械　费（元）		553.92	899.80
名　　称	单位	单价（元）	消　耗　量	
人工	综合工日	工日	140.00	13.191	17.943
材料	细纱白手套	副	1.71	3.850	5.500
	医用口罩	个	4.96	4.620	6.600
	医用手套	副	13.50	4.620	6.600
	其他材料费占材料费	%	—	2.000	2.000
机械	笔记本电脑	台班	9.38	8.200	12.400
	精密声级计	台班	5.61	3.667	5.238
	小型工程车	台班	174.25	2.600	4.300
	叶轮式风速表	台班	9.21	0.367	0.524

14.散热测试

工作内容：1.按照试验方案要求配合进行试验仪表设备安装；2.系统运行方式及运行参数调整，系统隔离；3.正式试验；4.测试结果计算、分析、总结。

计量单位：样次

定 额 编 号				A2-12-186	A2-12-187
项 目 名 称				锅炉蒸发量(t/h)	
				≤75	<220
基 价 （元）				6314.24	9075.51
其中	人 工 费（元）			5400.64	7715.12
	材 料 费（元）			50.88	72.68
	机 械 费（元）			862.72	1287.71
名 称		单位	单价(元)	消 耗 量	
人工	综合工日	工日	140.00	38.576	55.108
材料	石棉手套	副	13.50	3.695	5.278
	其他材料费占材料费	%	—	2.000	2.000
机械	笔记本电脑	台班	9.38	9.300	14.400
	红外测温仪	台班	36.22	5.775	8.250
	小型工程车	台班	174.25	3.250	4.900

15. 粉尘测试

工作内容：1.大气压测定；2.风速、湿度测定；3.厂区粉尘测试；4.测试结果计算、分析、总结。

计量单位：样次

定 额 编 号				A2-12-188	A2-12-189
项 目 名 称				锅炉蒸发量(t/h)	
				≤75	<220
基 价 （元）				5291.98	7640.14
其中	人 工 费 （元）			4468.10	6454.00
	材 料 费 （元）			79.20	113.14
	机 械 费 （元）			744.68	1073.00
名 称		单位	单价（元）	消 耗 量	
人工	综合工日	工日	140.00	31.915	46.100
材料	医用口罩	个	4.96	3.080	4.400
	医用手套	副	13.50	4.620	6.600
	其他材料费占材料费	%	—	2.000	2.000
机械	笔记本电脑	台班	9.38	9.250	13.900
	粉尘快速测试仪	台班	28.79	0.367	0.524
	气体、粉尘、烟尘采样仪校验装置	台班	19.96	0.250	0.500
	小型工程车	台班	174.25	3.667	5.238
	叶轮式风速表	台班	9.21	0.367	0.524

473

16. 除尘效率测试

工作内容：1.除尘器前烟尘浓度测定；2.除尘器后烟尘浓度测定；3.除尘器前后烟气氧量与湿度测定；
4.试验结果计算、分析、总结。

计量单位：套

	定　额　编　号			A2-12-190	A2-12-191
	项　目　名　称			锅炉蒸发量(t/h)	
				≤75	<220
	基　　　价　（元）			6425.49	9329.03
其中	人　工　费（元）			5460.98	7943.18
	材　料　费（元）			71.59	102.27
	机　械　费（元）			892.92	1283.58
	名　　称	单位	单价（元）	消　　耗　　量	
人工	综合工日	工日	140.00	39.007	56.737
材料	防尘口罩	只	4.96	2.464	3.520
	铠装热电偶	只	24.79	0.616	0.880
	密封胶	kg	19.66	0.308	0.440
	石棉手套	副	13.50	1.232	1.760
	烟气取样枪	个	32.48	0.616	0.880
	其他材料费占材料费	%	—	2.000	2.000
机械	笔记本电脑	台班	9.38	12.000	18.000
	便携式烟气预处理器	台班	31.90	0.088	0.126
	电焊条烘干箱 60×50×75cm³	台班	26.46	0.147	0.210
	加热烟气采样枪	台班	46.66	0.088	0.126
	可拆式烟尘采样枪	台班	39.30	0.088	0.126
	钠离子分析仪	台班	15.52	0.059	0.084
	气体、粉尘、烟尘采样仪校验装置	台班	19.96	0.088	0.126
	气体分析仪	台班	35.11	0.059	0.084
	热电偶精密测温仪	台班	9.62	0.147	0.210
	小型工程车	台班	174.25	4.334	6.191
	压力校验仪	台班	42.81	0.059	0.084
	烟尘浓度采样仪	台班	25.17	0.088	0.126

17.烟气监测系统测试

工作内容：1.按照试验方案要求配合进行试验仪表设备安装；2.系统运行方式及运行参数调整,系统隔离；4.测试结果计算、分析、总结。

计量单位：试件

定 额 编 号			A2-12-192	A2-12-193
项 目 名 称			锅炉蒸发量(t/h)	
			≤75	＜220
基 价 （元）			2909.63	4326.68
其中	人 工 费 （元）		2383.08	3574.48
	材 料 费 （元）		71.59	102.27
	机 械 费 （元）		454.96	649.93
名 称	单位	单价(元)	消 耗 量	
人工 综合工日	工日	140.00	17.022	25.532
材料 防尘口罩	只	4.96	2.464	3.520
铠装热电偶	只	24.79	0.616	0.880
密封胶	kg	19.66	0.308	0.440
石棉手套	副	13.50	1.232	1.760
烟气取样枪	个	32.48	0.616	0.880
其他材料费占材料费	%	—	2.000	2.000
机械 笔记本电脑	台班	9.38	8.667	12.381
便携式烟气预处理器	台班	31.90	0.088	0.126
电焊条烘干箱 60×50×75cm³	台班	26.46	0.147	0.210
加热烟气采样枪	台班	46.66	0.088	0.126
可拆式烟尘采样枪	台班	39.30	0.088	0.126
钠离子分析仪	台班	15.52	0.059	0.084
气体、粉尘、烟尘采样仪校验装置	台班	19.96	0.088	0.126
气体分析仪	台班	35.11	0.059	0.084
热电偶精密测温仪	台班	9.62	0.147	0.210
小型工程车	台班	174.25	2.000	2.857
压力校验仪	台班	42.81	0.059	0.084
烟尘浓度采样仪	台班	25.17	0.088	0.126

18.炉热效率测试

工作内容:1.按照试验方案要求配合进行试验仪表设备安装;2.系统运行方式及运行参数调整,系统隔离;3.测试;4.测试结果计算、分析、总结。

计量单位:台

定 额 编 号				A2-12-194	A2-12-195
项 目 名 称				锅炉蒸发量(t/h)	锅炉蒸发量(220)
				≤75	<220
基 价 (元)				12861.32	19042.68
其中	人 工 费 (元)			8439.62	12709.20
	材 料 费 (元)			2956.95	4224.14
	机 械 费 (元)			1464.75	2109.34
名 称		单位	单价(元)	消 耗 量	
人工	综合工日	工日	140.00	60.283	90.780
材料	氮气	瓶	69.72	0.226	0.323
	防尘口罩	只	4.96	4.803	6.861
	铠装热电偶	只	24.79	82.520	117.885
	理化橡皮管	箱	94.02	0.468	0.668
	石棉手套	副	13.50	4.730	6.757
	铜三通	个	6.75	5.149	7.356
	烟气取样枪	个	32.48	20.628	29.469
	一氧化碳气体 804ppm 25L	瓶	27.04	0.041	0.058
	其他材料费占材料费	%	—	2.000	2.000
机械	笔记本电脑	台班	9.38	25.000	37.500
	隔膜式抽气泵	台班	26.85	1.717	2.452
	钠离子分析仪	台班	15.52	1.521	2.173
	小型工程车	台班	174.25	6.000	8.572
	烟气分析仪	台班	76.59	1.502	2.146